淘寶
成功大解密

《賣家》編著

前言

　　淘寶網（taobao.com）是中國深受歡迎的網購零售平臺，目前擁有近 5 億的註冊用戶數，每天有超過 6000 萬的固定訪客，同時每天的在線商品數已經超過了 8 億件，平均每分鐘售出 4.8 萬件商品。截止 2013 年 3 月 31 日的年度，淘寶網和天貓平臺的交易額合計突破人民幣 10,000 億元。創造 270.8 萬直接且充分就業機會。隨著淘寶網規模的擴大和用戶數量的增加，淘寶也從單一的 C2C 網絡集市變成了包括 C2C、團購、分銷、拍賣等多種電子商務模式在內的綜合性零售商圈。目前已經成為世界範圍的電子商務交易平臺之一。

　　淘寶網致力於推動「貨真價實、物美價廉、按需訂製」網貨的普及，幫助更多的消費者享用海量且豐富的網貨，獲得更高的生活品質；通過提供網絡銷售平臺等基礎性服務，幫助更多的企業開拓市場、建立品牌，實現產業升級；幫助更多胸懷夢想的人通過網絡實現創業就業。新商業文明下的淘寶

網，正走在創造 1000 萬就業崗位這下一個目標的路上。

淘寶網不僅是中國深受歡迎的網絡零售平臺，也是中國的消費者交流社區和全球創意商品的集中地。淘寶網在很大程度上改變了傳統的生產方式，也改變了人們的生活消費方式。不做冤大頭、崇尚時尚和個性、開放擅於交流的心態以及理性的思維，成為淘寶網上崛起的「淘一代」的重要特徵。淘寶網多樣化的消費體驗，讓淘一代們樂在其中：團設計、玩訂製、趕時髦、愛傳統。

淘寶從「牙牙學語」時的稚嫩懵懂到「青春少年」的活力潮流，用一種特殊的氣質影響並改變著淘寶上的消費者、商家的流行態度和風尚趨勢。從淘便宜、淘方便到淘個性，潮流的氣質影響著潮流的行為，潮流的平臺揭示著潮流的趨勢 —— 淘寶網引領的淘潮流時代已然來臨。

本書由《賣家》編著，《賣家》雜誌創辦於 2010 年，是中國發行量最大的網路零售雜誌。覆蓋百萬電商從業人員，是最專注的電商傳播者！《賣家》是淘寶網的官方雜誌，本書收集最權威第一手數據公開！

2010 年 6 月 30 日晚上 10 點，阿里巴巴集團總裁馬雲來到淘寶天下雜誌社，在《賣家》樣刊的封面上寫下「大寶貝——馬雲」幾個字，這是馬雲對《賣家》的肯定。我們希望《賣家》能夠真正幫助賣家，陪伴賣家在電子商務的道路上走的更遠，成為賣家的「大寶貝」。

序言

你是否能看到，正在發生的未來

「大數據」到底是個什麼玩意兒？

這個曾經被炒到爆熱的詞彙，對許多人來說，如同「數據門戶」、「數據魔方」、「淘寶指數」、「淘寶時光機」一樣，只是看起來好厲害！可是，大數據到底跟我們有什麼關係？它背後潛藏的邏輯與規則，到底是指向了阿里巴巴的寶藏，還是索馬利亞海盜的陷阱？

大數據，是正在發生的未來。

這一句高大上的解釋，好像有點恐嚇人民群眾的意思。往通俗裡說，我們處於當下時間與空間之下，能看到的只是一年、兩年。但是，當你潛入諸多大數據之中，並且找到其背後的規律與密碼時，你將看到如阿凡達星球那樣瑰麗的未來。

你是否還記得，在 1999 年，也就是上個世紀最後狂歡中的情景？當時的熱潮是，走出國去！新東方托福培訓的狂熱背後，是歐洲和美國的經濟處於 1%～3% 的增長，而彼時中國的 GDP 正在高速狂奔。於是，海歸成為海帶。那一個 5 年，西太平洋大學的學子面臨著「挫骨揚灰」。

你是否還記得，2003 年淘寶剛剛成立，天貓還是「液體」？無數人衝向公務員和世界五百強，搏鬥廝殺，志向卑微一點的也一定要去新浪、搜狐這樣的大公司。而只有隔壁小王，拉了兩個包裹去四季青進貨，做起網店生意來。那一個 5 年，互聯網用戶在光速暴增，90 後正在從邊緣消費人群成長為主流消費人群。

你是否還記得，ICQ、MSN、8848 和人人網偷菜？那些年，我們愛過的這些產品，曾有過超級巨星般的輝煌，又如同流星那樣逝去。這一個 5 年……不，不用五年，也就是這兩年，在一個叫「微信」的產品綁架了 5 億用戶之後，逼迫阿里巴巴要推出另外一個叫「來往」的產品以搶奪無線互聯網終端。

這一年，PC 互聯網終於顫顫巍巍地走向了移動互聯網。電子商務正在走向商務電子，所有的商業模式又一次被洗牌，重新定義。

這，便是大數據能告訴你和我的一切。

我們在此提供最新的各城市消費力報告，提供近年來的類目數據趨勢，還提供每年上半年是內衣好賣還是保暖褲熱銷這些雞毛蒜皮的分析。我們協同業內狗仔隊與阿里巴巴的 BI 部門，從數據產品報表到數據工具，再到視覺化圖片，看上去越來越沒有「數據味」，甚至還有些惡趣味。

這所有的數據背後，你是否能看到正在發生的未來？

但願，我和你，像一首唱不完的歌。

做淘寶就是一場打怪升級的遊戲

「我隔壁大爺二閨女的小舅子做淘寶店蓋了三層樓。」

「高中同學啊，大學都沒讀，現在在網上賣鞋子，同學聚會開寶馬吶。」

「Mike 呀，海歸有什麼用，我們扣完稅還抵不上人家一個淘寶皇冠店老闆的收入。」

如此這般，網路造富的傳說相信你一定聽得很多。這些故事如同機場那些給打了雞血的勵志大師那樣，帶給我們對財富、生活的種種幻覺與嚮往。

與世界船王、華爾街經理人不一樣的是，這些人離我們太近，這些暴富的路徑看起來太好實現，幾乎所有的人都被「走，去淘寶上開店」的故事蠱惑過。

但是，骨感的現實是什麼？

淘寶網創立已經十餘年，有過 600 萬的註冊賣家，真正的活躍用戶走到今天，也就 200 多萬個。

為什麼馬雲會放出「雙百萬計畫」重點培養 100 萬個銷售額達到 100 萬元的商家）？

為什麼幾年前獲取一個用戶的成本是幾毛錢，而當下獲取一個新用戶的成本是 50 元？

為什麼早年創造奇蹟的標竿集市賣家，現在所剩無幾？他們都去哪兒了？

問天問大地，為什麼每當想要投身一場轟轟烈烈的發財夢中去時，卻已經錯過了最好的時刻？

做淘寶就是一場打怪升級的遊戲。

每一個人都是從裸奔的菜鳥開始，每一次殺怪升級都需要大量的攻略

與裝備。非常不好意思地告訴你，流量免費的紅利期早已結束。能活下去並且活得好的人，他們在不停地升級裝備和武器，亦常常挑燈夜讀所有與這場全民狂歡的遊戲相關的攻略規則。

好吧，至少還有一點好消息，「知識可轉化為生產力」是一條很樸實的真理。你的高中同學或許單詞不認識幾個，但是你得相信，如果你真正跟他請教過，他會口吐白沫告訴你三車關於怎麼裝修店鋪及採購流量的話題。

這本書，也許不能讓你成就另外一個網路暴富的傳說，但當你真正地潛心研究過後，它能帶給你的是一個網店基礎運營的常識。如果運氣與頭腦再好一點，它還能帶給你一場創業的小型狂歡。

淘寶是一場打怪升級的遊戲，或許與運氣有一點關係，但是我們總是唯物地相信，知識改變命運。

恩　雅

《賣家》執行主編

第一部
淘寶大數據

第二篇 各行各業各不同

第三篇 管理，你繞不開的話題

第八章 內部管理，你的團隊你做主

第九章 銷售管理，Hold住你的客戶

第二部
玩轉淘寶七大引流利器

第一部
淘寶大數據

第一篇
淘寶生態圈

第一章
賣家們的活法

2003～2013淘寶十年

　　時間倒流到 2003 年 5 月 10 日這一天，淘寶網成立的時候，誰也沒有想到在接下來的時間裡，它會成為 eBay（易趣）的競爭對手。從 2005 年下半年起，中國 C2C 市場的歷史被重新改寫：三年前名不見經傳的「中國土產」互聯網公司擊敗了曾經市值最大的互聯網公司的中國業務。

　　同樣被改變命運的還有獲得由淘寶創造直接的就業機會的人們。回顧十年歷史，在淘寶十年裡扮演著重要角色的賣家們仍然是大家最為關注的對象。他們曾經在淘寶一天的交易額還不到 1 億的時候擠占交易環節的最前端，實現創業夢想。然而，傳統品牌的進入加劇了整個平臺的競爭。

　　2013 年 4 月，淘寶女裝 Top10 的品牌名單中，傳統品牌占據 6 席。

　　在一片「大浪淘商」的生態環境中，產品、行銷方式通通發生了變化，

各種標準也更為嚴格，但這並不影響許多跟淘寶一同成長了十年的「老淘寶人」的存在。我們曾調查過不少從 2003 年開店至今的店家，在接觸到的這些人中，有人試圖拿起「淘品牌」這一武器和傳統品牌抗衡；有人尋求合作，與傳統品牌聯姻共贏；也有人從「創業者」搖身一變成為淘寶生態裡的「就業者」。

不管選擇如何，他們的每一種活法，都必須被放入整個生態環境的變化中細細觀察。由此，我們才能分析出一些規律的養分，供養下一個十年。

- 截至2013年4月，從2003年開店，且最近30天內至少有1筆成交的賣家近800家。
- 2012年，阿里媽媽針對站長的分成金額突破30億元。
- 第三方服務商預計2015年營收10000億元。
- 淘寶創造直接就業機會467萬個，總就業機會1333萬個。
- 截至2013年4月，十年賣家最近30天成交筆數的平均值是活躍賣家整體的3.71倍，成交金額平均值是活躍賣家整體的4.70倍；店鋪被收藏次數平均值達16042.44次，遠超全網賣家平均值1278.48次。

淘寶十年，堅守與離開

2007 年之前是一個在淘寶上「賣什麼都能賣得出去」的年代，不少草根賣家一無所有，在淘寶上卻混得風生水起。但在之後的多次洗牌裡，又相繼有賣家出局，其中不乏皇冠級賣家，甚至有品牌商家。

到底什麼樣的店鋪可以在淘寶上生存十年？已經在 C2C 市場打拚十年的人認為，一不折騰，二要願意改變，三要有自己的話語權。

聯姻傳統品牌

2009 年下半年，很多正規品牌進入淘寶，幾個月內，淘寶上就消失了數百個大賣家。事後有人總結，沒活下來的賣家大都有這些特點：投機、跟風、不會花錢、不願意改變。這一點，與十年老賣家孫豐的看法恰好一致。

孫豐的第一次轉型正是發生在 2009 年。這年，她收掉經營了 6 年的進口保健品業務，趁著商城正旺的勢頭轉型經營低卡食品，並開了第一家專營店。回顧當時的電子商務生態環境，有兩個資訊可以作為說明：2009年，淘寶網交易額達人民幣 2000 億元；同年，淘寶網宣佈拿出 1 億元來支持打假行動和建設網購保障，這說明官方樂意在商城形象和細分市場上下功夫，最直接的表現之一是原來的淘寶商城商家遭遇第一次「洗牌」。

孫豐收掉進口保健品業務的原因並不難理解：繼續做下去，從國外拿貨的方式必然會導致稅收問題和智慧財產權問題的凸顯，而這與要求正規化的生態環境並不相符。如果不願意改變，就只有面對困局。

從已經躋身保健品類目前十的輝煌中退下之後，孫豐選擇了屬於同一大類目的食品類目。事實上，在很多人眼裡，做各種零食爆款可能利潤更高，無所謂強調「低卡」。然而，孫豐有自己的考慮。首先，轉型意味著從進貨管道到行銷方式都要從零開始，此時選擇在龐大的食品市場中做細分的部分，可以暫時避過和同行正面競爭的壓力；其次，雖然低卡食品在整個零食市場上只占了一小部分，但對於一個店鋪來說卻已足夠。靠著在細分市場的深耕細作，孫豐在市場中站穩了腳跟。

2010 年，又經歷了兩年的交易額爆發神話後，淘寶迎來了風雲變幻的一年。許多賣家尚未適應撲面而來的各種新規則，卻不得不勻出精力應對由眾多傳統品牌在線所帶來的生存壓力。從這一年開始，傳統品牌成為了牽動整個生態環境變化的重要因數。

品牌化已然成為趨勢，而對於食品類目來說，如果真正要打造一個高附加值的自主品牌並不容易。2011 年，孫豐把戰略轉向了「合作」，她把

第一個聯姻的對象鎖定為上海本地的老字號品牌功德林。在素食界，功德林被稱為「素食鼻祖」。

功德林是「被」淘寶的。直到 2013 年，由孫豐自己公司擁有所有權的功德林旗艦店才終於在天貓在線，而孫豐為此付出了兩年有餘的心力。功德林不要求我們銷量高，最主要的一條要求是價格不能低於線下門店。「兩年下來，孫豐把功德林產品的月銷售額從最初的3萬元提高到了百萬元，且超過了他們自己任何一家線下門店。有趣的是，我們所有的產品都比他們門店賣得貴，同時我們的數據表明，我們只有20%的客戶來自上海本地，其他都是外地的」。而外地人群剛好是功德林原來的管道覆蓋不了的。

按照孫豐的理想規畫，與功德林的合作完全順暢以後，她想接觸更多的老字號品牌。「只要能跟十家左右的老字號合作，我們就有巨大的商業價值了。」只是，要找到有雙贏意向的戰略合作夥伴其實並不容易。

TIPS 當資本開始進入大淘寶，市場也越來越成熟時，「傍品牌」進行大兵團作戰會是一個好思路。不過，選擇這種活法的店鋪也要有自己的常年積累，其中包括以下幾項：

一、對產品有要求，在產品為王的年代，店鋪轉型以及轉型之後的產品選擇都要堅持優質；

二、做生意有明確的思路和規畫，在爆款、促銷成為主流聲音的時候，這類店鋪要慎重選擇參與，從而「蓄勢」。在品牌化成為趨勢的時候，能夠迅速選擇借力，實現優勢互補。

再晚，也要做品牌

2003 年，淘寶網「螞蟻打大象」的傳奇剛開篇。無意中看到網頁某一角的小廣告，陳莉很隨意地就點開連結，順手在淘寶網完成了註冊。她沒有想到，當時的無心之舉竟然造就了自己長達十年的淘寶創業史。

陳莉記得，她的店鋪編號是 6098。如今店鋪等級已達到金冠，銷售額居護髮類目的第一位。

但在 2002 年，國內還甚少有人知道什麼叫「電子商務」，人們正在為付費網民的出現而感到新鮮。此時，陳莉在一個名為 OnlyLady 的論壇異常活躍，她習慣在論壇上分享自己關於護髮美髮的心得。當粉絲越來越多，推薦產品越來越頻繁的時候，「別人自然就會問你有沒有什麼產品推薦」，陳莉說。

於是，「達人」陳莉開始了網路銷售。淘寶出現以後，她註冊了店鋪「芝曼」，賣國外一線品牌專業線的洗護髮用品。

在個人英雄主義橫行的 2003～2006 年，陳莉和許多恰好抓住了機會的賣家一樣在淘寶上獨自闖蕩。如果非要說出一個優勢來，那麼無疑是陳莉在「細分」還沒有成為流行詞時，就已經開始不自覺地做起了細分；在眾多賣家爭搶低價產品時，她堅持中高端。

不是沒有被「淘便宜」誘惑過。2009 年初，有一款售價為 10 餘元的洗髮水風靡淘寶，成了全網爆款。陳莉動心了，進了近 1 萬塊錢的貨。結果，「三年過去，剩下了價值 8000 多元的庫存」。就這樣，陳莉覺悟了：「我們的客戶就是中高端人群，他們也只能接受中高端產品。」

2010 年，靠產品穩紮穩打的芝曼迎來了快速發展期。「2010 年 2 月份，我們已經是四皇冠店鋪。」

發展快速，也和團隊有關。「2010 年之後的兩年，我們的團隊發展最為完善，開始分各部門，協調運作。」

在傳統品牌、淘品牌紛紛進攻淘寶的背景下，不少原本單打獨鬥又過分依賴爆款的賣家因實力不足，就此退出舞臺。在這個年代，團隊已經成為了有發展力的淘寶店鋪的基本配備。而此時的芝曼，已經有 3～5 年左右經驗的主力員工，帶領新員工快速成長。

品牌化成趨勢之後，陳莉逐漸意識到活法變了。從 2009 年至今，陳莉在品牌化上進行嘗試。2009 年底，陳莉和國內一家品牌合作，最後因雙方發展願景不統一而告終。在已經年滿十周歲的當下，芝曼的下一步將如何走？

「繼續往下走兩步，一是想辦法跟國外品牌商接觸，另一步是做自主品牌。這兩步，放棄哪一步都捨不得。」

拿到授權是最佳的選擇，因為品牌本身已經具備了知名度，一旦拿到授權，標題、頁面上出現品牌名稱也不會侵權。這樣一來，消費者通過搜索品牌，就能輕易找到店鋪。「弊端是我們會受制於人。」

做自主品牌的時機亦算成熟，但同樣也有弊端——新興品牌的認知度很低，賣家前期銷售額有限，反而廣告費用投入會很大。「可能前期我看不到遠景，所以掙不到錢，會懷疑自己是不是對的。」陳莉說。可是，她知道，這條路必走不可。

2012 年年底，芝曼第一個自主品牌試水。它一共推出了四樣產品，總數量幾萬瓶。「月銷量還可以，但我們對原料要求很高，沒有考慮後續問題，當中斷了一段時間。」對於自建品牌，陳莉還比較有信心。

TIPS 首先，以芝曼為代表的小而美店鋪在生存法則裡同樣少不了對產品的要求和堅持，專注是他們成功的原因之一；

其二，當店鋪發展到一定規模後，這類店鋪能夠順應變化，細化分工並引進團隊，穩定的團隊在它們後來的發展中起了很大的作用；

其三，在品牌化趨勢無法抵擋的當下，對於化妝品、美髮用品而言，高附加值的自建品牌化道路幾乎是不可躲避的。

生於 B2C，長在 C2C

想做品牌的不只芝曼，還有顏菱。這家同樣十周歲的店鋪主營女裝，在波瀾起伏的淘寶女裝市場裡，雖然沒有成為風口浪尖上的明星，但也同樣活得好好的。

2002 年，顏菱嫁到了上海。本想著嫁人後進修的她，趁著空檔就做了一個賣女裝的獨立網站。「網站維護開發費這些都不成問題，因為老公就是做 IT 的，所以就負責幫我把網站做起來了。」沒有太多商業上的策畫，因為只對女裝有興趣，2002 年底顏菱的獨立網站「Inshops」在線。創業故事開始的方式都很相似：拚體力，她起早貪黑去服裝批發市場淘貨；拚價格，性價比（CP 值）高的衣服是首選，款式迎合大眾潮流，獨特性倒是其次；無行銷，她的網站在在線初期沒有任何推廣，有的只是論壇發發帖子。就憑藉著回頭客和口耳相傳的口碑效應，生意似乎還不錯。

顧客去銀行匯款，然後留言她再發貨。顏菱慢慢地意識到，網站顧客購買方式不方便以及自己與顧客之間存在著距離。「當時跟顧客沒有太多交流，而淘寶遇到新顧客的機會要多得多，跟買家對話，瞭解他們需求的機會也更多。而且可以跟做同樣事情的人一起打拚，更有競爭動力。」於

是，顏菱的淘寶店「顏菱」在 2003 年 9 月開張，她開始把網站上的一些貨放在淘寶店賣。

「一開始網站的生意還是要比淘寶好一些，但網站沒有推廣之後，流量就非常少。要把獨立網店做下去需要大量的廣告資金投入。」很快，顏菱的重心轉移到淘寶店。再後來，因為「要網購先淘寶」的觀念漸漸深入人心，顏菱把網站徹底關了。她還把店名改為「顏菱 .Inshops」紀念曾經的 B2C 生涯。

2006 年之後，淘寶在中國 C2C 市場的老大地位已經成為定局。第二年，電商優勢凸顯，整個淘寶平臺獲得的關注度驟然升高。在平臺發展速度加快的同時，市場的運營方式日益規範，用正規手段運營店鋪和規範經營的商家得以生存。

在這一年，顏菱也迎來了她的好時代。她店鋪的銷量突飛猛進，很快做到了皇冠。「2007 年生意一下子就非常好，具體成交額也記不清了，一個月大概幾千單交易吧。」光靠顏菱一個人忙不過來了──團隊作戰在這個年代初露端倪，顏菱慢慢組建了自己的團隊，共 7 個人。

銷量逐步上升後，批發市場已經滿足不了需求，跟每個女裝賣家必經的轉型之路一樣，顏菱找到了固定的廠家供貨，開始整頓供應鏈。然而，光有貨不行，在 2007 年之後，賣家們已經開始研究搜索和廣告，對著流量窮追猛打，並且爆款之風盛行一時。可是，顏菱卻顯得很淡定，她主打的是品質女裝，無意走低價多銷的路數。

在淘寶發展的十年時間裡，「送水者」第三方服務商的出現豐富了整個淘寶生態環境，也加快了賣家和淘寶的發展進程。2012 年，在流量獲取越來越艱難的環境下，顏菱找到第三方服務商，把直通車推廣外包。現在不做推廣地做淘寶幾乎是不可能的，所以我們還是會持續做直通車，可能

方式上或者外包的對象上會調整。」

雖然店鋪發展已經十年，但至今顏菱還沒有成立自己的行銷推廣團隊。而這正是她目前面臨的困境，也是她走品牌化之路必須解決的問題。

顏菱想做屬於自己的品牌是在三年前。彼時，傳統企業的進入以及各大淘品牌的崛起，使得整個淘寶硝煙四起。作為份額最大的女裝類目，同質化、抄板、價格戰等現象日益白熱化。顏菱意識到，品牌化之路非走不可。

經過一段時間準備後，2012 年顏菱店鋪的原創品牌「顏菱」誕生，每周都會有顏菱自製的產品上新。「做品牌才剛剛起步，每周能上新的品種不多，一般是自己品牌的衣服占四分之一，其他衣服四分之三，可是往往自家品牌衣服的銷量能超過二分之一。」而顏菱的目標，是把品牌做大。

TIPS 女裝類目儘管競爭激烈，但在淘寶上尚有突圍的空間。一無設計能力，二無供應鏈優勢的女裝店鋪如何存活？法則有三：

一、在創業歷程中，有兩種元素不可或缺：對行業感興趣的初心以及遇到困境時的堅持；

二、勇於正視自己的優劣勢，並且做出改變，尋求專業化合作；

三、逐漸打造適合全網的運營能力，這將是這類店鋪得以「長壽」的經驗。

轉戰職業經理人

曾有人說：「2012 年是『淘寶知識』最後的盛宴。」這意味著，曾經以為只要熟練掌握淘寶規則、工具、產品、技巧就能做好淘寶的賣家們，將會喪失優勢。在淘品牌和傳統品牌的雙重壓力下，不少原生賣家退出市場。其中，不少人成為了職業經理人。這類人轉型的原因有二：

一、隨著淘寶知識的普及和市場環境的變化（併購、收購頻出），他們不得不被動走出；

二、「商業常識」的先天不足給了他們進步的空間，他們主動選擇到已有深厚商業積澱的大企業中去鍛煉。

2012 年秋天，郝郡去當職業經理人了。認識他的朋友都表示吃驚，從來都是當老闆的他，怎麼降得下身份？

十年前，郝郡的淘寶之路從賣雕塑品開始。但雕塑藝術品是個「生僻」行業，考慮到規模化和更高的效益，郝郡決定找個高利潤的行業大幹一番。之後，他與一位在線下從事汽配行業多年的朋友聯手，進軍汽配市場。本以為一定會成功的兩人，卻在開店一年後碰了一鼻子灰。「就人群需求而言，有車一族屬於高收入人群。他們對汽車配件的價格敏感度不高，更重視品質和品牌。」加之汽車配件大多是標類產品，工廠對生產量有一定要求，這導致郝郡的庫存吃緊。

事實上，郝郡的理想與整個環境是矛盾的。2005 年以前的平臺環境正處於萌芽期，絕大部分到淘寶進行購物的消費者對網路購物並不信任。在整個「淘便宜」的環境下，「淘品質」的人少之又少。因此，郝郡想要在淘寶挖到高收入人群，在彼時猶如大海撈針。

不堪資金壓力，郝郡從公司退出。而吊詭的一幕發生了，他的合夥人調整了店鋪，將汽車配件換成汽車內飾，結果勢頭日增。不久後，其原來的合夥人獲得了馬雲頒發的黃馬褂。

淡出在線汽車用品市場兩年的郝郡在 2007 年嗅到了新商機。那時，他從朋友處得知，淘寶將推出商城店鋪。

郝郡再次「出山」了，這時的定位是汽車內飾品。在接下來的時間裡，兩人合力將店鋪做到了類目前三。後來，因朋友看中了 B2B 市場而分散精力，2009 年，兩人和平「分手」——郝郡選擇了另外一位合夥人。

這一次，郝郡將戰略規畫得很詳細，而他也真真切切地在爆款時代裡打了一場硬仗。

依靠低價做爆款的戰略，店鋪在半年的時間就躋身車品類目前三強，第一次參加「雙十一」會戰，一舉打破傳統企業壟斷銷售的局面。可是，此時的汽車用品類目並不適合打造爆款。「當時，我們的類目老大採取的是多品類戰略，雖然沒有爆款，但平均銷量很可觀。」而郝郡掀起的價格戰，雖然在短期內積累了人氣，但讓店鋪非常不健康。再者，隨著店鋪銷量的增長，工廠的生產能力開始出現瓶頸。

2009 年下半年開始，汽車用品類目引進了許多品牌商，其中包括 3M 等。此時，與品牌商正面抗衡並非明智之舉，郝郡想要的是能夠獲得品牌商的代理權。「可是，我們好不容易談下了上海地區的代理權，卻得知競爭對手談下了全國的代理權。」

在這之後，越來越多的線下大牌開始在線，尤其是國際大牌的入駐，讓郝郡一類的淘品牌瞬間失去了優勢。原類目第一尚且壓力倍增，何況郝郡這樣的跟隨者？

伴隨銷量的下滑和員工工資的上漲，管理團隊出現分歧，郝郡的第二次淘寶創業失敗了。

這之後，郝郡總結問題出在管理上。自己雖在線線下運營多年，但始終沒有在傳統大企業幹過。當企業發展到一定規模就有些力不從心。2012 年，郝郡放棄了「老闆」的身份，加入某傳統大牌企業出任電商部總監一職。他說：「無論薪資待遇都跟自己當老闆沒法比，但是我心甘情願。」因為，郝郡想給自己補上十年來一直沒上的「企業管理」課。

> **TIPS** 一般而言，企業的命運掌握在決策者手中，而決策者又受制於自身實力和業態趨勢。最悲情的往往是十分努力卻敗給了時運的人。細究他們在巨變中的抉擇，往往能吸取經驗。
>
> 當千軍萬馬擠在交易環節時，退一步，選擇在淘寶生態環境裡「就業」，也是一種活法。

到第三方服務市場中去

不管是被動還是主動，當前由賣家轉戰職業經理人的並不是少數。而轉型做服務商的人也數不勝數——這類曾經在一線打拚的淘寶賣家，搖身一變成為交易市場的「送水者」。他們轉型的原因不外乎三個：

一、隨著一批不懂在線玩法的線下企業「觸電」，服務商的市場空間巨大；

二、走高的市場需求帶來了高利潤空間，名聲在外的優質服務商收費很高，但仍然難求；

三、在規避壓力的同時進行自我產業升級——不少人在資本、產業鏈上留有遺憾，而與強勢企業的合作恰好實現優勢互補。

不做產品，那就做服務。劉海龍覺得，只要是企業看得見、摸得著、能持續的生意都是好生意。

2003 年，劉海龍的一位朋友在 eBay 上做服裝生意，大談網路生意好做。劉海龍想，反正手上有一批不暢銷的小家電，不妨就放上去試試吧。策略很簡單，比線下賣得便宜。當時網路上的產品少，無論什麼類目的商品都有展示機會。這批線下不暢銷的產品在線上很快脫手。

利益讓劉海龍開始認真關注在線市場。不過，eBay 當時是付費的，且不讓買賣雙方有直接的交流，這讓劉海龍覺得有些可惜。同時，淘寶以免

費的旗號出現。劉海龍說，我倒不在乎它免費，我關注的是它有個旺旺，可以直接讓我跟買家交流。

同年 10 月，劉海龍正式在淘寶上開店，而挑選的類目卻是客單價高、非大眾消費品的運動器材類。原因是，當時淘寶上小宗產品太多，而門檻又低，為了開展差異化運營，劉海龍覺得要挑個有門檻的類目做。就運動器材類產品而言，其一，當時在線經營此類目的商家少；其二，自己熟悉這個品類，線下有運營經驗；其三，該類產品的利潤很高。

在「淘便宜」時代，很多人質疑劉海龍的選擇，而他覺得，淘寶購物人群整體是豐富的，只要佈局早，保證產品品質和服務，一定有市場。事實證明他是對的，剛起步時，劉海龍好好賺了一筆。只是沒多久，這樣的「紅利」就消失了。

採用低於線下的價格是劉海龍賺錢的主要原因。而當大家都看懂這個有戲，麻煩也就隨之而來了。

劉海龍的貨源來自代理商。這在價格上被狠狠敲了一筆。直接找廠商談判，卻又因為當時人們對在線市場認知少而被拒絕。最殘酷的是，經銷商瞅準在線有利潤後，紛紛自己在線做買賣。

從 2004 年到 2006 年，對劉海龍影響很大，這段時期他不斷跟廠家溝通，但始終沒得到便宜。一方面，當時整個線下市場仍採取現金結算方式。對商家的資金要求高，雖然是長期合作，但受制於銷量仍拿不到更低的折扣，遑論壓貨了。另一方面，廠家擔心在線市場的銷售影響其線下的佈局，開始對外宣稱，在線全是假貨。這讓劉海龍這樣的商家壓力巨大。由於沒有授權書，又得不到廠家認可，可謂啞巴吃黃連；等熬到廠家鬆口，同意為在線企業授權，但仍然優先考慮線下的經銷商。

在廠家和經銷商的共同脅迫下，劉海龍開始找代工廠貼牌生產產品。

然而，跑步機、按摩椅一類的運動健身品款式大同小異，消費者沒有很明確的認知。即便是同一款產品，貼了兩個不同的標籤，消費者也還是願意選擇品牌商。劉海龍承認，在研發設計上沒有優勢，做獨立品牌根本不行。

品類受挫，讓劉海龍萌生轉型的想法。他覺得，既然自己有供貨的困擾，別人也有。於是，2009 年，劉海龍創建了一個專注於運動保健類產品的獨立 B2C 分銷平臺。只可惜不久後淘寶的分銷平臺也應運而生，這讓劉海龍的分銷生意泡了湯。

分銷做不成了，繼續原品類開店又沒產品優勢，劉海龍覺得，既然產品做不成，就做服務吧。憑藉在運動健身品類目多年的運營經驗，劉海龍開始做代運營。第一單生意是為線下某運動品牌銷售羽毛球拍。只可惜，當時這種體育用品需求較小，投入產出比太低。而且，團隊成員開始出現騷動。因為他們發現代運營的門檻太低，不少人開始「自立門戶」。

低投入產出，團隊人員流失，這讓劉海龍想明白一個道理，小眾類目的代運營發展空間有限。在淘寶摸爬滾打十年時間，劉海龍一直堅持不熟悉的生意不做。遲遲擺脫不了運動品類的掣肘，這讓他陷入了困境。

思來想去，劉海龍總結自己的優勢：擁有足夠豐富的運營經驗，熟悉賣家的需求，積累了一定的人脈資源。既然沒有產品和團隊的優勢，那就堅持把服務做下去，並且要做一個企業看得見、摸得著、可持續的服務——CRM 管理、倉儲管理服務就很合適。

經過談判，劉海龍拿到了某軟體商華東區的代理權，成立了一家專注 CRM 管理的服務公司。他覺得，這件事能長久，因為軟體服務是個有技術含量、有門檻的行業，團隊不易跳失。努力的方向是，跟客戶建立起彼此信任的關係，真正能解決客戶的實際問題。哪怕將來軟體商將授權收回也不要緊，因為團隊有了，又有一批建立了信任關係的客戶，做服務總是有市場的。

圖 1-1 十年賣家地域分佈占比

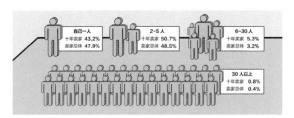

圖 1-2 十年賣家店鋪人員數量

類目百分比	十年卖家占比	卖家总体占比
虚拟票务类	5.2%	9.0%
成年男裝类	3.2%	5.4%
成年女裝类	17.4%	24.2%
成年鞋类	2.8%	5.6%
箱包类	2.0%	3.5%
配饰类	6.6%	5.0%
数码类	7.2%	6.4%
家电类	0%	1.6%
美容护肤类	7.8%	4.1%
母婴用品类	9.0%	6.9%
家居建材类	6.8%	5.8%
日用百货类	3.5%	4.4%
食品类	7.3%	5.7%
运动户外类	4.8%	3.4%
汽车用品类	2.4%	1.8%
文娱爱好类	10.1%	4.0%
生活服务类	3.8%	3.2%

表 1-1 十年賣家與賣家總體店
鋪類目分佈情況對比

日均发单量	十年卖家	卖家总体
基本没有订单	14.8%	22.7%
5 单或以内	47.3%	49.3%
6~20 单	27.8%	19.4%
20~50 单	4.8%	5.2%
50 单以上	5.3%	3.4%

表 1-2 十年賣家與賣家總體發單情況對比

店铺数量	十年卖家	卖家总体
1 个	79.1%	79.0%
2 个	16.6%	15.3%
3 个	2.7%	2.8%
4 个	0.8%	0.6%
5 个或以上	0.8%	2.3%

表 1-3 十年賣家與賣家總體店鋪數量
對比

星级分布	总占比	2013 年占比
心级卖家	9.8%	55.7%
钻级卖家	61.1%	39.4%
皇冠卖家	27.9%	4.8%
金冠卖家	1.2%	0.1%

表 1-4 十年賣家成長表現

是否有天猫店铺	百分比
没有，不打算做天猫店铺	66.1%
没有，准备做天猫店铺	30.2%
二者皆有有	3.7%

表 1-5 十年賣家天貓店鋪情況

> **TIPS** 在淘寶從業十年的人不多，創業失敗但還是留在圈子內的人就更少，跟這類人聊天會發現，他們都很實幹，且勤奮努力。仔細思考會發現，他們屬於典型的堅持型人才，甚至有些固執。不過，正是這種長年的堅守，讓他們對自己看得更清，對行業看得更透，也更明白自己要的是什麼。淘寶的下一個十年會如何，不得而知，而他們一定會泅游其中，且方向一定是健康的、順勢的。

商業本質不關心輸贏

十年，這個時間刻度足夠令我們駐足回望。在這段消失的歲月中，從野蠻生長到回歸商業本質，電商以不可逆轉的姿態在主流商圈外壯大起來。2003～2013年，生於、長於淘寶平臺的賣家們無論有意或是無意，都扮演著瓦解傳統商業秩序的角色，任何個體身影都被嵌入了時代的脈絡中。

回首最初的起點，作為一名淘寶賣家並不是什麼光鮮亮麗的事情。然而，十年的變遷幅度大到讓人咋舌，當一批淘寶平臺走出的賣家進入《財富》商界精英榜單時，「賣家」這個曾經有些被人蔑視的標籤，開始收穫來自周圍人的羨慕。

十年間起起落落，這群小人物生生不息，快速而又成批地完成著生與死的交替，就像余華《兄弟》筆下的人物：「他們像野草一樣被腳步踩了又踩，被車輪碾了又碾，可是仍然生機勃勃地成長起來。」留在歷史名單裡的，既有檸檬綠茶、Mr.ing、心藍T透、芳草集這樣名噪一時的明星樣板，也有北美陽光、芝曼這樣長袖善舞的隱形選手。但是，如果將歷史時段稍稍拉長一點，我們卻看到了另一種畫面。那些帶著財富神話，活躍在鎂光燈下，接受膜拜的閃亮名字，一個接著一個黯淡下來，甚至中途離

場，似乎應了那句：英雄與美人都敵不過時間。

事實上，商業並不是一場零和遊戲，它也不關心輸贏，那種巔峰對決、混戰的商戰情景多是出於藝術的渲染，以窺探八卦的心境來揣測各種爭鬥。集中翻看那些「長壽」店鋪的履歷，不難發現，他們以相似的商業思維經營著自己的業務，不瞎折騰，也不在「亂花漸欲迷人眼」中迷失自己。這個市場變化很快，誘惑自然也很多，在爆款、促銷成為主流聲音的時候，他們也只是遵循著一條普適的商業規律，即為客戶提供價值。

當然，這是一個百變的時代，客戶價值自然也在升級變化中。如果說，電商的頭十年是對傳統零售的補充，滿足的是消費者的基本需求，那麼下一個十年，勢必要向滿足消費者的體驗需求升級。如今，消費者的個體意識覺醒，他們的聲音越來越強，他們忠於符合自己品味的商品，一個「消費者主權」主導的商業時代已經拉開了序幕。在這樣的消費市場環境下，從商品中提煉出「情感價值」成了商家運作的核心。

商業世界，偶然和好運向來是靠不住的。在商業本質面前，傑克‧威爾許與草根賣家是一樣的，都需要遵循最樸素的道理：關心現金流，提供價值。再無常識的人也懂得，現金流掉鏈子就意味著 GameOver 了，兜裡有現金才能熬過今天，躲過明天，然後見到後天的太陽。

（文｜許靜純　陳晨　渡劫　張浩洋　顏思思）

中小賣家釜底抽薪

中小型賣家，大多是對電子商務有理想、有憧憬、有抱負、有動力的網絡時代四有新人。可另一個明顯的事實是，電子商務似乎已經過了那個只要努力就能成功的年代，它更像是一頭從良的怪獸，更溫和，更老謀深算，更精於世故。如果想要駕馭它，就不得不拿出十二分的精神與努力。這也就要求駕馭者必須具備清晰的頭腦和戰略思維，才能騎在這頭飛速奔跑的怪獸身上，在與其他同樣搶奪一席之地的競爭對手的較量中獲取自己的地盤。

其實，發生在這頭怪獸身上的爭奪還遠遠說不上可怕，更可怕的是，當我們在這裡你死我活之時，另一頭更健壯、更迅猛、更強勢的怪獸已悄然趕上，而這之間的距離，眼睜睜看著就越來越短。這頭怪獸被稱為B2C，而它的主要駕馭者，卻是來自於我們未必那麼熟悉的領域：那些大型自主銷售的B2C網站，例如京東、當當、凡客誠品、走秀網等。面對似乎四面楚歌的電商環境，中小賣家的機會又在哪裡呢？

兩極分化的網購市場

中國的網路購物市場增速喜人，讓我們先看一組數據：京東商城2004年在線，當年銷售額1000萬元人民幣，2005年為3000萬元，2006年8000萬元，2007年3.6億元，2008年13.2億元，2009年40億元，2010年102億元，2011年預計為300億元左右，其中2010年新增的服裝百貨業務在2011年有望突破60億銷售額。按目前的發展速度，京東可在2012年超越傳統家電巨頭國美的銷售額。凡客誠品2006年上線，2010年銷售額突破

单位：亿	2008		2009		2010		2011		2012		2013		2014	
	销售	增长	销售	增长	销售	增长	销售	增长	销售	增长	销售	增长	销售	增长
大卖家	87	NA	224	136	634	411	1,389	755	2,634	1,245	4,480	1,846	6,713	2,233
中小卖家	1,195	NA	2,406	1,212	3,996	1,589	6,245	2,249	8,206	1,962	10,209	2,003	12,412	2,203

表 1-6 大賣家與中小賣家銷售額增長表

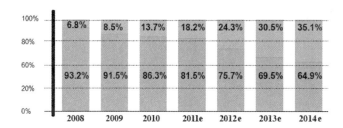

圖 1-3 中國網路購物市場份額變化

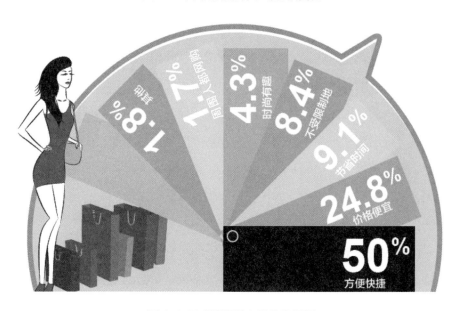

圖 1-4 用戶選擇網上購物的原因

30 億元，而 2011 年內部銷售目標為 100 億元。

在一串炫目銷售數據的背後，是另一串更為耀眼的融資和投資數據：京東 2011 年 C 輪融資額 15 億美金，這筆錢將主要被投入物流和技術建設；新蛋網投資 7500 萬美金在上海興建物流中心；2010 年，當當網成功上市，融資額 2.72 億美金，主要投入到物流、客服與技術建設；2010 年麥考林成功上市，融資額 1.29 億美金。

電子商務是一個炙手可熱的市場，而參與其中的，不僅是熱血沸騰的創業者，也有希望複製亞馬遜奇蹟的各大投資機構。就目前而言，中國互聯網整體發展還是落後於美國這樣的成熟市場，但這也給了風投們無限的想像。在錯過了像亞馬遜這樣的機會後，他們唯一的心願就是在中國複製出另一個亞馬遜，因此普遍採取「廣撒網、重點培養」的戰略手段。B2C的風光與瘋狂，不僅僅是大玩家們的決鬥，更是那些逐利資本的較量。在 2011 年 6 月初，作為京東重點攻擊對象的當當網，借勢服裝商城在線，推出服裝五折以及類型圖書五折的非常規優惠。在這樣的態勢下，即便是卓越網（亞馬遜中國）這樣在全球已經進入穩定發展時期，本已無需進行價格促銷的網商，也無法忍受這類瘋狂促銷所造成的市場份額流失，被迫攬入戰團，推出讓利千萬和圖書 5 折的非常態促銷。這種商業邏輯，顯然不是中小賣家可以借鑒和競爭的。而可以預見的是，隨著各大網站資金的到位和各類物流配套設施的完善，此類活動只可能愈演愈烈，而尚見不到平息的一天。

B2C 行業的生態，更像是一場巨人之間不計犧牲的對決。拚命打擊對手，擴大己方地盤，哪怕是自身受傷、流血不止也還顧不得包紮休整，一味進攻，才是目前階段的金科玉律。自身造血不足，可以快速輸血，而每個人都在拿著現金揮霍的同時，指望對手早日血盡而亡。

這，就是一場跑馬圈地的追逐與角力。

雖然 B2C 行業的混戰，並不以 C2C 或是中小賣家為直接競爭目標，但目前他們的主攻方向，確實會直接影響到用戶的選擇。

曾經有人預估，到 2014 年，整個網路購物市場的增長速度會降至 30％左右，從而基本跟每年中國新增網民的數量基本相似（年均 20％～30％）。但與此同時，我們看到網購市場越來越開始呈現出兩極分化的狀況。網購市場中的中小賣家的份額會不斷流失，而 B2C 賣家以及大型網商的份額不斷擴大，從而在 2014 年左右，整個網路購物市場增長將來自大型網商的貢獻。

通過數據顯示，我們發現用戶選擇網上購物的前兩大原因在於方便快捷和價格便宜，以此我們也可以清楚地分析出 B2C 大型網商在網購市場中存在的各種優勢。

物流優勢。蘇寧電器副總裁孫為民說過，「電子商務不是商務電子，從根本上來說，它是電子化的物流，歸根結底還是物流體系的問題」。傳統家電零售企業的物流成本為 0.5％左右，而純互聯網出身的電商預計是在 3％～ 5％左右，因此物流是重頭。如今，免費快遞幾乎成為了各大 B2C 商城的標準配置，而隨著各個物流中心投入使用，配送速度也大幅提高，訂購商品隔夜送達在主要城市已經非常普遍。

系統優勢。雖然淘寶網等平臺型網站為中小賣家提供了便捷的操作平臺以及後臺系統，但無論是數據採擷的深度還是介面配置的靈活性，在這一點上都無法和 B2C 等大型網商相比。B2C 等各大網站對於消費者數據，以及在根據消費者數據進行頁面調整的能力上，要遠高於中小賣家，落實到銷售層面，就意味著更高的轉化率。

客服優勢。大型網站通常配備集中的客服中心，並且有著完善的培訓

和話語體系，因此能給客戶提供及時、一致且專業的服務。

價格優勢。在目前的市場環境中，大型網站主要的價格優勢體現在行貨的售價上，這主要是因為其採購規模而帶來的成本優勢，以及受惠於價格補貼的促銷。

優勢？劣勢？這是一個適者生存的江湖。作為中小賣家要思考的是，如何在市場從混沌到清晰的過程中，依靠自身優勢，揚長避短。

中小賣家，如何夾縫求生？

在 2011 年的 NBA 總決賽中，擁有韋德、詹姆斯和波許三位巨星的熱火隊，相比起陣容老邁的小牛隊，似乎擁有太多的優勢。年輕、氣盛，各個位置的個人實力高於對手，加上主場優勢，獲得冠軍看起來理所應當。

剛開始，一切似乎朝著人們預想的方向發展，但自從第二場小牛實現驚人逆轉之後，事情就發生了變化。熱火隊的巨星們開始心思渙散，團隊配合立刻分崩離析，而小牛憑藉著不屈不撓的精神，以及無私的團隊配合，充分演繹了籃球作為集體項目的魅力，從而最終贏得勝利。

以弱勝強的小牛，是否能帶給我們一絲啟發呢？

人通常在潛意識裡對巨型生物有一種恐懼本能，不過人類學家有一種理論，證實正是因為恐懼，才驅使人類學會使用工具，最終成為生物圈的主宰。其實，諸如此類的辯證思維也可以廣泛應用在各個層面，套用在當前的網購市場，我們需要思考的未必是以弱勝強，但卻可以嘗試共贏共存。危機之中，有危也有機，如何趨利避害，需要中小賣家做出明確的戰略選擇。

鴻門宴未必是刀光劍影，就如當年的古巴導彈危機，雖然美國一度陷

於本土被核武器襲擊的危險之中，但當危機退去之後，卻迎來了美蘇關係的重要轉折。

在商業的世界裡，噸位並不是決定勝負的唯一條件。大有大的優勢，小有小的靈活，而關鍵則在於錯位競爭和找到自身的目標市場。人定勝天本身是一句非常沒有環境意識的囈語，但放在當前這個環境，卻非常真實。為什麼？因為中小賣家的機會，就產生於創業者本身的頭腦、靈活與眼光。當我們與競爭對手去比總數時，必然會落於後方，但如果計算平均水準，那通常具備強烈拚勁與靈活頭腦的中小賣家，卻能夠略勝一籌。從中小賣家的自身條件來看，他們也具備自身短期優勢。

管道。管道優勢怎麼說呢？中國作為加工製造的大國，總能讓你在某個村落就找到別人所無法獲取的產品，或是許多大型網商無法售賣的產品，比如說真正的原單貨。而這些管道，要不就是規模太小，大型網商不感興趣，要不就是存在一定法律風險，需要規避。

品質控制。如果我們留意網路新聞，就會發現 B2C 網站時不時總會爆出些品質問題。這些未必是網商自己造成，但隨著發貨量的迅速擴大，一旦與供應商之間的配合出現問題，品質問題就會隨之產生。而目前對大型網站而言，要對產品實現 100% 驗貨，是完全不可能的。而這對於中小賣家來說，卻不成為問題。即使是日成交 300 單以上的大店，要做到單單檢查，只要有專人負責，也不會成為問題。然而，品質控制優勢也會隨著時間的推移而慢慢消失。隨著大型網站物流投入的增加，以及對供應商關係的理順，加上運作經驗和人員的增加，品質問題也會隨之解。

在線時間。這是一個只要努力就可以收穫成功的年代。保持長時間的在線，在一片灰色之中亮著一盞藍色的燈，對於買家來說是一種溫暖的誘惑。但要長時間保持這一點，卻又不太現實。

　　至此，中小賣家到底應該如何借助這些短期優勢，發揮自己所長，使得自己在網購市場的浪潮中不被淘汰呢？針對中小賣家的突圍戰，筆者提出以下幾個建議。

　　做好產品選擇。正如我們現在所看到的那樣，隨著許多 B2C 網站的不斷壯大，它將不斷進入其他延伸行業，因此這些網站對產品的選擇必定是大而廣，這也就會衝淡其單個產品的個性。這一點，恰好是中小賣家能夠很好彌補的方面。積極開拓管道，始終保持有 3～5 款優勢產品或明星產品，淘汰劣質產品，以常規產品作為優勢、明星產品的補充。

　　淘寶上，無論是淘寶品牌還是線下品牌，目前所占的比例還很有限，淘寶仍然是一個產品、價格、性價比為主導的市場。因此，如果有產品優勢，還是比較適合在淘寶發展的。為了獲得產品優勢，有幾個方式：

　　1. 自己生產產品（含貼牌），產品有特色，價格未必有優勢，但能滿足小眾市場的需要；

　　2. 自己生產產品（含貼牌），產品特色不是很強，但有強大的成本控制能力，可以保證價格優勢；

　　3. 有好的貨源管道，掌握有特色的產品貨源，性價比也不錯，網上同類產品競爭不很激烈；

　　4. 代理知名品牌的在線銷售，網上得到授權的同類店鋪往往只有幾家，競爭不激烈；

　　做好顧問式的主動客服兼銷售。隨著許多 B2C 網站的發展，人員也將飛速擴張，這將使得短時期內服務難以跟上，導致消費者很難獲得個性化服務。中小賣家卻沒有類似煩惱，無論是自己上陣，還是外聘客服，都有足夠優勢可以花盡可能長的時間來培養客服的專業知識和銷售能力，同時為買家提供個性化的服務。據瞭解，在國外成熟的零售市場，關聯銷售可以占到總銷售額的 30% 左右。同時培養傑出的客服，能夠很快拉近客戶和網店

之間的距離，使其洋溢人情味，這也為中小賣家提供了額外的行銷管道。

專攻細分市場。當所有人都在鋪設大平臺時，大而全網站失去的優勢則是細分市場和產品的小而專，而這點正是中小賣家最為擅長的。在拚管道和拚資本的時代，中小賣家的優勢則體現在將有限的資金用在刀刃上，而專注於細分市場則是中小賣家實現高性價比的最佳選擇。賣別人沒有的東西，賣別人不賣的東西，做深做細，必將走出自己的天地。這就如同當京東商城一心只做電器的時候，它成為了買家購買電器的首選，而當當網的行業標籤則是圖書。當京東和當當網拚圖書之時，則必將分散它的一部分資本和精力，從而弱化本身的電器優勢。經驗告訴我們，從細分市場切入，並成為行業標籤，無疑是中小賣家的出路之一。

注重手造和訂製。賣那些只有你能有，別人都無法擁有的東西永遠都是說明你獨樹一幟，並且贏得客戶的重要手段。當大型網站的商品看起來千篇一律時，中小賣家卻是「這邊風景獨好」。個性化產品以及針對有限顧客的個性化訂製，將是越來越多買家的需求點。在對買家的數據調研中，我們也發現，越來越多的買家開始回歸小店鋪。因為在他們看來，大型的B2C網站或者是大賣家因為量大貨多，往往容易忽略服務，而小賣家在手造和訂製上，則更具有自身優勢。

在綜合分析了大型B2C賣家和中小賣家的優劣勢後，我們不難看出，拚管道拚資本並不是中小賣家的擅長點，但船小好掉頭的理論似乎在網路江湖的博弈中依然奏效。因此，當別人的盤子越做越大之時，作為具有原始積累的中小賣家，精選一個小盤子，做精做細，走上差異化的產品和競爭之道，更可增加其成功的籌碼。

（文｜詹星宇）

天貓標品行業①商家飽和度分析

　　如果對照2011年中國連鎖百強榜單,「雙十一」當天191億元的進帳,足以讓天貓擠下銷售190億元的利群集團,繼而排名第二十四位。而除了讓人瞠目結舌的市場總量,日銷量過億元商家的出現也足以佐證一個觀點:在線競爭已經趨於品牌化,而且領跑者聚焦於少量品牌。很多品牌尚未呈現出競爭優勢,但確有突圍機會。評論者很愛探討一個問題:網購市場是否飽和?先看數據。根據CNNIC(中國互聯網路資訊中心)在2012年10月底發佈的《2011年中國網絡購物市場研究報告》顯示,2011年中國網路購物市場交易金額達到7566億元,較2010年增長44.6%。誠然,相比較2007～2010年四年均是100%級別的年增長率,2011年44.6%的增長率屬於下降狀態,中國網購市場飽和感初現。

　　從網購宏觀數據到單個電商平臺,甚至具體到某個類目,品牌商家飽和度的概念被再次重視。以天貓為例,有些類目的市場份額已經被幾大品牌瓜分占據;而有些類目,潛力品牌還大有機會。對於已經在線運營的品牌商家,以及即將整裝待發的新晉品牌商家,無論是品牌商還是品牌分銷商,大家都很迫切地想要知道:市場的機會在哪裡?

　　因此,我們嘗試通過行業(某品牌)單店交易額和行業商家數量的相關關係,剖析標品行業的品牌商家飽和度,從而給予商家重要的運營提示。

---

　　①標品行業是指品牌集中度相對較高的行業,本文是指手機、筆記型電腦、大家電、平板電腦、廚房電器、生活電器、影音電器、數碼相機／單反相機／攝像機、彩妝／香水／美妝工具、美容護膚／美體／精油、奶粉／輔食／營養品、尿片／洗護／喂哺／推車床、洗護清潔劑／衛生巾／紙／香薰、運動服／運動包／頸環配件以及運動鞋等15個行業。

標品行業，飽和度初現

通過研究天貓的商家數據發現，標品行業已經呈現出商家飽和的現象，而其他大部分非標品行業還未有商家飽和的現象。事實上，因為標品行業提供標準化的產品和服務，經營的商家並不是越多越好，經過市場優勝劣汰後的少量品牌和商家，就能滿足大部分消費者的需求。非標品行業則不具有此特徵，比如女裝，因為款式和風格是消費者的主要訴求點，不存在所謂商家飽和的問題。綜合以上因素考慮，本文圈定的研究範圍是標品行業。

飽和度指標：相關係數

為了讓商家一目了然地看到行業商家飽和的情況，本文用一個直觀的數據指標「相關係數 r」來進行分析。

相關係數 r 是變數之間相關程度的指標，為【－1，1】之間的數值，r > 0 表示正相關，r < 0 表示負相關，|r| 越接近 1 表示相關性越強，|r| 越接近 0 表示相關性越弱。

$$r_{XY} = \frac{\sum\limits_{i=1}^{N}(X_i - \bar{X})(Y_i - \bar{Y})}{\sqrt{\sum\limits_{i=1}^{N}(X_i - \bar{X})^2}\sqrt{\sum\limits_{i=1}^{N}(Y_i - \bar{Y})^2}}$$

備註：計算公式中，X 為商家數量，Xi 表示某時期商家數量，i = 2010.1，…，2012.7；Y 為單店交易額，Yi 表示某時期單店交易額，i = 2010.1，…，2012.7。計算單店交易額的時候去尾各 1% 商家，商家數去掉尾部 1% 的商家，以此排除極值影響。

幾種常見定義

◇ r 為（0.8，1］，則說明單店交易額隨著商家數量的增加而增加，且強正相關，可以認為市場處於起步階段；

◇ r 為（0.5，0.8］，則說明單店交易額隨著商家數量的增加而增加，且弱正相關，可以認為市場處於穩步發展階段；

◇ r 為（－0.5，0.5］，則說明單店交易額和商家數量無正相關性，可以認為市場處於接近飽和階段；

◇ r 為（－0.8，－0.5］，則說明單店交易額隨著商家數量的增加而減少，且弱負相關，可以認為市場處於競爭階段；

◇ r 為〔－1，－0.8］，則說明單店交易額隨著商家數量的增加而減少，且強負相關，則認為市場處於過度競爭階段。

圖解三大品牌的飽和度

分析店鋪運營數據發現，不同行業的單店交易額和商家數量之間的關係有所不同，不同品牌的單店交易額和商家數量之間的關係也大相徑庭。以下分別列舉生活電器、廚房電器和手機類目的單個品牌，通過單店支付寶金額和商家數量兩個維度來預判其競爭熱度。

格力：市場起步階段，競爭不激烈。經營格力品牌的商家，單店交易額隨著商家數量的不斷增長而增長，r 值呈現正相關關係，說明該品牌在天貓市場競爭中處於起步階段，尚未白熱化。

九陽：很飽和，競爭慘烈。經營九陽品牌的商家，單店交易額隨著商家數量的不斷增長而下降，r 值呈現負相關關係，說明該品牌在天貓市場中已經處於過度競爭階段。

諾基亞：很飽和，競爭慘烈。經營諾基亞品牌的商家，單店交易額和商家數量無相關關係，說明該品牌商家的競爭已經接近飽和。

圖1-5 格力品牌商家單店支付寶金額和商家數量的關係

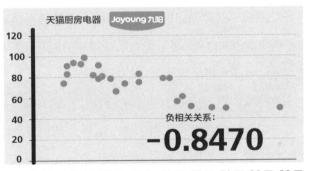

圖1-6 九陽品牌商家單店支付寶金額和商家數量的關係

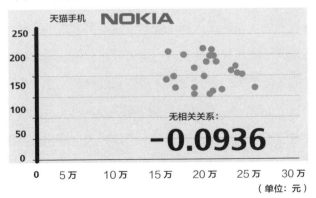

圖1-7 諾基亞品牌商家單店支付寶金額和商家數量的關係

兩種緯度請自檢

淘寶網和天貓的標品行業商家飽和度

淘寶集市的筆記型電腦、數碼相機／單反相機／攝像機這兩大行業的 r 值分別為 − 0.7439、− 0.5584，說明這兩個行業商家已經過度飽和，競爭已經白熱化；手機、彩妝／香水／美妝工具、運動鞋行業也已經接近飽和，接下來競爭淘汰會比較嚴重；其他類目相對來說，還處在市場發展階段，商家還可以進入，一起發展。

天貓大部分標品行業，還處在市場發展階段，現有商家數未達到飽和，其他商家還可以進入。但數碼相機／單反相機／攝像機行業單店交易額和商家數量的相關係數僅 0.1340，接下來商家數將趨於飽和，實力強的品牌商可以考慮進入，但小商家將面臨比較大的挑戰。

事實上，r 值類似的不同品牌在天貓的發展也各式各樣。對於具體的某個品牌而言，市場競爭飽和度除了要看其 r 值外，還應該看經營該品牌交易額排名第一的店鋪占該品牌整體交易額的比例。綜合考慮兩種因素，可以分為以下四類市場類型。

第一類，相關係數為正，且 Top1 店鋪的市場份額較高（20％及以上）。市場處於發展階段，但是在天貓已經有一家非常強大的店鋪，雖然市場可以進入，但是要考慮自身店鋪實力，實力非常強的店鋪也許能搶占很大一部分市場份額，但是實力弱的商家，可能只能分到小部分的市場份額。例如：手機類目下的 Apple／蘋果，相關係數為 0.6085，且已經有一家實力非常強的商家占據市場的 44.3％的交易額，對於有信心超過這家店鋪的商家，或者不要求高交易額、而只是想分一小杯羹的小商家可以考慮進入。

第二類，相關係數為正，且 Top1 店鋪的市場份額較低（20％以下）。市場處於發展階段，且排名第一的店鋪的交易額占比不高，這說明商家實

表 1-7 類目相關係數統計

一级类目	天猫 TMALL.COM		淘宝网	
	单店支付宝金额和商家数量相关系数	相关性类别	单店支付宝金额和商家数量相关系数	相关性类别
手机	0.5537	弱正相关	−0.0084	无正相关
笔记本电脑	0.5752	弱正相关	−0.7439	弱负相关
大家电	0.8706	强正相关	0.7370	弱正相关
平板电脑/MID	0.8771	强正相关	0.7224	弱正相关
厨房电器	0.8939	强正相关	0.5592	弱正相关
生活电器	0.9052	强正相关	0.1730	无正相关
影音电器	0.7335	弱正相关	0.4905	无正相关
数码相机/单反相机/摄像机	0.1340	无正相关	−0.5584	弱负相关
彩妆/香水/美妆工具	0.8390	强正相关	−0.1347	无正相关
美容护肤/美体/精油	0.8538	强正相关	0.3457	无正相关
奶粉/辅食/营养品	0.9301	强正相关	0.5780	弱正相关
尿片/洗护/喂哺/推车床	0.9046	强正相关	0.8656	强正相关
洗护清洁剂/卫生巾/纸/香薰	0.6928	弱正相关	0.8966	强正相关
运动服/运动包/颈环配件	0.4970	无正相关	0.2525	无正相关
运动鞋 new	0.8429	强正相关	−0.0665	无正相关

表 1-8 r 為負，且 Top1 店鋪份額高於 20% 的標品行業品牌重點分佈圖

类目	市场处于高度竞争阶段的品牌（卖家基本不需要考虑进入）
手机	天语
笔记本电脑	联想，戴尔，苹果，惠普，东芝，神舟
大家电	创维，老板
平板电脑/MID	联想
厨房电器	九阳，奥克斯
生活电器	贝尔莱德，小狗
数码相机/单反相机/摄像机	佳能，索尼，卡西欧，富士，松下，三星，宾得
彩妆/香水/美妆工具	卡姿兰，谜尚，柏卡姿，The Face Shop，美康粉黛
美容护肤/美体/精油	阿芙，相宜本草，御泥坊，比度克，玉兰油，美即，自然堂，丸美，芳草集，柏卡姿
奶粉/辅食/营养品	惠氏，圣元，雀巢，美素佳儿，美赞臣，御宝，飞鹤
尿片/洗护/喂哺/推车床	帮宝适，笑巴喜，大王
洗护清洁剂/卫生巾/纸/香薰	云南白药，资生堂，佳洁士，潘婷，海飞丝，七度空间，涤太太
运动服/运动包/颈环配件	李宁，背靠背，安踏，茵宝，特步
运动鞋	新百伦

表 1-9 r 為正，且 Top1 店鋪份額高於 20% 的標品行業品牌重點分佈圖

类目	市场处于稳步发展阶段的品牌（有超强实力的卖家可以进入）
手机	苹果，联想，华为，索尼爱立信，小米
笔记本电脑	宏基，华硕，索尼
大家电	海尔，TCL，华帝，美的，夏普，索尼，长虹，格力
平板电脑 /MID	台电，三星，昂达，原道，酷比魔方，蓝魔，纽曼，艾诺
厨房电器	苏泊尔，奔腾，小熊，飞利浦，格兰仕，天际，东菱
生活电器	飞利浦，格力，夏普，哥尔，美菱
影音电器	美如画，开博尔，魔声，雅马哈，秋叶原，索尼
数码相机 / 单反相机 / 摄像机	尼康，奥林巴斯
彩妆 / 香水 / 美妆工具	美宝莲，BK，蜜丝佛陀，香奈儿，姬芮
奶粉 / 辅食 / 营养品	多美滋，纽瑞滋，亨氏
尿片 / 洗护 / 喂哺 / 推车床	贝亲，好孩子，好奇，花王，易简，小白熊，POUCH
洗护清洁剂 / 卫生巾 / 纸 / 香薰	ABC，威露士，拜灭士
运动服 / 运动包 / 颈环配件	阿迪达斯，361°，彪马
运动鞋	李宁，安踏，回力，特步，匡威，背靠背

表 1-10 r 為正，且 Top1 店鋪份額低於 20% 的標品行業品牌重點分佈圖

类目	市场处于发展阶段的品牌（普通实力的卖家就可以进入）
手机	三星，HTC，摩托罗拉
笔记本电脑	IBM
平板电脑 /MID	苹果
厨房电器	美的
生活电器	美的，艾美特，先锋
影音电器	先科，飞利浦，铁三角
运动服 / 运动包 / 颈环配件	耐克，康智奇
运动鞋	耐克，阿迪达斯，匹克

力還比較相當，更多不同背景的商家還可以進入搶占該市場。例如：手機類目下的HTC，相關係數為0.5428，排名第一的店鋪交易額占比僅為9%，想經營HTC品牌手機的商家還可以進入。

第三類，相關係數為負，且Top1店鋪的市場份額較高（20%及以上）。市場處於競爭階段，且在天貓已經有一家非常強大的店鋪，市場已經非常飽和，不建議商家進入該市場。例如：彩妝／香水／美妝工具類目下的Bogazy／柏卡姿品牌，相關係數為－0.9954，且排名第一的店鋪市場份額達97.9%，這說明該市場一家店鋪就已經能夠滿足消費者的需求，其他商家進入完全沒有生存的餘地。

第四類，相關係數為負，且Top1店鋪的市場份額較低（20%以下）。市場處於競爭階段，但排名第一的店鋪的交易額占比不高，這種情況非常少。在各標品行業的Top品牌當中，只有手機類目下的Nokia／諾基亞，相關係數為－0.0936，Top1店鋪交易額占比8.7%；影音電器類目下的Sennheiser／森海塞爾，相關係數為－0.1247，Top1店鋪交易額占比12%；數碼相機／單反相機／攝像機類目下的Aigo／愛國者，相關係數為－0.0787，Top1店鋪交易額占比18.7%。這三個品牌比較特別，雖然市場顯示已經進入競爭，但是競爭還不夠激烈，屬於較溫和的競爭狀態。

TIPS 在天貓經營標品類目的品牌，一般都對應了上文中描述的4種市場類型，商家可以對應各自品牌的市場競爭情況，有針對性地調整品類或者制定更有目標性的競爭策略。對於還未進入這些行業的商家，建議商家根據行業品牌特性，以及自身實力來選擇經營的行業和品牌。

（文｜草喬）

小城之光 —— 三四線城市賣家生存調查

三四線城市是個什麼定義？

按維基百科的說法：三線城市是指比較發達的有戰略意義或經濟總量較大的中小城市。四線城市是指除去一、二、三級城市外，相對綜合能力較強的城市。

交通偏遠，經濟發展單一，城市建設相對落後，是三四線城市的共同點。常規經濟沒有跑贏大城市，在沒有經緯線的網路上，它們還會不會是一樣的三四線？

路途遙遠，山高水長，貨源、人力、物流都未必趕得上網購時代的快速商業反應鏈，三四線城市好像天生自帶一段怯。在這樣的局面中，有多少在萬萬家店鋪中殺出重圍，脫穎而出的奇才？又有多少克服重重困難，苦心經營，成長的同時尋求突破的踐行者？

我們試圖挖掘三四線城市賣家的個性和共性，展現他們經營店鋪的獨到思路和優劣勢。基於中國社會科學院的研究成果，我們對 2011 年 1 － 6 月有成交店鋪進行數據分析，來描繪一副三四線城市賣家的群像。

小城市賣家的特徵

一直以來，東部沿海城市尤其是長三角、珠三角的賣家倍受關注。這些地區的賣家數量多，競爭實力和創新能力普遍高於行業平均水準。其實，在另外一個廣闊的舞臺——三四線城市，也活躍著為數眾多的賣家。本文將重點關注他們的生存和發展狀況。

總體來看，三四線城市賣家的特徵有以下幾點。

第一，**分佈廣泛、區域集中**。賣家廣泛分佈在全國各地，從吐魯番到大興安嶺、從舟山群島到西雙版納、從海南島到內蒙古，都活躍著賣家的身影。但是，在數百個三四線城市中，大部分賣家集中在前 50 個城市，有的行業甚至更為集中。比如 61.4% 的化妝品賣家、70.4% 的土特產賣家集中在各自行業前 50 個城市，而在茶葉行業，僅前 10 個城市就集中了 68.1% 的賣家。

第二，**實力懸殊、分化明顯**。即使不算一二線城市，僅在三四線城市中作對比，大部分賣家的經營水準、競爭實力等與位居前列的賣家相比存在明顯差距。比如女裝行業，前十個城市的交易額之和，相當於其他所有城市交易額之和。特色手工藝品行業，前十個城市的交易額之和是其他所有城市交易額之和的 2.3 倍。

第三，**特定行業亮點閃現**。儘管一二線城市賣家享有多樣的利好條件，三四線城市賣家的特定行業仍然擁有眾多獨具優勢之處。概括而言，三四線城市賣家的優勢主要源自兩大方面：其一是靠近貨源地，比如泉州的安溪是烏龍茶的主產區，這裡的賣家單個網店的平均交易額是一線城市同行的 1.4 倍，類似的還有東莞賣家靠近虎門服裝產業集群、嘉興賣家靠近海寧皮革產業集群；其二是地處貿易中心，比如金華義烏是全球最大的小商品集散地，這裡的賣家完成的交易量是所有二線城市交易量之和的 1.1 倍。

三四線城市賣家可能比較關心的話題是「自己的市場空間在哪兒」。從宏觀來看，未來幾年整個網路零售市場充滿了商機。在 2005 ～ 2010 年這 5 年裡，網路零售市場的年均增速超過 100%，在良好的經濟環境和旺盛的網購消費需求促進下，網路零售有望繼續保持良好的增長勢頭。因此，三四線城市賣家大可不必擔心自己的市場空間，關鍵在於尋找適合自己的

行業和發展模式。其中,特別值得三四線賣家關注的要點是貨源優勢、消費需求和物流便捷性。

因此,以下將選取三大類行業作重點分析:

1. 地方特有商品,如土特產、茶葉和特色手工藝品;

2. 大眾消費品,如女裝、化妝品和家居用品;

3. 虛擬物品,如手機充值和網遊點卡。

地方特有商品:本地專有,別處不供

在數據研究中,我們可以看到地方特有產品的網店分佈呈現非常多元化的趨勢。它們並不集中在一些發達地區,而且有近一半的成交額來自三四線城市。由此可見,小城市的網店極具背靠特有貨源地的優勢,然而相同的資源地也使它們的產品同質化嚴重,競爭相當激烈。

土特產:分佈地域遼闊

全國主營土特產的網店,有 45.4% 來自三四線城市。這些網店完成的交易額占 46.7%,交易筆數占 45.5%。從經營水準來看,三四線城市單個土特產網店平均交易額為 54257 元,略高於一二線城市;筆單價為 78.5 元,略低於一二線城市。從地理分佈來看,土特產網店廣泛分佈在不同的城市。這得益於中國地域遼闊,東南西北不同的城市都有各具特色的土特產。

茶葉:網店集中度較高

全國主營茶葉的網店,有 47.8% 來自三四線城市。這些網店完成的交易額占 46.3%,交易筆數占 53.8%。從經營水準來看,三四線城市單個茶葉網店平均交易額明顯高於一線城市,略低於二線城市;筆單價為 184.0 元,分

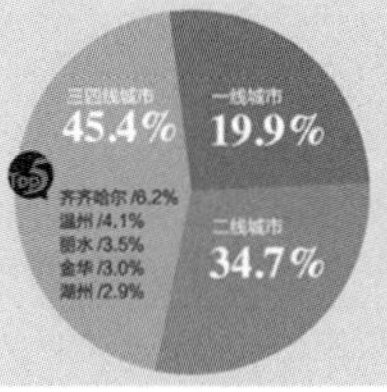

	交易額占比	單店平均交易額（元）	交易笔数占比	笔单价（元）
■	17.4%	50255	16.2%	86.7
■	35.9%	53660	38.3%	80.9
■	46.7%	54257	45.5%	78.5

三四线城市 45.4% 一线城市 19.9% 二线城市 34.7%
Top5 齐齐哈尔/6.2% 温州/4.1% 丽水/3.5% 金华/3.0% 湖州/2.9%

数据时间段为 2011 年 1~6 月

圖 1-8 不同級別城市土特產網店數據對比（2011.1 ~ 2011.6）

	交易額占比	單店平均交易額（元）	交易笔数占比	笔单价（元）
■	13.2%	99700	10.5%	140.3
■	40.5%	134210	35.8%	160.6
■	46.3%	130455	53.8%	184.0

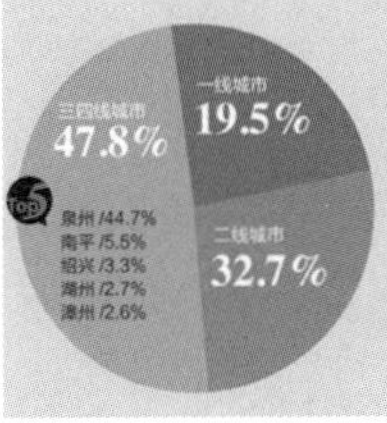

三四线城市 47.8% 一线城市 19.5% 二线城市 32.7%
Top5 泉州/44.7% 南平/5.5% 绍兴/3.3% 湖州/2.7% 漳州/2.6%

数据时间段为 2011 年 1~6 月

圖 1-9 不同級別城市茶葉網店數據對比（2011.1 ~ 2011.6）

	交易額占比	單店平均交易額（元）	交易笔数占比	笔单价（元）
■	21.4%	74718	21.1%	119.4
■	25.3%	96201	18.9%	227.3
■	53.3%	88316	60.0%	172.8

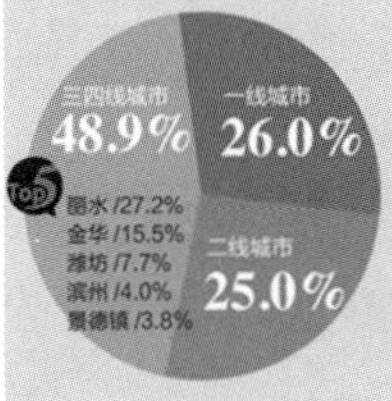

三四线城市 48.9% 一线城市 26.0% 二线城市 25.0%
Top5 丽水/27.2% 金华/15.5% 潍坊/7.7% 滨州/4.0% 景德镇/3.8%

数据时间段为 2011 年 1~6 月

圖 1-10 不同級別城市特色手工藝品網店數據對比（2011.1 ~ 2011.6）

	交易額占比	單店平均交易額（元）	交易笔数占比	笔单价（元）
■	42.8%	247748	46.5%	114.4
■	31.8%	159256	30.2%	130.1
■	25.4%	129884	23.2%	138.5

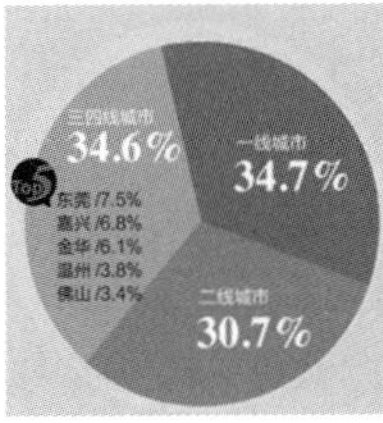

三四线城市 34.6% 一线城市 34.7% 二线城市 30.7%
Top5 东莞/7.5% 嘉兴/6.8% 金华/6.1% 温州/3.8% 佛山/3.4%

数据时间段为 2011 年 1~6 月

圖 1-11 不同級別城市女裝網店數據對比（2011.1 ~ 2011.6）

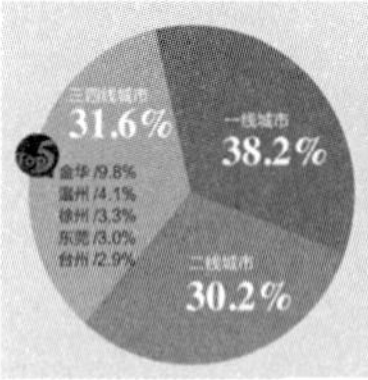
三四线城市
31.6%
一线城市
38.2%
二线城市
30.2%
Top5
金华/9.8%
温州/4.1%
徐州/3.3%
东莞/3.0%
台州/2.9%

	交易额占比	单店平均交易额（元）	交易笔数占比	笔单价（元）
■	44.9%	299021	41.3%	127.5
■	32.1%	241674	32.0%	119.5
■	23.1%	207425	26.7%	105.1

数据时间段为 2011 年 1~6 月

圖 1-12 不同級別城市化妝品網店數據對比（2011.1 ~ 2011.6）

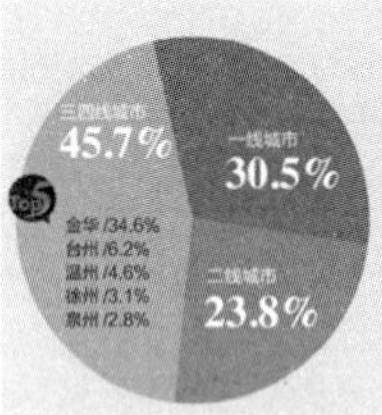
三四线城市
45.7%
一线城市
30.5%
二线城市
23.8%
Top5
金华/34.6%
台州/6.2%
温州/4.6%
徐州/3.1%
泉州/2.8%

	交易额占比	单店平均交易额（元）	交易笔数占比	笔单价（元）
■	30.4%	62384	28.2%	61.3
■	23.9%	56907	21.3%	61.4
■	45.8%	48629	50.5%	55.0

数据时间段为 2011 年 1~6 月

圖 1-13 不同級別城市家居用品網店數據對比（2011.1 ~ 2011.6）

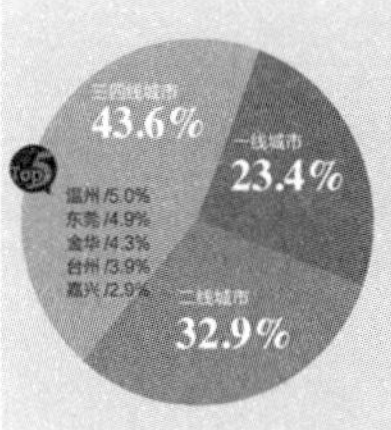
三四线城市
43.6%
一线城市
23.4%
二线城市
32.9%
Top5
温州/5.0%
东莞/4.9%
金华/4.3%
台州/3.9%
嘉兴/2.9%

	交易额占比	单店平均交易额（元）	交易笔数占比	笔单价（元）
■	24.4%	164105	16.1%	92.4
■	51.1%	379908	57.3%	86.1
■	24.5%	108647	26.7%	76.7

数据时间段为 2011 年 1~6 月

圖 1-14 不同級別城市手機充值網店數據對比（2011.1 ~ 2011.6）

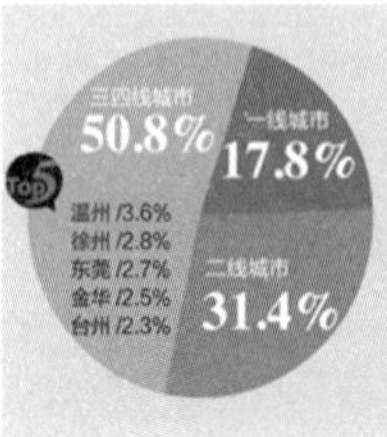
三四线城市
50.8%
一线城市
17.8%
二线城市
31.4%
Top5
温州/3.6%
徐州/2.8%
东莞/2.7%
金华/2.5%
台州/2.3%

	交易额占比	单店平均交易额（元）	交易笔数占比	笔单价（元）
■	18.8%	597588	13.4%	193.4
■	34.3%	578705	36.8%	151.6
■	46.9%	512476	49.8%	140.1

数据时间段为 2011 年 1~6 月

圖 1-15 不同級別城市網遊點卡網店數據對比（2011.1 ~ 2011.6）

別比一線、二線城市茶葉網店高 31.1% 和 14.6%。

在三四線城市中,茶葉網店的集中度比較高,68.1% 網店分佈在排名前十的城市中。其中,44.7% 集中在福建泉州。泉州市下轄的安溪縣是我國著名的烏龍茶主產區,被譽為「中國烏龍茶(名茶)之鄉」,烏龍茶產量占全國總產量的近二分之一,鐵觀音、黃金桂等名茶即發源於此。顯然,這裡的茶葉網店具有得天獨厚的優勢。

特色手工藝品:分佈較密集

全國主營特色手工藝品的網店,有 48.9% 來自三四線城市。這些網店完成的交易額占 53.3%,交易筆數占 60.0%。從經營水準來看,三四線城市單個特色手工藝品網店平均交易額為 88316 元,高於一線城市,略低於二線城市;筆單價為 172.8 元,比一線城市高 44.7%、比二線城市低 31.6%。與茶葉網店類似,在三四線城市中,特色手工藝品網店的集中度也比較高,71.1% 網店分佈在排名前十的城市中。

大眾消費品:不求有貨源,但求有噱頭

所謂大眾消費品指的是消費者常規購買的幾大類目,包含女裝、化妝品及家居用品等。通過以下的數據報告,我們可以看到,大眾消費品類目中三四城市的賣家在數量上與大城市不相上下,但是在經營能力上存在顯著差距。其中有幾個非常有意思的現象:

1. 三四線城市女裝網店的筆單價比一二線城市的都高,為 138.5 元;

2. 全國主營家居用品的網店,有 45.7% 來自三四線城市;

3. 全國主營化妝品的網店,有 31.6% 來自三四線城市,但是其經營能力比一線城市相去甚遠。

女裝：筆單價高，分佈廣

全國主營女裝的網店，有 34.6% 來自三四線城市。這些網店完成的交易額占 25.4%，交易筆數占 23.2%。從經營水準來看，三四線城市女裝網店與一二線城市的同行相比存在較大差距。2011 年上半年，三四線城市單個女裝網店平均交易額為 129884 元，僅占一線城市 52.4%，與二線城市相比也低 22.6%。不過值得關注的是，三四線城市女裝網店的筆單價比一二線城市的都高，為 138.5 元。

從地理分佈來看，女裝網店廣泛分佈在不同的三四線城市。東莞的虎門是著名的服裝生產基地，已經形成了頗具規模的服裝產業集群，有「中國女裝名城」之稱。嘉興的海寧是重要的女式皮衣、皮草生產基地。相應的，嘉興女裝網店的筆單價比平均水準高 30.1%。

化妝品：發力不明顯

全國主營化妝品的網店，有 31.6% 來自三四線城市。這些網店完成的交易額占 23.1%，交易筆數占 26.7%。從經營水準來看，2011 年上半年，三四線城市單個化妝品網店平均交易額為 207425 元，比一線城市和二線城市分別低 44.2% 和 16.5%；筆單價為 105.1 元，比一線城市和二線城市分別低 21.2% 和 13.7%。

家居用品：分佈集中

全國主營家居用品的網店，有 45.7% 來自三四線城市。這些網店完成的交易額占 45.8%，交易筆數占 50.5%。從經營水準來看，2011 年上半年，三四線城市單個家居網店平均交易額為 48629 元，比一線城市和二線城市分別低 28.2% 和 17.0%；筆單價為 55.0 元，比一二線城市分別低 11.4% 和 11.5%。

在三四線城市中，家居網店的集中度比較高，60.4% 網店分佈在排名前

十的城市中，其中34.6%集中在金華。金華的義烏是全球最大的小商品集散中心，提供成千上萬種家居用品，因此集聚了超過三分之一的網店。

虛擬物品：誰都可以有

網路打通了物理上的距離，這點在虛擬物品的賣家數據中尤能得到體現。三四線城市網店在手機充值和網遊點卡這類虛擬物品的數量上，與大城市賣家數量非常接近。其中主營網遊點卡的網店，有50.8%來自三四線城市。由此可見，小城市虛擬物品的市場需求並沒有因為山高水遠被限制，像手機充值和網遊點卡這樣的虛擬物品，不需要物流配送，對於三四線城市的賣家而言，可以避免因為物流不暢而面臨的困難，是值得關注的領域之一。

但是，賣家們有必要注意的是，這類商品同質化嚴重，難以在產品層面形成差異化優勢，從長遠發展來看，賣家形成獨特競爭優勢的難度較大。

手機充值

全國主營手機充值的網店，有43.6%來自三四線城市。這些網店完成的交易額占24.5%，交易筆數占26.7%。從經營水準來看，2011年上半年，三四線城市單個手機充值網店平均交易額為108647元，比一線城市低51.0%，與二線城市相比差距更大，僅占其28.6%；筆單價為76.7元，比一線、二線城市分別低20.6%和12.3%。

網遊點卡

全國主營網遊點卡的網店，有50.8%來自三四線城市。這些網店完成的交易額占46.9%，交易筆數占49.8%。從經營水準來看，2011年上半年，三四線城市單個網遊點卡網店平均交易額為512476元，比一線城市和

二線城市分別低 16.6％和 12.9％；筆單價為 140.1 元，比一線、二線城市分別低 38.0％和 8.2％。

> 說明：以上分析參考中國社科院等的研究成果，所分析的數據來自數據魔方專業版，選取的時間段是 2011 年 1 ～ 6 月，選取店鋪為有成交的店鋪。

致那些遊走在「圍城」邊的年輕人

城外的人想衝進去，城裡的人想逃出來。

一二線大城市有顯而易見的好，但是人力成本高昂，場地租金高漲讓賣家們難以輕裝上陣。而三四線城市的賣家，無論是否依賴貨源地，想要擴大規模，更好地完善物流運輸等周邊配套設施問題，總是心內的一個苦結。

去一二線城市開網店，享受即時訊息、成熟市場和物流設施的便利，是三四線城市賣家躍躍欲試的念想；但從中經歷起伏，敗走而回的也不在少數。走出去還是留下來，進退之間，何去何從？答案還是個問號。

去大城市：很近也很遠

大城市，是很多賣家想像中的天堂。充足的貨源、便捷的交通、快捷的物流，大城市似乎就是機遇的代名詞、開旺鋪的重要籌碼。但真的進去了，也許會感受到理想和現實間的落差。我們遇見過許多身處小城市的年輕人，是前進還是堅守？這是個問題。

大頭，廣西南寧化妝品賣家，貨源走的是美容院線。他覺得在南寧做網店，什麼都可以忍，就是物流實在太讓人鬱悶了。發貨既慢又貴，這樣招致了大量買家的抱怨，長期下去，服務分也要被拖垮了。「一定要往外走」，大頭很堅定。

周敬，東莞虎門服裝市場拿貨，漸漸積累到了四鑽的信譽。最近，他也感覺到再繼續低買高賣，無論是成本控制還是產品款式都沒有優勢，於

是開始盤算著去廣州、深圳找一些代工廠做貼牌，這樣起碼賣的是自己的產品。眼下，周敬穿梭於廣深兩地找辦公場地，被兩地的高房租嚇到了。搬到大城市的性價比，確實比意料的還低。搬不搬？周敬還在猶豫。

朵依，老家在東北的四線小城錦州北鎮，這幾年都是在天津開網店。為了方便拿貨，朵依乾脆把家都搬到了天津的服裝市場旁邊。朵依是老闆，也是美工和客服，也曾想招人，但每人每月起碼 3000 元的工資，一個月銷售額兩萬多，扣去人工工資、房租和成本等費用，弄得不好還會虧掉。幾年下來，沒賺到什麼錢，房租還不停地漲。最近，朵依狠了狠心，身心疲憊地逃離了天津。

像我們每個人一樣，潛意識裡認為受制於環境無法大展拳腳的時候，我們理所當然地認為應該走出去，遠離環境桎梏。尤其是對於網店賣家而言，北上廣深杭是電商環境比較成熟甚至優越的城市。但他們真的準備邁出那一步的時候，卻發現理想中的便利、卓越，附加的可能是自己根本無法承受的成本。

現在，朵依已經回到家鄉繼續開網店，成本是真的省了下來，那裡一年的房租只相當於大城市一個月的開銷。人工也便宜，會輕鬆很多。當然，朵依之前擔心的麻煩事還是存在，比如貨源和物流的不給力。「離開天津時有一種悲涼的感覺，我記得特別清楚，在車站候車室，我拉著個行李箱。心裡不住地想，我就這樣回去了，真的就這樣回去了……」

回小城市：夢想依舊繼續

小城市，我們往往在其中看到困境。但很多踐行者證明，困境中同樣可以蛻變出機遇。因為網購環境不成熟，所以市場更有潛力；因為經濟條件不十分發達，所以有更優惠的成本；因為很多人簇擁著往外走，堅守反而把握住了先機。

江蘇江陰，一個四線城市。迪銳克斯創始人吳慶花了四年的時間讓父親的江陰小廠扭虧為盈，用「賽車座椅＋淘寶」的模式讓傳統企業老樹開新花。熱播的《愛情公寓》中，迪銳克斯的產品也被植入到劇中，與曾小賢一起出鏡。幾年前，在北京創業的吳慶被父親叫回老家時，心裡老大的不情願。回家後的他，必須正視「銷售管道太少」這個現狀，而他決定另闢蹊徑上網賣貨後，不僅拓展了銷售管道，而且縮短了小城市和大城市的距離。

近年來，「網商內遷」也成為了業內討論的一種現象。在義烏的一些金冠大賣家，考慮到物流和客服的成本，有些已經開始著手內遷——在河南、陝西等地設置辦事處，客服、打包、倉庫、發貨都可以在當地進行，這在人力、辦公租金成本上肯定是一個節約，而且隨著內陸一些三四線城市網購市場的增長，發貨、推廣可以貼地進行。

而一直被電商研究機構廣泛關注的淘寶村——江蘇睢寧沙集鎮，最開始也是由回鄉創業的大學生孫寒網上賣傢俱開始興起的。在那之前，當地的主要產業是廢塑膠回收加工，老人留守，年輕人大多外出打工。隨著幾位帶頭人通過網路賣傢俱賣得有聲有色，很多年輕人都放棄了在外漂泊的生活，選擇回鄉創業，而且整個城鎮出現了產業集群現象：拉動了傢俱加工製造、物流配送等服務的發展，形成了一個產業群，整個電商創業環境甚至優於很多二三線城市。

越來越多的人在三四線城市找到了自己的大賣家築夢條件：離家近，人力成本低，產業鏈完善，物流便利。製造業往往興旺於三四線城市，只要打通電商通路，擅長以己之利補己之弱，三四線城市的網商之夢絕不是畫餅充饑。

我們在關注什麼

這是一個略顯急進，且強者更易受到矚目的時代。大城市廣闊的市場和得天獨厚的資源吸引了很多賣家，「圍攻大城市」似乎成為了網店賣家中的一種現象。同樣，關注這個行業群體的我們，也給了背景光鮮、發展順利的一二線城市賣家更多的關注。

這些來自三四線城市的賣家，有人嚮往走出去，因為他們覺得「舞臺大了，心才能更大」，因為他們認為自己的現在和將來都是受限制的，是環境過於弱勢造成的；有人走出去後又縮回頭來，因為經歷過才知道，原來每一個優勢的背後，還有自己無法解決的癥結。當然，也有一些賣家對於未來雖然無法把握，但非常懂得做好當下。有山靠山，有貨賣貨，也許他們的訊息量滯後、他們的推廣行銷節奏跟不上平臺的變化，但欣慰的是總有一批買家會透過網路這個神奇的大染缸找到他們，用滑鼠點擊訂單維持著這些賣家的創業夢。

如果說，一二線城市的賣家是靶心，因為被關注，他們的喜怒哀樂、優勢困境都擺在面前，我們曾經給予他們許多的掌聲和同情。那麼三四線城市的賣家更像是山間的野百合，你猜對了，我們想說的就是野百合也有春天。

最重要的是，和一二線城市賣家們曾經經歷過的相仿，三四線城市賣家也正在經歷急劇的改變。隨著三四線城市網購市場的聚氣，這個隱藏的、低調的夢想國度，有更多潛力等待被激發、被展現，以及被注視。

（文｜盛振中 朱峰 吳慧敏）

第二章

讀懂你的消費者

消費者逆襲——大淘寶網購用戶行為特徵鑒定

　　當傳聞中的 2012 電商寒冬年走到盡頭的時候，那些提前預測的崩盤並沒有出現，人們反而看到了網民的狂歡與消費者的逆襲。這一年，迎接了年初的淡然、年末的瘋狂，消費者與電商在同時經歷了一次快速的成長，形成了新的理解、新的消費習慣。電子商務行業在這一年被更多的消費者與企業接受，正如馬雲所說的，互聯網環境下電子商務的本質，絕不是以前很多人理解的「虛擬經濟」，而是實實在在的新經濟。當下千萬級的網商以及互聯網環境下的每個消費者，是新經濟時代第一批移民，他們將引導中國經濟的轉型。

　　有需求，才有網購經濟增長點。如果對新經濟時代的首批移民進行再分類，網購用戶無疑是最大的功臣。2013 年 1 月中旬，支付寶發佈了 2012

年度全民對帳單，很多網友曬出了自己這一年來的網購支出，直呼「想剁手」。在玩味消費個體的趣味數據之餘，整體的網購消費趨勢又呈現出哪些特點呢？我們透過 2012 全年淘寶網和天貓商城的大淘寶消費數據，為大家勾勒出一幅網購用戶眾生相。

領土之爭：中西部侵蝕東部市場份額

星星之火可以燎原，十年淘寶，在地理版圖上呈不斷燎原之勢。究其所以然，星火源頭很重要，消費人群接受新鮮事物的主客觀環境決定了做電子商務是講究身家背景的，尤其是地理環境的背景。若論消費者出身，在確保北上廣深四大電商經濟特區用戶繼續驍勇善購的前提下，中西部城市的網購用戶在 2012 年頗有後來居上之勢，全面拉動了電子商務行業的發展。

從成交情況來看，中部地區同比增幅 109%，排名第一；西部地區以兩個點之差緊隨其後，同比增長 107%。市場占比中，中西部地區逐漸侵蝕東部地區份額，2012 年中西部地區市場份額增長三個百分點，而這三個點全部從東部地區分割。

東部市場在網購市場發展過程中逐步走向成熟，用戶同比增長保持 30% 以上，並逐漸向四六級城市滲透。

中西部城市在經歷了前期的培育階段後，隨著硬體、網路、物流等配套設備的完善，在近兩年進入了快速發展階段，消費者的購買能力得到進一步釋放。2012 年西部地區全年成交超過 2000 億元，中部地區也達到 1885 億元人民幣。

2012 年中西部地區年度黑馬由寧夏回族自治區奪得，當地消費者的購

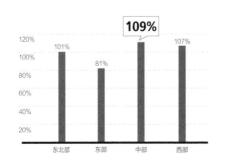

圖2-1 2012年各區域成交同比增長情況

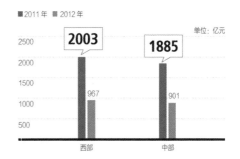

圖 2-2 中西部年度成交情況

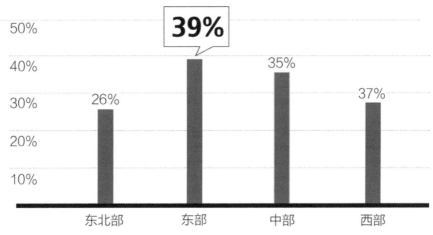

圖 2-3 2012 年各區域用戶同比增長情況

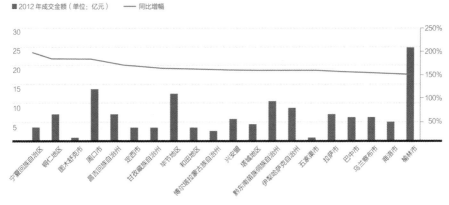

圖 2-4 中西部地區 2012 年度增幅 Top20 城市

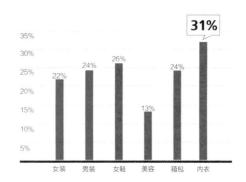

圖2-5 2012年網購暢銷商品筆單價同比增長情況

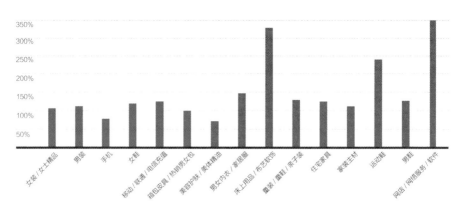

圖2-6 中西部地區2012年度增幅Top15行業

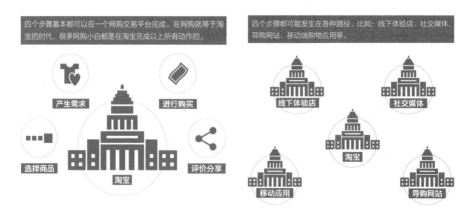

圖2-7 曾經的網購路徑　　　圖2-8 現在的網購路徑

買力同比增長接近兩倍。根據統計，2012 年，寧夏回族自治區的消費者僅在女裝一類商品上就消費了 6500 萬元，全年消費總額接近 3 億元人民幣，合計人均年消費 145 元。

由此可見，「中國的彩陶之鄉」的人民不僅精通陶藝，對於服飾類商品的鍾愛也愈發顯現。通過網購的形式，一方面提供了全國各地豐富的商品類型，避免商品跨區域銷售的價格限制；另一方面，從觸網的階段來看，服飾行業屬於最適合網購商品類型，也便於初涉網路人群的購物體驗。

欲望升級：筆單價平均增幅超過20%

大多數人群，最初接觸網上購物是因為廉價，簡單些表達就是便宜貨多。相對於線下實體店面，網上商品更為實惠。這種實惠，隨之帶來的是鑒別的高風險。但近年來，隨著 B2C 市場崛起，消費者挑選商品開始從單一的價格維度，延伸到了品牌維度。這種方式的轉換，一方面是消費者網購成熟度的提升，另一方面也是培育網商市場的結果。品牌帶給消費者的第一印象是較好的產品品質和服務。也許它的價格略高，但相對可靠，有效節省了商品挑選與鑒別的成本。

2012 年，以網購暢銷商品為例，服裝、鞋包、美容商品每筆消費的單價均有明顯上漲，平均漲幅超過 20%，其中內衣 / 家居服飾類商品筆單價的漲幅達到 31%，女裝也有 22% 的上升。以女鞋為例，2011 年筆單價約為 165 元，2012 年消費筆單價升至 207 元，除物價上漲因素外，消費者對於商品的價格敏感度也在逐步放鬆。從 B2C 的品牌商品來看，商品的筆單價同比增長 24%。數據呈現的結果有利證實了網購市場的消費力增幅跑贏了 2012 年中國 GDP 的增幅。

購物路徑：從單平臺到多管道

如果簡單地將消費者網購過程分為「產生需求、選擇商品、進行購買、評價與分享」四個階段的話，傳統的購物路徑多數完成在一個平臺，但近兩年，尤其是 2012 年消費者的購物路徑呈現多管道的趨勢。

這種趨勢主要得益於社交網路的迅速普及與電商交易模式的多元化。在需求產生、商品選擇過程中，消費者可以通過微博、朋友圈、微信、導購網站等多種管道完成消費前期決策。在購買過程中，也不僅僅通過在線形式，越來越多的電商有了在線與線下市場的高效互動。評價與分享的過程，更是完全跳出了單一平臺的局限，呈現更為廣泛的網路傳播效應。

購物路徑的演變，為網路購物市場提供了新的創業空間，也為原有的網商拓展了更多的行銷管道。消費者在購物與分享的過程中，不僅完成了一次單純的購物活動，更在全網路的分享過程中完成了個人影響力的建立。

年度最榜單：2012年消費增幅Top3行業

2012 年，淘寶網平臺暢銷的 30 個行業中，消費者購買同比增幅最大的三個行業：網店 / 網路服務 / 軟體、床上用品 / 布藝軟飾、運動鞋，分別增長 345%、323% 與 237%。很有意思的是，這三個行業分別代表了工作事業、生活睡眠、運動健身三個方面的硬需求。

不得不說，賣家在扮演另一個身份「網購買家」的時候，貢獻了超高的消費熱情。網店服務類商品的主要消費對象為網店賣家，可以看出在剛剛過去的一年中，賣家在對網店管理方面的學習需求得到了爆發式的增長。

作為互聯網媒介的組成部分，電子商務與線下傳統經營模式的最大差異就在於成本的節約。不僅僅是水電煤的成本，人力成本與管理成本也是

其重要的組成部分。利用軟體、在線集成服務的形式有效控制在線交易的經營成本，從某種程度上展現了賣家整體的網路化經營思路的成長。

運動鞋、床上用品行業，在 2012 年成功擠進了消費同比增幅的前三位。這兩個行業從側面反映了線下市場存在暴利的可能。運動鞋與非運動類男鞋、女鞋相比，增幅最為明顯。身體是革命的本錢，「健身熱」拉動了運動類商品的整體消費。2012 年，淘寶平臺運動類相關商品的整體銷售額達到 503 億元，同比增長 92%。鑒於近年來日益惡劣的天氣狀況，有理由相信運動類相關的商品還會持續在網路暢銷。

備註：東北部、東部、西部、中部行業畫分標準依據國家統計局 2011 年 6 月《東西中部和東北地區畫分方法》。

（文｜晴檬）

潛力仍存——城市網購力分級報告

隨著電子商務的飛速發展，網路購物已經成為了許多消費者日常生活中密不可分的一部分，但不同城市間的電子商務發展水準參差不齊。行銷學中常說的「一個中國，兩個世界」這種現象在電子商務行業中尤為突出。

這種現象可以從兩個角度進行理解。首先，傳統的將城市畫分為一線、二線等城市分級方法不適用於網路購物場景，電子商務對一線、二線等城市分級尚沒有統一的標準。其次，因為城市之間消費能力的差距，網購市場城市分級也有很多研究領域依然值得深挖：一線城市網購是否達到飽和、城市與城市的網購發展水準差距有多大、哪些城市還可以深入挖掘⋯⋯

對各個城市網購力進行一次分級研究，有利於瞭解中國城市網購發展過程，能更清晰地掌握中國城市的網購力發展水準，更好地挖掘更具潛力的市場，更有效地分配市場資源。

TIPS 影響網路購物的因素以及代表指標包括：

經濟發展狀況，即國內生產總值；

人口狀況，即非農業人口數；

消費狀況，即社會消費品零售總額；

收入水準，即城鎮家庭人均消費性支出；

互聯網滲透情況，即互聯網網民數量。

覆蓋國內大部分城市

　　為了更準確地畫分中國城市網購力的級別，在充分考慮了區域性的文化差異、個別地區網購力的特殊性和區域的不可拆分性後，我們篩選出了行政級別在「縣城及以上」的所有城市，並對地級市及以上的城市市轄區作了單獨的拆分，獲得樣本共計 2300 個（不包含港澳臺和海南省部分島嶼）。

　　本次研究只針對國內港澳臺地區之外的縣級市及以上的城市進行了網購力分級，即放棄了 1643 個縣級城市，最終納入分析範圍的城市共計有 657 個。同時將 1643 個縣城的網購力級別統一畫分為六線城市。

　　例如：杭州市下轄西湖區、江幹區、濱江區、蕭山區、上城區、下城區、拱墅區、餘杭區、富陽市、臨安市、建德市、桐廬縣和淳安縣等行政區域。根據本次篩選規則，最終確立的城市分別為是杭州市區、富陽市、臨安市、建德市、桐廬縣和淳安縣。杭州屬於副省級城市，富陽市、臨安市、建德市屬於縣級市，這幾個城市可以被納為分析樣本；桐廬縣和淳安縣屬於「縣」，統一畫入網購力六線城市，在此次報告中不做分析。

東西地域差距大

　　對全國 2300 個城市的網購力設立統一的分級標準後，將 657 個縣級市及以上的城市分成五級，1643 個縣城都作為六級城市。

　　在此次調查中，北京、上海、廣州和深圳四大城市被歸為一線，其中上海超越北京成為全國最優，而深圳在一線城市中屬於網購環境相對較弱的地區，儘管 2011 年它的網購成交額超過了廣州。

　　在 24 個二線城市中，來自江蘇、浙江和廣東三省的城市就有 9 個，其他城市大多也都來自中東部地區。西部地區中，僅重慶、成都和西安位

城市级别	网购力得分区间	平均网购力得分	城市个数	非农业人口%	GDP%	社会消费品零售总额%	社会消费品零售额%	互联网网民%	代表城市	城市个数	全网成交%
一线城市	〔55-100〕	78.36	4	7.13	12.65	10.70	10.70	9.69	北京 上海 广州 深圳	4	25.0
二线城市	〔25-55〕	34.71	24	17.86	21.00	19.31	19.31	23.02	重庆市 天津市 武汉市 南京市	24	27.2
三线城市	〔12-25〕	15.92	92	19.36	19.35	15.87	15.87	23.21	包头市 合肥市 惠州市 常州市	92	17.6
四线城市	〔8-12〕	10.07	156	14.23	8.80	7.36	7.36	14.18	淮南市 蚌埠市 新余市 三亚市	156	8.1
五线城市	〔0-8〕	1.29	381	17.65	21.31	13.90	13.90	13.51	六盘水市 武威市 商洛市 镇左市	381	11.6
六线城市			1643	23.77	16.89	32.87	32.87	16.38	苍南县 双流县 博罗县	1643	10.5
总汇			2300	100.00	100.00	100.00	100.00	100.00		2300	100.00

表 2-1 不同級別城市各數據對比

城市级别	数量
直辖市	4
副省级城市	15
一般地级市	255
县级市	383
县	1643
Total	2300

表 2-2 中國城市行政分級情況

圖 2-9 各級城市全網成交分佈

	一线	二线	三线	四线	五线	六线
2012 年同比	20.7%	15.2%	21.7%	39.9%	106.6%	150.6%

表 2-3 月均首次購買用戶數平均值（2012.1 ~ 2012.6）

	一线	二线	三线	四线	五线	六线
2012 年同比	30.4%	39.1%	40.9%	41.5%	46.6%	57.2%

表 2-4 月均購買用戶數平均值（2012.1 ~ 2012.6）

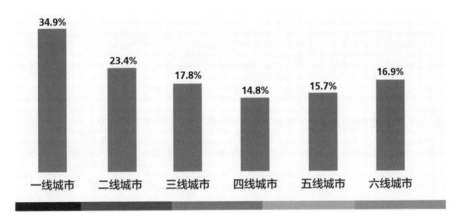

圖 2-10 各級城市網民中淘寶網購買用戶占比

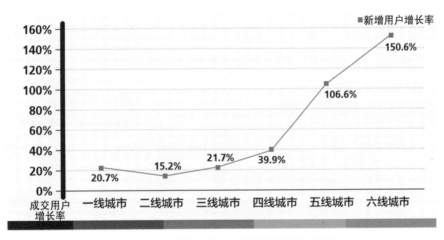

圖 2-11 各級別城市淘寶網購買用戶增長速度

列二線城市，包頭、昆明、南寧等 17 個城市屬於三線，其餘都是四五六
線級別。

　　相對中東部來說，西部地區的網購環境要稍顯弱勢。中東部地區人
口密集，知識水準相對較高，網路硬體配套設施也發展較早，網民數量較
多，為網購的發展提供了先天的優良環境。中東部地區也是我國經濟發展
水準和消費水準較高的地區，從而使得具有便捷和高性價比等多重特性的
電子商務，能得到足夠的發展土壤。目前，大部分電子商務的行銷主場都
集中在中東部地區，再加上物流等諸多因素，才導致了東西部網購環境不
均衡的情況。

各線城市均有網購潛力可挖掘

　　電子商務業界近年有「網購發展趨於飽和，將迎來拐點」這一說法，
此次研究結果顯示，各線城市其實均有網購潛力可挖掘：2012 年淘寶網以
及各級別城市的成交用戶數和新增購買用戶數均保持增長態勢，網購市場
並未出現飽和或負增長情況。

　　數據顯示，在 2011 年一線網購城市中有近四成的網民進行過網購，
而二線則接近三成，五線城市中淘寶網購買用戶的占比高於四線城市。這
說明，即便在一二線城市，網購發展仍有很大空間。

　　從各級別城市的增長速度來說，全網及各級別城市的成交用戶數和新
增購買用戶數均保持增長態勢，其中，五六線城市新增用戶增速較其他級
別城市明顯加快。在 2012 年上半年，五六線城市的新增網購用戶數同比
翻番，尤其是六線城市，增幅達 150.6%。相較之下，本身網購已發展較
好的一二線城市，增幅則相對較小。由此導致一二三線城市購買用戶和新

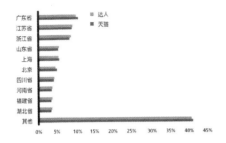

圖 2-12 天貓達人分佈 Top10 省份
（達人與天貓整體占比相同，均為 59%）

圖 2-13 達人與天貓整體地域分佈

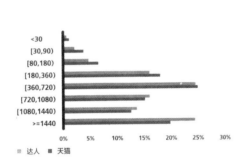

圖 2-14 入淘時長對比

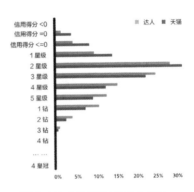

圖 2-15 大淘寶星級分佈對比

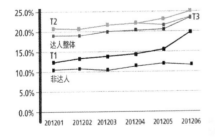

圖 2-16 達人等級天貓消費金額占比

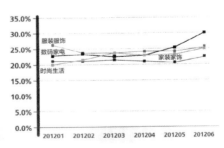

圖 2-17 各類目天貓消費金額占比

增購買用戶在全網的占比下降，而五六線城市的占比增大，四線城市保持穩定。

近幾年，低級別城市的新用戶增長非常快，尤其是 2012 年上半年，比 2011 年翻了一番。可見，雖然五六線城市的整體網購環境並不算非常好，但隨著電商的滲透，其對網購的信任度正在逐漸增加。

低層級城市注重生活用品

一線城市的用戶在滿足自我生理、安全和社交需要之後，已經開始追求尊重和自我實現需要了。因此，一線城市的用戶更傾向於購買 3C 數碼、美容護理、玩樂／收藏和珠寶／配飾等行業的產品。同樣 3C 數碼行業相對而言在一線城市的發展也是最好的。

二三四五線城市的用戶在服飾鞋包行業中的花費是最高的，而服飾鞋包行業相對而言在四線城市的發展是最好的。

四五六線城市的用戶受品牌商管道影響，很難買到知名品牌，但已經有足夠的經濟能力。所以，相對一二三線城市用戶而言，四五六線城市的用戶更願意購買服飾鞋包、家裝家飾和運動／戶外等行業的產品。

（文｜紅楓）

金主現身——天貓達人購物行為分析

這兩年，外部 B2C 市場日漸成熟，競爭日趨白熱化，越來越多的用戶開始重視商品品質、服務品質、情感以及消費體驗……不斷升級的市場環境要求商家從跑馬圈地階段開始向精耕細作階段過渡，用戶數量不再是唯一訴求，用戶品質的提高更需提上日程。識別不同類型的用戶，為不同的用戶實行不同的運營方式，培養核心用戶成為了必需功課。

在這樣的背景下，天貓建立了自己的會員體系——天貓達人，並且根據近 365 天每個會員的經驗值（購買經驗值、登錄經驗值和附加經驗值的總和）以及這 365 天的購買天數將達人畫分為 T1、T2、T3 三個層級。對於商家來說，最為關注的是和其他網購人群相比，天貓達人究竟擁有什麼樣的購物習慣呢？

達人地域分佈與天貓整體消費人群的分佈差別不大，均集中在二三線城市，略偏江、浙、魯幾個省份。數據顯示在 Top10 省份中，江蘇、浙江、山東、河南、福建、湖北幾省的達人占比略高於天貓整體。

從入淘時間來看，入淘 1 年以上的天貓達人占比 77%，高於入淘 1 年以上的用戶在天貓整體用戶中的占比（71%）。

相對於整體，達人更加集中在 18 至 30 歲（占比 75%，天貓整體用戶中此年齡段占比 64%），而且與天貓整體用戶相比，達人略偏男性。

天貓達人在大淘寶中也屬於活躍群體，消費等級 3 星級以上的達人占比 61%，明顯高於 3 星級以上用戶在天貓全體用戶中的占比（48%）。

省份、城市：優先默認收貨地址，其次註冊 IP 地址，下同。

天貓整體：近一年（2011 ～ 7 至 2012 ～ 6）天貓購買 UV，共計 6900 萬，下同。

達人：至 2012 年 6 月 30 日的天貓啟動會員，共計 2776 萬人，下同。

可見，達人的綜合形象是：天貓達人是一批更集中在二三線城市、更年輕、更成熟的、聯繫資訊更全面的活躍用戶。

天貓達人占天貓總用戶的 35%，卻貢獻了 61% 的成交金額。他們給天貓賣家帶來高轉化率、高成交的同時，也為天貓平臺會員群體注入了活力。

T2 和 T3 層級的達人在客單價和人均購買筆數上均超過天貓總體，尤其是 T3 用戶擁有超強的購買力，無論是在客單價還是消費筆數上都拔得頭籌。平均來看，天貓達人月度客單價比非達人月度客單價高 45%，並且隨達人等級升高，月度客單價迅速增長。

T2、T3 層級的達人從流覽到購買各環節的轉化率均高於天貓整體，其中 T3 層級最為明顯。

從整體來看，達人天貓消費在上半年呈平穩增長，但活動密集的六月份，達人在天貓的消費占比明顯提升，尤其在暑促力度大的數碼電器類目表現更明顯。因此，可以推送一些優先參與活動的特權或者優惠券來刺激達人們的消費。

（文｜懷萍）

細節特寫之買家需求報告

眾所周知，網路銷售使得在線購物的消費者往往看不到實物，無法全方位瞭解一件產品的具體資訊，導致很多買家有時候雖然很喜歡產品樣式，但是又因擔心產品的品質和做工等問題而猶豫不決，難以作出正確的購買決策。如何幫助買家精、快、準地挑選到他們需要的商品，有一個東西不可忽視：細節特寫服務①。

2010 年開始淘寶集市新推出的細節特寫服務認證，主要是為了能讓買家在很快的時間內看到商品的細節，更好地幫助買家做出是否購買的判斷，從而減少買家購物時對商品品質沒把握的不佳購物體驗。那麼從買家的角度來看，在實際網路銷售的過程中，買家對細節特寫服務的認知情況到底如何，他們的使用現狀又如何，細節特寫服務還存在什麼問題或者不足，以及應該如何完善？帶著這些疑問，我們對女裝、男裝、女鞋、箱包和內衣 5 個類目近 7000 名純買家用戶進行了問卷調查。通過回饋，瞭解到細節特寫服務認證對買家的購物決策能產生重要的影響，同時也提出了對優化該服務的一些對策及建議。

選商品少不了細節特寫

從調研數據可知，接近八成的被調查消費者都關注到了細節特寫服務，完全不瞭解的人數僅僅占 1.19%。伴隨著淘寶網對服飾行業中女裝等

---

① 細節特寫服務就是指賣家店鋪出售的寶貝主圖在實物拍攝的基礎上，再提供商品本身的面料、做工、款式、水洗標、商標等清晰的細節圖片，達到近距離觀察的細膩真實效果，讓買家對商品本身的品質有零距離的觸摸感。

類目細節特寫服務的全面推廣，越來越多的消費者開始關注細節特寫服務。其中，買家瞭解細節特寫服務的主要途徑是寶貝主圖的放大鏡功能（占80.78%），即在商品主圖下有並列的5張圖片分別展示商品的正面、背面、側面、內裡等細節。買家將滑鼠移在某張圖片上，那麼此圖片就會出現在主圖上，用戶通過放大鏡充分瞭解商品的細節，以對商品有更直觀的感受。

其次，用戶也可以通過寶貝圖片下面的細節實拍圖示（占40.35%），以及寶貝主圖下面特色服務的細節實拍標示（37.21%）來獲得商品資訊。由此可見，放大鏡功能可以大大提高買家對細節特寫服務的觸達機會和關注度，從而讓更多的人關注到店鋪細節特寫服務這一環節。

調查數據顯示，買家在挑選寶貝的過程中，約有78.50%的用戶會以細節實拍作為搜索的篩選條件（30.74%的用戶「會」，48.76%的用戶「偶爾會」），僅僅約占兩成（20.49%）的用戶不會考慮將其作為篩選寶貝的條件。可見，細節特寫服務是絕大多數買家在選購寶貝時會參考的一個重要因素，在同樣的寶貝中，支援細節特寫服務的寶貝展現優勢肯定是大於沒有細節特寫的寶貝的，如果賣家能夠加入細節特寫服務認證，則會有利於提高店鋪的流量。通過進一步分析不同類目用戶群體對細節實拍搜索篩選項的使用情況，發現「女裝」、「箱包」、「內衣」買家比「男裝」、「女鞋」買家更傾向於使用細節實拍搜索篩選項，「女裝」、「箱包」、「內衣」三個類目經常使用細節實拍搜索篩選項的比例均超過三分之一。

從調研數據可知，超過82.00%的在線購物消費者認為，細節特寫服務認證可以為購買過程提供較大的參考價值（其中，認為參考價值非常大的占比33.26%，認為參考價值較大的占比49.42%），僅有不到2.00%的用戶認為細節特寫服務對購買的說明程度較小。由此可見，細節特寫服務的

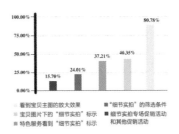

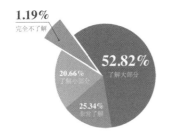

圖 2-18 買家對細節特寫服務
的認知程度

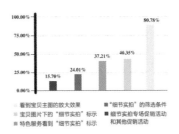

圖 2-19 用戶認知細節特寫
服務的管道

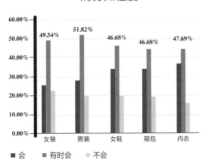

圖 2-20 分類目用戶群體是否會
以細節實拍作為篩選項

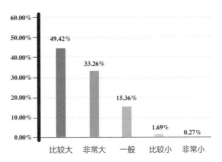

圖 2-21 細節特寫服務認證對
用戶購買決策的影響

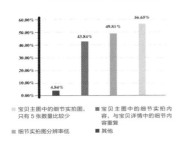

圖 2-22 現有細節特寫服務存在
的不足之處

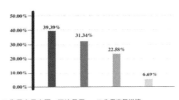

圖 2-23 用戶流覽寶貝頁面的習慣

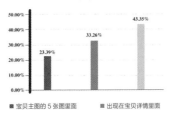

圖 2-24 用戶希望細節圖出現
什麼位置

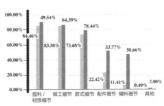

圖 2-25 用戶希望在寶貝主圖和寶貝
詳情中分別看到什麼內容

優勢還是得到了絕大多數買家的認可。由於網路購物是消費者在一個虛擬情境下的購物行為，對於消費者而言一個致命的缺點就是看不到實物，從而使得他們心存疑慮，難以作出快而準的購買決策。然而，細節特寫服務就是給消費者提供一個全方位瞭解產品資訊的途徑，說明買家判斷一件產品的品質，從而消除網路購物的弊端。

買家的煩惱

細節特寫服務，無論是對於買家還是賣家都具有看得見的優勢，但是在賣家盡心盡力地將一件產品全方位生動展現給買家時，也給買家帶來了不少的煩惱。通過調查發現，買家認為現有細節特寫服務主要還存在以下不足之處：

第一，**解析度太低**。約占56.65%的買家認為寶貝主圖中細節實拍圖分辨率低。網路銷售，買家看不到實物，所以用放大鏡做細節實拍圖能起一個很關鍵的作用，那些轉換率高的店鋪，往往都是細節圖片很多，圖片拍攝得真實細膩，力爭把最真實的圖片呈現給買家。然而，目前很多賣家提供的細節特寫圖並不清晰，這就在無形之中削弱了細節特寫服務的功能。有賣家指出，細節實拍圖出現解析度低的原因之一是：賣家在使用相機時為了圖片能更清晰會選擇虛化背景突出細節，但如果將實拍細節圖用於放大鏡功能，則可能會出現被虛化的背景放大後變得很模糊的情況，所以建議大家拍攝細節實物圖的時候儘量不要虛化背景。

第二，**圖片數量太少**。調查數據顯示，接近五成的用戶認為，寶貝主圖中的細節實拍圖數量太少。大多數買家往往會選擇具有細節特寫服務認證的商品，這是希望可以更全面地看到服裝本身的特質，希望細節實拍

圖能從各方面來反映產品的資訊，五張細節實拍圖往往給人意猶未盡的感覺。當然，並不是細節圖數量越多越好，過多的圖片往往也會造成相反的效果，因此要把握好適量這個度。

第三，內容重複。約占 43.84% 的用戶指出，寶貝主圖中的細節實拍內容與寶貝詳情中的細節圖內容重複。為了盡可能詳盡地向買家介紹產品資訊，很多賣家將相同的細節特寫內容放置在主圖中和寶貝詳情中，造成了寶貝頁面過長，相關資訊重複累贅。這樣一方面可能導致買家打開網頁的速度過慢，或者在很多地區由於網路原因部分圖片根本無法顯示，導致買家另尋寶貝；另一方面頁面中重點資訊不突出，也會耽誤買家的時間和精力。

除了以上不足之處以外，買家還提出了現有寶貝主圖中的細節實拍內容有 PS 的痕跡、圖片與實物之間的色差嚴重、抄襲他人圖片、模特非實拍、無法反映面料的厚薄等問題。

買家訴求分析

細節特寫服務具有看得見的優勢，很多服飾類目賣家率先推廣細節特寫服務，目前家居類目、母嬰類目賣家也開始紛紛響應，細節特寫服務在淘寶所有類目中全面推廣勢在必行。在推行的過程中，該服務還存在很多不足之處，那麼規範和完善細節特寫服務也是大勢所趨。

訴求一：買家的流覽習慣

買家打開頁面流覽寶貝時，選擇「先看寶貝主圖，無論主圖是否有 5 張圖片」的人數占比最高，約為 39.39%，「如果有 5 張主圖（其中包括細節圖），先看寶貝主圖；只有 1 張主圖就先看寶貝詳情」排名第二。綜合

這兩條選項，可以理解為如果賣家寶貝有5張主圖，那麼約70.00%的用戶習慣先流覽寶貝主圖。其次，約22.58%的用戶習慣「先流覽寶貝詳情」，同時還有6.69%的用戶選擇「不一定，沒有規律」。調查還顯示，超過八成的用戶「會仔細流覽寶貝主圖」，僅僅有1.11%的買家選擇「不會仔細流覽寶貝主圖」，還有14.52%的用戶「有時候會仔細流覽寶貝主圖」。這說明大多數買家流覽寶貝還是習慣從主圖開始，而且絕大多數用戶網購時對主圖的依賴程度非常高。因此，選擇將寶貝的細節實拍相關內容放在主圖位置，以吸引用戶購買是賣家必不可少的運營手段。

一般來說，寶貝實拍的細節圖出現的位置主要有三種選擇，分別是「寶貝主圖中的五張圖片中」、「寶貝詳情圖」和「同時出現」。調查數據顯示，買家選擇細節圖出現在「寶貝詳情」中的人數占比最高，約為43.35%，主要原因有放在寶貝詳情的細節圖數量更多、圖片更清晰以及能夠和模特圖、尺寸等資訊一起流覽等。

結合前述買家的流覽習慣和對細節圖出現位置的偏好，賣家可以在寶貝主圖和寶貝詳情中都放置寶貝細節實拍的圖片。由於買家一般會習慣性先流覽主圖，因此賣家可以將一些具有重要資訊的細節圖放在主圖這樣醒目的位置中，那麼用戶滑鼠滑過便能一目了然看到寶貝的整體外觀和重要細節資訊；同時，也可以將一些其他的細節性內容放在寶貝詳情中，以彌補寶貝主圖資訊內容的不足。

訴求二：買家的內容偏好

調查顯示，買家在寶貝主圖中傾向於看到寶貝的「面料／材質細節」（84.69%）、「做工細節」（83.58%）和「款式細節」（73.68%），他們也希望在寶貝主圖看到「配件細節」和「輔料細節」，但比例都不超過25.00%。同時，買家在寶貝詳情圖中最想看到的3類細節圖是「面料／材

質細節」、「做工細節」和「款式細節」，比例分別是 86.46％，84.39％
和 78.44％，而選擇「配件細節」和「輔料細節」的人數占比也均超過
50.00％。由此可見，買家對寶貝主圖和寶貝詳情圖中想看到的資訊或者內
容還是有著明顯區別的，賣家可以結合買家的流覽習慣和內容偏好，來設
置相關細節圖，儘量避免圖片資訊的重複冗餘。

網路銷售因為種類豐富的商品、安全便捷的支付方式以及良好的購物
氛圍吸引了眾多買家，但是不可否認的是，網路銷售也同時犧牲了我們的
觸覺。不能近距離親身查看和觸摸商品實物，使得我們只能依靠圖片辨別
商品的好壞。然而，細節特寫恰恰可以彌補網路銷售的這一不足，使買家
獲得近距離觀察的購物體驗，對商品本身的品質有零距離的觸摸感。好品
質不怕放大鏡，我們期待看到細節特寫服務為電子商務行業進一步規範化
發展所帶來的巨大影響。

（文｜凱旋 夜來）

第三章
抓緊電商大趨勢

無線淘寶，正在發生的未來

沒有人會懷疑這是一個移動時代，更不容質疑的是被移動網路連接的消費者正試圖改變著商業世界：掃下 QR code 立刻確認購買支付；等公車這樣的碎片時間終於可以用來「逛街」；「雙十一」當 PC 端流量擁堵，移動端卻是一路綠燈⋯⋯智慧手機正在成為人類雙手的延伸，顛覆我們傳統的生活方式。

或許你還不知道，每 3 個在淘寶購物的用戶中，就有 1 人在手機端登錄，每天有 218 萬人在手機淘寶上查物流，有 75.8 萬人在收藏商品和店鋪，有 118 萬人使用購物車，每個購物車平均裝載的寶貝數量超過 6 件。

看到這些商機，原本廝殺於 PC 端的平臺商、商家、第三方服務商們不約而同前來「烘焙」移動電商這塊令人垂涎欲滴的大蛋糕。其實早在兩年前，移動電商就已經開始蠢蠢欲動，御泥坊、麥包包等衝在前線，在自建

App 狂熱潮中勇猛地做了最先吃螃蟹的人。不過時過境遷，苦於後期運營和用戶端升級成本過高，這些 App 已少有人維護；而另一邊的手機淘寶，雖然還僅能顯示 6 個推廣位，但已經能獲取高出 PC 端多倍的 ROI（投資回報率），無論是賣家、服務商，還是導購、軟體發展商，也過得更為滋潤。雖說目前各路平臺商、賣家、服務商對無線端的爭奪還只停留在跑馬圈地的佈局階段，暫且相安無事，但這裡無疑將成為又一個戰場，而我們也終於可以談一談這波正在發生的未來了。

是時候佈局移動端了

在移動互聯網急速發展的大趨勢下，移動電子商務也開始興起，並成為一股風潮。

國內的移動電子商務在 3G 時代開始蓬勃發展，2G 時代在 WAP 頁面上賣貨的模式在三、四線城市依然可行，通過 HTML5 頁面（WAP 升級版）或 App 進行購物的智慧手機用戶也與日俱增。高中低端市場齊頭並進，這很大程度上得益於人口紅利。

工信部的數據顯示，2012 年上半年，手機上網用戶規模已達到 3.88 億人。同時艾瑞的數據顯示，2011 年中國移動電子商務的用戶規模為 0.92 億人，2012 年中國移動電商用戶規模將達到 1.46 億人。用戶規模還會隨著國內 3G 用戶的增加而增加。

電子商務的人口紅利已經接近結束，移動電子商務的人口紅利卻剛剛開始。

大移動的業務模式

移動電子商務的範疇很大，在這個領域內的企業、項目也很多，各色人等都可以在移動電子商務上找到自己的位置，也可以從中獲利。這個領

域中，搶先領跑並略有斬獲者有之，按部就班佈局者有之，尋覓新玩法者有之，見縫插針者有之……說一句「群雄並起」並不為過，就讓我們先來掃描一下群雄面相吧：

- 致力於打造移動電子商務平臺的淘寶、天貓、QQ網購；
- B2C的代表選手——京東、蘇寧易購、Amazon.cn、一號店、凡客；
- 推出品牌App的網貨品牌們——麥包包、御泥坊；
- 致力於移動電子商務App製作、移動電子商務推廣服務的耶客；
- 將導購業務搬上移動互聯網的美麗說、蘑菇街、什麼值得買、盒子比價。

以上這些選手的主要工作其實還是在互聯網上，但它們也在移動互聯網領域進行了相應的佈局。接下來這些選手則是自身業務特點適合在移動互聯網提供 O2O 服務，例如為線下餐飲、酒店引導客源的大眾點評、團800、今夜酒店特價等。

當然還有只在移動電子商務領域展開行動的公司：

- 針對移動設備優化過的移動電子商務導購服務——果庫；
- 細分三、四線城市打工群體市場，只有WAP頁面的買賣寶；
- 在長途客車站、火車站打了不少廣告（效果如何就不知道了）的閃購網。
- 那些想基於LBS打造閒置物品C2C市場的App——百步淘、一

呼等。

- 見縫插針的百度地圖（推送團購資訊）、街旁（提供身邊的優惠券）、切客（可以訂購速食）......
- 最獨特的是那些意欲打通在線、線下，造型很酷的產品，比如傳說中的——淘火眼。

以上這些琳琅滿目、各色各樣的公司和產品，其實大致可以分為兩大類：一是移動端購物以及圍繞這一目的而服務的專案（包括廣告聯盟）；二是為線下零售、服務業向消費者推送商品和優惠的產品。

圖 3-1 2012 年第三季度中國移動購物企業交易規模市場占比

以人為主的生態圈

艾瑞諮詢 11 月最新發佈的數據顯示，2012 年 Q3 中國移動購物市場交易規模為 156.4 億元，同比增長高達 401.3%。而在交易規模占比中，淘寶無線以 75.2% 的絕對優勢位居首位。這與淘寶在 PC 端占得的優勢類似，

因此手機淘寶也成為賣家在搶占移動購物市場時的首選平臺。

因此，我們可以看到，移動端的業務相比 PC 端更為多樣化；另一方面，因為手機或平板等移動設備天生擁有的 SNS 社交屬性，使得移動端的業務模式更偏向於消費者。換句話說就是「以人為中心重建移動生活」，這也是一淘無線事業部幾位高層在頭腦風暴後確立的大方向。

據介紹，目前大淘寶無線用戶端的佈局如下：淘寶、天貓、一淘、聚划算、支付寶等各子公司屬於大淘寶系；淘寶旅行、淘寶彩票等對應二級類目的客戶端為泛淘寶系；再往外就是有愛、湖畔、淘伴等帶有導購或 SNS 功能的 App，以及一淘火眼、一淘逛街等創新型 App。從功能上前者都偏購物零售層面，後兩者則偏社交互動上，其實這兩個大方向與之前我們介紹的移動電商大環境的業務模式類似，無非就是賣貨和玩樂兩種，而正是這兩部分組成了以消費者為中心的移動購物生活圈。

或許在涉足移動端時，賣家會思索自建 App 還是利用手機淘寶占取市場，其實反向折射到 PC 端上，這與幾年前業界討論過的做電商是入駐淘寶還是自建 B2C 是一個道理。入駐淘寶似乎是更明智的選擇，一方面，與其在外廝殺，不如在溫室裡成長。另一方面，更重要的一點是，現在的手機淘寶就如幾年前的淘寶大環境，那個時候的關鍵字多少錢？現在多少錢？無疑初創期的流量性價比是最高的。

因此，要玩轉移動電商，還是先在無線淘寶練練兵吧。

備註：截至 2012 年底，阿里旗下已有各類用戶端 30 多款，5 個子公司官網用戶端為一級客戶端，其餘均隸屬於這五大子公司，主要集中在購物、社交、功能性三類，由各個平臺獨立開發。其中手機淘寶安裝量最大，每 2 部智慧手機中就有 1 台安裝了手機淘寶用戶端，未來目標是在智慧機領域安裝率達到七、八成左右。

用戶端推廣主次順序：手機淘寶→支付寶→天貓、聚划算、淘寶旅行、彩票等淘系用戶端。

無線淘寶，賣家後院

從 PC 端到手機端，賣家其實會產生一些不適應的感覺。因為平臺基礎設施（行銷推廣工具、數據分析工具等）尚未完備，成交轉化率低於 PC 端，開放給賣家的許可權也較為有限。賣家做日常運營之餘，其實最關注的是：淘寶無線如何幫助自己適應從 PC 端到移動端的轉變？針對賣家群體，手機淘寶未來的基礎設施建設和運營規畫如何運轉？

內部流量商業化運作

不像在 PC 端，賣家們已經玩轉了各種淘內外引流工具。在手機淘寶，賣家更多是靠天吃飯，並沒有太多流量可以爭奪。一方面是因為手機淘寶的流量轉化率偏低，同樣的流量，PC 端和手機端的轉化率相差 5 ～ 6 倍，在這種情況下，即使做內部流量分配也是徒勞。另一方面，各項引流產品建設尚未完全準備好，不過，從 2012 年年底開始，手機淘寶準備把更多流量資源開放給賣家。從賣家端來看，主要會從以下幾方面推進。

首先是直通車的單獨競價系統將會啟動，這將改變目前手機淘寶直通車關鍵字跟 PC 端捆綁的現狀。單獨競價除了更靈活之外，費用也會更便宜。「相當於淘寶網兩年前的水準，PC 端需要 0.7 ～ 0.8 元左右的，手機端也就花 0.1 ～ 0.2 元。」一淘聯盟發展部資深經理重山解釋說這跟手機端的轉化率有關。

此外，還會嘗試投放手機端鑽展。2012 年 12 月開始，手機淘寶會拿出少量較好的鑽展位置給賣家嘗試投放，但由於受限於手機呈現篇幅小的弊端，這種方式並不適合大量鋪開。

第二個改變是淘寶客機制的完善。2012 年 5 月，淘寶客的新版本在線。新版本的淘寶客對傭金制定進行了修改，將無線端與 PC 端打通，實現跨平臺結算，同時延長結算時間為 15 天。如此一來，淘寶客收入大為

提升，引流動力更足。

另外值得一提的是收藏這個動作。手機購物的碎片化特性決定，用戶不可能一次就完成購物，可能在手機上收藏然後去 PC 端成交，因此這種收藏價值很高。從 2013 年開始，手機淘寶逐漸重推收藏模式。

TIPS **手機淘寶客傭金變化：**

1. 跨平臺淘寶客結算打通

以前無線淘寶客和互聯網淘寶客是完全分開的兩個體系，用戶如果在無線淘客應用裡流覽商品、收藏商品、將商品加入購物車，然後再到淘寶手機用戶端、手機網站或互聯網淘寶站下單成交，這個過程是不會給這個無線淘客結算傭金的；現在則完全打通，用戶只要在登錄狀態下通過無線應用流覽過某個商品，這個用戶以後無論在淘寶網的哪個訂單入口下單都會有淘客傭金。

2. 延長淘寶客管道展示商品到用戶下單之間的結算時間為 15 天。

以前無線淘寶客的管道跟蹤機制是只有用戶流覽後立即下單才會有傭金，如果用戶流覽收藏商品或將商品加入購物車，第二天再購買，就不會有傭金了。這個是不符合用戶購物的行為特徵的，因為很多用戶在關注某個商品後，通常會考慮幾天再完成最終交易。新版的無線淘寶客解決了這個問題，用戶在某個管道流覽過某個商品，一旦用戶在後續的 15 天內完成交易，都會給這個管道結算傭金。

移動 SNS 探索

雖然淘寶 SNS 化的嘗試一直不溫不火，但移動端用戶隨時隨地創造並分享內容的特點卻方便了賣家在移動 SNS 領域獲取更多碎片化流量。除了

將 PC 端成熟的流量獲取工具在無線端改頭換面，手機淘寶也在 SNS 領域進行著佈局和嘗試。

一款名為「推推」的小清新產品於 2012 年 12 月推出正式版，其業務模型集合了目前市場上口碑較好的三種 SNS 模式。第一種是分享和推薦，用戶可以上傳商品圖片和分享購物心得，這種模式類似於美麗說和蘑菇街的達人分享；第二種是用戶提問和用戶解答，相當於知乎在購物問答領域的應用；第三種是閒置物品轉讓，其靈感來源於很多買家購物後會因為尺碼、顏色、款式不適合的原因轉讓，而這些服飾又不算是二手，買家們往往會在評論中添加轉讓資訊。目前除了淘寶的二手市場，並沒有更多場所提供給賣家轉讓服務。2012 年，推推的日均用戶訪問量已達數萬，2013 年有望達到 500 ～ 1000 萬的訪問量。

事實上，在現階段，手機淘寶的商家如果做付費推廣，投入產出比非常低。明年，除內部流量分配之外，淘寶無線商業聯盟部也會推出更多產品幫助賣家打包去外網做推廣，實現全網行銷，淘寶成交。

制定運營工具

一些 PC 端導流顯著的商家仍然面臨著一個問題，即流量到手機端後會被浪費掉，因為手機的拍買轉化率低。所以手機淘寶主要做的事情，是幫助有流量的賣家提升流量的使用效率以及變現能力。一淘無線事業部資深運營勸天介紹說，2013 年，手機淘寶在幫助賣家做兩類工作：優化展示、提供行銷及數據分析類工具，主要還是手機端基礎設施的完善。

6 個商品展示位，可以再切分出更細的維度去展示，提高買家點擊的精準性。葉子類目、價格區間、活動主題、商品標籤、折扣程度等，都是手機淘寶正在考慮的維度，目前正在找不同的賣家測試。

現階段，手機訂單和 PC 訂單的區分還是靠人肉分揀。商家做了行銷活

動之後,非常想對在手機端下單的客戶做重點維護,「一鍵導出我的手機訂單」這個功能就很重要。其次,還會重點關注賣家應該在什麼地方做資訊重組,首頁、寶貝詳情頁,還是活動頁面?哪個是突破點?如果賣家店鋪一天有 1 萬 PV,應該集中在哪個地方?勸天所在團隊最近正在跟量子統計團隊對接,有望在 2013 年 Q1 之前讓賣家使用到手機端的量子數據分析工具。此外,下單支付的流程優化、手機旺鋪等功能,也都會逐步增加。

由於手機淘寶的排序規則不同於 PC 端,手機端導購對商家的影響也很大。WAP 平臺有個產品叫「有愛」,該產品打破了 PC 端類目或者產品搜索習慣,主要是給商品打上標籤,方便手機用戶按標搜索。這是 2013 年整個 WAP 很重要的一個方向。

「我們希望做到讓賣家的流量變現能力提高 2 ~ 3 倍,讓賣家在無線端的生存環境變好些。」顯然,從 PC 端向移動端的遷移,遠不是螢幕切換那麼簡單,手機淘寶還需要完善一整套從搜索、詳情頁到活動推廣位甚至類目運營上的個性化開發。

未來,移動生態圈

作為可能誕生下一波千億元市值公司的 O2O(Online to Offline,即離線商務)領域,任何類型的互聯網公司都不想缺席。線上線下一旦聯動,會產生巨大的爆發力。2011 年中國 O2O 市場規模為 562.3 億元,預計 2012 年的增長率為 75.5%。「如果不做 O2O,線下市場說不定什麼時候會把我們顛覆掉。對集團而言,這個過程不能不參與,至少得看著吧。」一淘網無線事業部資深總監昆陽說得頗為巧妙。無疑,O2O 是電商的未來形態之一,而最擅長 Online 交易的阿里巴巴已經開始在移動端排兵佈陣。

阿里的移動佈局，首先是把傳統業務遷移到移動互聯網，推出各個交易平臺的用戶端。不過在未來，一淘更有可能成為阿里的移動端利器。其「做流量入口」的定位，決定了它可以和其他服務展開合作。而一淘無線在 2013 年重推的兩個產品，目的也都是希望搶占線下用戶的入口。最終，阿里控制了流量，不僅可以用流量反哺電商，還能聯合其他產品做閉環 O2O。

基於地理位置的野心

如果把手機淘寶這個主用戶端當成一艘旗艦，其他產品線可能是一支小船隊。基本展示肯定要通過主用戶端，但如果想要實現獲取優惠及消費等具體功能，用戶還是要使用具體的 App。舉例說，未來主用戶端可以買電影票，但涉及領取優惠券或者選座位這類環節時，就需要跳出來去電影的 App。最後實現的路徑應該是，主用戶端給小 App 導流量，後者再回饋有效數據給前者。

在任意一個 O2O 的消費場景中，基本包括資訊獲取、篩選決策、到達線下消費與結算、點評分享。昆陽帶領的團隊，現在主要做兩個 App 產品：一淘地圖（暫定名）和一淘逛街。二者都是用戶獲取資訊和做決策的入口。

疊加資訊的個性地圖

地圖本身已經沒什麼可玩的了，百度和大眾點評都在做。傳統的圖商會告訴用戶地理位置、標誌建築物，但很少能告訴用戶一個具體的位置點有什麼公司或者商家優惠資訊。大眾點評移動端雖進了一步，但本質還是個地圖，只是會告訴用戶某個位置點有什麼飯店，以及這些飯店的功能表、就餐價位和環境等資訊。

「我們做地圖，可以發揮的地方就是用戶的 POI（興趣位置點）資

圖 3-2 手機淘寶相關數據

公司	信息的获取 筛选与决策	到达线下	消费与结算	后台系统
阿里巴巴	淘宝本地生活 丁丁网 一淘网 团购	淘宝地图 一淘地图	支付宝	
腾讯	本地化服务网站 QQ 美食	Soso 地图	财付通	微信 通卡
百度	百度身边 爱乐活	百度地图 百度路况		
大众点评	大众点评网	移动端		

表 3-1 幾大互聯網公司 O2O 領域佈局（來源：數據解讀電商）

訊。一淘擅長挖掘數據，在一個位置有沒有團購、信用卡折扣或者優惠資訊，不管資訊來自百度還是大眾點評，只要拿得到，我都會去用。類比百度和其他圖商，阿里集團內部的資訊，是別人拿不到的。」昆陽打了個比方，七格格辦公場所在杭州古蕩，倉庫在下沙，這類位置資訊也可以疊加。一淘的長處就在於，擁有其他互聯網公司沒有的電商數據。

一淘無線的優勢雖然來自於它本身所掌握的電商數據，但重點卻在做一些連接線下吃喝玩樂的應用，佈局的緊迫感更多來源於其他虎視眈眈的互聯網公司。微博想做 O2O 已經兩年多了，雖然微美食、微領地都沒能行得通，但給淘寶賣家引流的作用不可小覷。大眾點評本地生活類團購做得很好，還有丁丁地圖、布丁優惠……「地圖是一類應用入口，如果未來百度把這個占掉，距離買東西也就只剩一步之遙了，入口在哪裡很重要。」雖然每家打法不同，但昆陽認為無線的發展趨勢大大加速了 O2O 市場的電子化，阿里必須參戰。由於阿里雲之前在地圖方面有一定的積累，收購了一些圖商公司，阿里打造個性地圖問題不大。

打造商戶微博

假設一個日常生活場景。你想要購物，打開一淘逛街這個應用，然後基於你的地理位置，會匹配出周圍的實體店鋪。在這些店鋪中，有一些是你在在線旺旺聯繫過的那些「親」，也有的是純粹的實體店，可以看到基礎的店鋪數據和優惠資訊。如果你依據資訊進去了某家實體店，完成消費動作並點評分享。這就是一個完整的 O2O 閉環路徑。

一淘逛街希望建立的，是商家和用戶的關注關係。這裡的商家主要指實體店，它們中的部分可能也有在線店。在前期，為迅速擴充應用用戶數據，一淘逛街調用的大部分是淘寶商家的實體店位址。逐漸地，純實體商家也開始通過這個應用發佈店鋪的電子海報和優惠資訊。而對於消費者

而言，諸如家居家電類產品、母嬰親子類產品，去實體店體驗是非常必要的。更何況，告知優惠資訊這個功能，對於習慣線下購買的用戶來說非常有用。

　　一淘逛街的下個版本，會多一個「關注」的垂直頻道，等於是多了一個基於地理位置的商戶微博。消費者如果對某家實體店感興趣，點擊關注之後，該店鋪的上新、折扣優惠等資訊，用戶都可以看到。店鋪端，則會增加「被提到」功能，該功能可以更精準地服務新老客戶。後期，除了商戶自己發佈，還會增加達人的分享資訊，「甚至可能把在新浪的整個關係搬過來，只要通過淘寶的帳號綁定新浪帳號，在新浪有關注關係的人，在逛街應用裡的所有動作都能直接看到」。

　　據此看來，明年一淘無線要做的主要是占領用戶時間。一淘逛街更像是一個市場推廣工具，非常適合有實體店的淘寶店主，以及嘗試實體店體驗在線成交的賣家。

攝像頭入口

　　2012 年「雙十一」剛過，微博上開始瘋傳一條資訊：用「一淘火眼」找到未收錄的條碼商品，第一時間拍照上傳，我們就給提交者發放 100 個集分寶，價值 1 元人民幣，讓大家把花的錢賺點回來！

　　通過攝像頭掃條碼和 QR code，上傳商品圖片，收穫積分。這個線下挖寶遊戲引發了一陣掃碼熱，該項目的負責人解風直言，一淘火眼正是一淘無線用來佈局攝像頭入口的重要工具，掃碼只是火眼非常基礎的一個功能。未來，只要攝像頭能捕捉到的東西火眼都可能發力。比如，商品可以比價，電影海報可以掃出優惠資訊，餐飲店可以是優惠券或活動，還有藥品的使用說明書，書籍的評論等都可以接進來，「即使是對著人臉或者風景拍攝上傳，也許還是可以得到優惠」。

微信讓大家開始掃 QR code，使用電子會員卡。而火眼，不僅加劇培養用戶的掃碼習慣，還能快速擴充現有的商品庫。目前，該應用每天有 1 萬多用戶上傳資訊，每天有 2 萬個商品上傳，到 11 月底已經積累了 8 ～ 10 萬條資訊。

從用戶端看，如果想獲取資訊，一般會通過手動輸入、語音輸入、攝像頭輸入三種方式。火眼希望成為用戶通過攝像頭獲取資訊時的首選產品，捕捉用戶關注但肉眼看不到的資訊，從而打通在線和線下。在解風看來，火眼是一個典型的反向 O2O 產品。在接下來的運營規畫中，重點是跟商家達成合作推廣，把在線商家帶到線下。同時，淘寶賣家在線下並沒有太多實體店和應用場景，他們可以通過火眼這個橋樑跟線下消費者發生聯繫，從而誘導線下流量變為在線流量。

線下體驗在線消費已經是很多實體商家的心病，火眼無疑會加劇這種矛盾。但這裡衍生出了另外一種思路：消費者在 A 實體店鋪體驗完成的商品在 B 在線店鋪達成交易，可以把成交返利給 A。在這個鏈條中，A 等同於淘寶客服，作為流量入口然後獲得返利；而相反的，火眼也可以幫助 B 做線下推廣，通過 QR code 和海報的形式，讓其優惠活動和資訊能覆蓋到線下的消費者。

縱觀阿里巴巴的 O2O 佈局，在支付寶、團購（聚划算和美團）、一淘網（地圖、逛街、火眼）以及本機服務平臺（淘寶本地和丁丁網）四條戰在線都有建樹。以地圖服務為基礎，在移動端打造以地理位置為核心的社交以及 O2O 服務，把控資訊入口，然後逐步融合支付、CRM、地圖等功能環節，形成綜合性的 O2O 服務平臺。

（文｜熊二　吳慧敏　楊玲瑩）

向西力——中西部電商發展契機

　　「西遷」、「向縱深騰挪」、「用空間換時間」這些詞彙和片語不斷被提及，當東部遭遇越來越多生產要素成本上升的壓力時，其競爭優勢不斷被衝擊，於是乎，賣家向成本更低廉的中西部騰挪的意願就變得愈加強烈。這樣的西移看似離電商很遠，但在整個西遷的過程中，無論是產業基礎、配套設施、人才結構，還是物流交通都在完善中，而這些產業環境的變化就像蝴蝶效應一般輻射到電商圈，啟動了當地原有的商業優勢，為中西部電商的下一輪發展提供了源動力。

找尋契機的窩

　　從深圳到成都一路向西，2000多公里的路程，經歷連續跳樓事件後的富士康完成了浩蕩的萬人轉移。這僅是產業轉移投射在一家企業身上的微觀景象。英特爾、惠普、戴爾以及全球第二大筆記型電腦代工廠臺灣仁寶等企業巨頭已經紛紛悄然西遷。

　　一場產業調整與再分配的序幕被揭開。這種轉移透露出的是中國經濟發展的最大特點：區域發展不平衡。東部沿海地區與中西部地區形成了鮮明的第一、第二、第三發展梯隊。毫無疑問，地域間競爭優勢與比較優勢的變化，必然會引發一輪產業的空間轉移。

註定的轉移

　　產業遷移其實早有先例可循，它就像軌道運動一般，總是從發達地區向相對不發達地區轉移。百年來，我們看到的是產業從最初的歐美地區向日、韓、臺灣等地區遷徙，再到中國珠三角、長三角地區，現在又開始向

中國中西部地區轉移，這是產業梯度轉移的市場規律表現。如果研究一下產業遷移的路徑，就不難發現促使這種空間轉移的因素不外乎成本、資源以及市場。

相較東部沿海地區，中西部地區資源豐富、勞動力充足，而且人力成本較低。香港工業總會的一項調查顯示，珠三角約 8 萬家港企中，37.3%正計畫將全部或部分生產能力遷離珠三角，更有 63%以上的企業準備遷離廣東，向生產成本更低的中西部轉移。這一方面可以使產品更加靠近原料產地，另一方面也可以借助廉價的勞動力以及倉儲租金成本來減少整體的生產成本，而且近年來的金融危機使得外貿需求疲軟，向中西部遷移能夠更加接近內地龐大的消費市場。

當然，對於中西部地區來說，這樣的轉移能夠啟動當地原本的優勢。這並不難理解，向中西部遷移的排頭兵基本是行業龍頭企業，例如富士康、英特爾等，它們擁有一套相對成熟的生產鏈，隨著生產內遷，製造環節甚至是研發環節都會轉移到中西部地區，現代化的生產、管理等理念將會滲透到這些區域，從而提高整體生產力水準。

這樣的產業西移看似離電商很遠，其實不然。在整個西遷的過程中，產業基礎、配套設施，以及物流交通都在完善中，而這些產業環境的變化就像蝴蝶效應一般最終將會輻射到電商圈。而且，電商自誕生那天起就背負著減少生產與消費終端距離的使命，它的發展很大程度上依賴著生產地，正如依靠產地優勢發展起來的廣州箱包電商。因此，可以相信的是，隨著產業西移，電商同樣也會向西發力。

看得見的轉變

對於大部分人來說，一提起中西部電商，條件反射般跳出來的關鍵字可以用一個字總結——「缺」。缺人才、缺氛圍、缺資源、缺格局……似

乎這裡就是「三無」駐紮地，中西部電商步伐緩慢地跟在後面，眼見著差距漸漸拉大。然而，這並不是中西部電商故事的全部，我們被常態遮住了雙眼，往往忽略了潛在變化所帶來的新一輪發展。

巴菲特曾說過：「在商業世界，我努力尋找無法被攻破的護城河所保護的經濟城堡。」其大意是說，一家公司只有具備足夠的競爭優勢，才能抵禦競爭對手對自己盈利空間的蠶食，這就是他有名的護城河理念。事實上，企業的護城河有好多種，簡單來說包括低成本、廣闊的市場需求、技術、高門檻等，決定這些關鍵指標的背後要素，說到底是資源、政策與市場。這個護城河理念不僅可以用於分析企業的競爭力，還適用於國家、城市發展的身上，我們可以借此來看清中西部電商的發展契機，其表現出的區域競爭力，以及這種競爭力能否可持續存在。

中西部地區在資源方面有著得天獨厚的優勢，這也使得這些地方擁有著豐厚的產品基礎。這裡有較多的農特產品，也正因此，第一波電商發力通常圍繞特產展開，例如武漢的周黑鴨、新疆的大棗、四川的牛肉乾、內蒙的奶酪等。就像上文所提到的，伴隨產業轉移，製造業實力增強，不少IT企業落地中西部地區，例如英特爾、諾基亞、甲骨文等，也為這些地區帶去了科技資源。

站在政策層面，中西部擁有著令人豔羨的政府支持，各地無論是在租金、稅收，還是配套政策方面都給予電商不同程度的支持。在產業轉移的大勢下，國家層面對產業與物流鏈條進行了深層整合。隨著武廣高鐵、昌九城際鐵路的通車和杭南長高鐵即將運營，未來幾年，武漢、長沙之間將形成「一個半小時同城圈」。而從2009年開始開工的四川「7＋2」鐵路項目，也將形成以成都為中心的6個交通圈。在高鐵的匯聚效應下，這些區域完全可以通過集聚成為新的經濟增長點，而電商自然也搭乘上了這班

列車。

　　當然，消費者的需求同樣也是中西部電商發展的一個支點。不可否認，線下零售業的不發達是電子商務活躍的核心原因之一。二三線城市逐漸甦醒的消費力同樣可以折射到中西部地區。雖然從淘寶網監測的數據依然顯示華東地區買家數量和買家增長數量在各地區中仍保持首位，但其增速卻低於總體水準。相比之下，中西部地區買家增速非常突出，遠超平均水準。這為電商發展提供了廣闊的市場需求。

　　可以說，無論從資源、政策，還是市場角度來看，中西部電商發展的護城河已然成型，接下來需要考慮的是，如何將這些轉變落地為電商發展的機遇和動力。

轉角遇見的機遇

　　為了更清晰地展現中西部電商的形態，我們挑選了成都、武漢、長沙這三個最具代表性的城市作為切片，分別從生產、物流、人才三方面來還原被遮蔽掉的機遇。

　　無論是傳統企業轉型上網，還是個人開網店，「賣什麼」往往是首要問題。這關係到貨源，而貨源通常與各地的產業基礎密切相關，比如：在流通業發達的城市，批發市場一般是首要貨源；在製造業發達的城市，工廠在供貨方面扮演著極其重要的角色。因此，貨源問題更深層次是產業基礎問題。正如上文所說，伴隨著生產內遷，中西部地區的產業基礎將會越來越堅實。

　　而且，無論是物流服務商還是電子商務企業都將武漢、成都、長沙這三個城市作為物流戰略佈局的重點。以武漢為例，物流服務商「四通一達」和京東商城、當當網等紛紛進駐，日益完善的物流網路對電子商務的發展發揮著重要的支撐作用。2011 年，成都網路零售包裹數相比 2009 年

增長了 315.6%，明顯高於全國平均增速。類似的，長沙、武漢的網路零售包裹數分別增長 183.8%、181.7%，保持高速增長勢頭。

除此之外，人才也是這三地下一波發展的契機。調研顯示，電子商務人才的最大來源是大學生和傳統商業。成都、武漢和長沙都擁有眾多大中專院校，同時在傳統的零售、製造等方面擁有良好的人才基礎。而且，近兩年人才回流在電商圈也開始出現了苗頭，雖然目前的回流主要靠政府手段吸引，但可以相信，未來 3～5 年，這個趨勢將會更加明顯。

當採購成本、人力成本擠壓著東部電商的利潤空間時，低成本的誘惑疊加在產業轉移所引發的產業基礎、物流佈局、人才成長的蝴蝶效應中，中西部電商發展的趨勢變得不可逆轉，這也與中國電商發展的必然規律吻合。

自會找到的出路

中國電商仍在急行中，產業西移更是撬動了中西部電商發展的閘門。當東部人口紅利逐漸褪去，留下的是高昂的成本，在越來越多生產要素成本上升的壓力下，製造業內遷是現狀也是大勢。

這背後不能忽略的是政府的扶持和推動。近年來，中西部各地政府為電商提供了稅收優惠的政策，提供電商租金等方面的優惠，甚至直接的經費扶持，並且在他們的幫助下，各種網商園區被興建起來。2012 年初，以百分之一女裝店為代表的第一批大賣家入駐漢正街都市工業園，租金全免。除此之外，政府也開始著手促進人才回流計畫，走在最前面的長沙將在明年初推出相關政策，給予優秀人才相應的補貼獎金等。

這股產業西移帶來的發展潛力其實早就被商業嗅覺極其敏銳的資本投資者所察覺。2011 年 4 月，坐落成都的外貿 B2C 米蘭網獲得紅杉資本千

萬美元的投資，同樣獲得資本青睞的還有 2011 年 2 月在線的酒店達人，這個旅行類 App 在線第一周即登上 App Store 旅遊類應用排行榜第一的寶座。從披露的數據來看，光成都移動互聯網專案，經緯創投一家就投了 5 個，清科投資、聯想投資也有不下兩個項目的斬獲。雲月投資（Lunar Capital）的創始合夥人蘇丹瑞甚至表示，未來十年，中國會形成繼北京、上海、深圳之後的第四個 VC/PE 中心——成都。

資本的關注首先得益於產業轉移帶來的產業集群以及高端人才的湧入，例如隨著英特爾、甲骨文、華為、諾基亞等 IT 巨頭的集體落地，成都出現了 IT 產業的集群，一批高端人才也跟隨著進入，使得成都擁有了不錯的人力資源，加之其能輻射整個西部，因此獲得了資本的認可。另外，近年來，成都、武漢等地的移動互聯網探索熱潮也牽引著資本的心，例如中西部土生土長的酒店達人這樣的 LBS 項目自然也就進入了資本投資的日程表中。歸根結底，資本看重的無外乎人（團隊）、市場、產品（商業模式），當這些因素被產業西移啟動後，資本的青睞便是水到渠成的事。

縱觀百年歷程，商業總有一種自我調整的能力，它會按照成本最優的搭配方式來選擇未來的出路。伴隨著產業西移的進程，中西部電商發展的契機越來越明顯，無論是政府的扶持，傳統企業集體在線，還是物流、人才、產業基礎的完善，都讓這個區域的發展趨勢不可逆轉。而且，我們必須承認，中西部在電商方面的靈感和野心絕非等閒。

（文｜子睿　小龜）

跨境電商正當其時

據 Com Score 和 Euromonitor 估計，全球跨境電子商務市場規模為 440 億美元，占 2012 年電商總體規模的 14%。與此同時，有人估計中國跨境電商有近百億美元的市場規模。

目前，中國最大的跨境電商 B2C 平臺是阿里巴巴速賣通，其成交額年增長超過 400%，日均買家 PV 流量 3800 多萬。這體現了國內小微企業們跨境電商意識的覺醒和對跨境電商平臺的信心。

品牌商：切入全球市場

四方，是珠寶品牌佐卡伊的創始人。她說，國內的在線珠寶市場已日趨飽和，無論從品牌還是銷量上想獲得大幅突破都十分困難，這時，切入全球市場，成為一個不錯的選擇。2012 年，佐伊卡入駐速賣通平臺，開始了它全球化戰略的重要一步。

「平均客單價可以上漲 20%，而且全新的市場，也可以在消費者心中重新塑造品牌概念。」四方這麼解釋入駐速賣通的初衷。

作為面向國際 B2C 業務的跨境電商平臺，速賣通成立於 2010 年 4 月，目前已經覆蓋 220 多個國家和地區的海外買家。

對四方而言，入駐速賣通是有過疑慮的。「我們產品昂貴，物流是個問題。」據四方介紹，面向國際市場，受制於地理限制，很多地方需要兩周才能到貨，如果退換貨，周期就在一個月左右，而且長距離配送一旦出現紙漏將是個大問題。

抱著嘗試的態度，四方開始了在速賣通上的生意。幾單生意下來，消

除了四方對物流的顧慮，因為速賣通有「貨代」人員上門收貨，只需一個電話就能搞定，方便快捷。而因為是貴重物品所以會在配送中有特殊處理，並且可購買保險，兩年下來，貨品未出現紕漏。

令四方最滿意的，是速賣通的回饋系統。她介紹，在速賣通上，每個品牌商家會有一個小二對接，小二定期給商家開展免費的培訓，無論課程還是時間都安排得十分合理。

當然，國際客戶跟國內客戶有很多不同之處。首先，客戶的需求是不同的，在國內熱銷的產品不一定適合國外；其次，國外客戶更喜歡私人訂製產品，常常會提出對款式和細節的修改；再者，國外客戶對產品的美化要求高，常常喜歡款式絢麗的產品。

而這一系列的要求對四方來說卻是個新契機。因為，國外客戶對價格並不特別在意，這讓四方的產品能有更好的定價；同時，國外客戶提出的款式要求和美化度要求正好可以彌補本身產品多樣性的不足，修改後的產品拿到國內市場常有意外收穫。

目前，四方在速賣通上的月銷售額穩定在兩三萬美金。她說，為了保證品牌的價值不能過分追求銷量，一定要是一個穩步增長的趨勢。她說：「在一個有實力的平臺上精耕細作才有機會快速發展。」

代工廠：尋找大客戶

在入駐速賣通前，鄧洪初經營著一家代工廠，設計能力一般，更談不上品牌。

2010 年，國內的在線市場異常火爆，鄧洪初覺得機會不錯，打算嘗試。但是，他仔細觀察後發現，自己經營的手機殼產品在線上的客單價並

不高,而且國內市場競爭過於白熱化。在這樣的機緣下,他選擇將產品放到速賣通上。「做國際客戶的生意,或許有出路。」

一開始,鄧洪初沒有想到品牌建設,但通過速賣通上組織的培訓以及同行間的交流,他覺得不做品牌一定不行。於是,鄧洪初開始了獨立品牌之路。

可能做慣了大批量的買賣,一開始,鄧洪初對小批量生產尤其短期內不斷推陳出新感到不適應。他認為市場中同類產品的款式變化多樣,但價格都壓得很低,如果按這種打法,完全不行。於是,鄧洪初將自己的產品定位為,以特殊材質製作的高端手機殼產品。

「如果我當初在國內銷售肯定不行。」據鄧洪初介紹,因為國內的市場價格戰太過厲害,他的產品根本沒有生存空間。而面向國際市場,這批高端的手機殼產品反倒出現了生機,這不光是因為歐美客戶不在乎價格,而是他們對產品品質的需求更高。這就給了鄧洪初一個機會,他以真皮為主打的產品得到許多大客戶的青睞,很多客戶甚至直接從他手上批發,這為他日後的發展奠定了基礎。

不過,類似鄧洪初這樣的高客單價、主打品牌的產品要想熱賣並非難事。鄧洪初希望速賣通能有專門扶持品牌商的流量入口。而在這個問題上,速賣通上開設了「Brand Showcase」為高端品牌服務,其效果類似「天貓原創」。

草根創業:撬開新市場的大門

2012 年,在速賣通上從事汽配產品生意的婁珂銷售額已超過九位數。而四年前,他只是某外貿公司的基層業務員。

　　時光回到 2008 年，尚是「學徒」的婁珂因為工作需要常常流覽阿里巴巴國際網站。2009 年的一天，尚在測試階段的速賣通引起了他的注意。

　　節省線下跑展會的時間，利用速賣通便能跟全球各地的商家做業務，而且不必談訂單，不分大單小單，有貨就能賣，婁珂覺得機不可失。2009 年，婁珂辭職了，從此走上了在速賣通上的創業之路。

　　在婁珂看來，速賣通經歷了三個發展階段。第一個階段，速賣通上集中了很多大 B 客戶，以甩尾貨、二次販賣線下熱銷品為主，而買家人群多為國外的小 B 商家，以批發商品為主。第二個階段，速賣通上集中了不少小 B 商家，以海外代購、小額批發為主，而買家人群中個人用戶開始增加。第三個階段，速賣通上開始聚攏大量的 C 店商

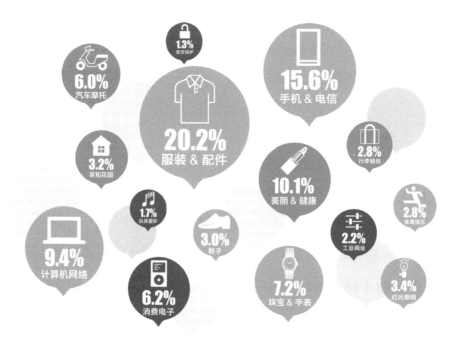

圖 3-3 AliExpress.com 平臺上的各行業成交量占比

家，而買家人群也變成以個人用戶為主。

這樣的變化在婁珂看來有利有弊。

好處是，隨著入駐商家的「草根化」，速賣通能解決更多人的就業問題，同時擴大了產品品類，讓整個市場類目更加豐富。

弊端是，小商戶增多或許會引發價格戰和仿款，商戶間的競爭越來越激烈。

針對這個問題，速賣通的管理者如此解釋，任何事物都有一個變化發展的過程。速賣通的原則就是給所有人一個公平的競爭機會，但是，絕不鼓勵單純的低價競爭，會在推廣上更注重產品優質、服務精緻的商家。目前，搜索排名在不斷優化，其權傾比重絕不是價格低廉。

婁珂坦言，跟亞馬遜和 eBay 比速賣通起步晚，這其中的玩法是有明顯差異的。

首先，eBay、亞馬遜等以品牌商為主，而速賣通更具性價比優勢，品類更加豐富（註：因為國際物流的相關規定，液體、電池、食品生鮮不能做）。

其次，速賣通的產品在價格上擁有絕對的競爭優勢。

最後，速賣通的目標市場更傾向於電子商務尚處於起步階段的新興市場。區別於國內 B2C 的玩法，速賣通有三點需要注意：

1. 倉儲物流更講究，需要打造一支專業的物流管理團隊，比如跟蹤訂單、打包、質檢、選物流商等。可以嘗試在國外建倉庫，這樣可以大大提高物流速度，利於提升客戶體驗。

2. 不斷加強客戶服務。相對國內，國際客戶思維方式不同，更注重服務，如無理由退貨等。

3. 文化需求不同。國外客戶對審美、款式等需求不同，做生意前可先了解客戶所在地區的文化生活情況。

（文｜張浩洋）

第一部
淘寶大數據

第二篇
各行各業各不同

第四章
服裝狂銷的秘密

女裝下一站：多樣化導購

據淘寶女裝部門數據統計，2013年淘寶女裝累計賣家數已超過百萬家，當月有成交賣家數也超過 50 萬家；在線商品數 1 億多件；同時，官方的女裝會員數也超過 1 億。2012 年，淘寶對女裝賣家的引導，主要在寶貝圖片拍攝的品質上，開放細節圖和實拍圖的標準；放寬行銷限制，底部成交的占比逐步提升，讓更多的賣家獲得客戶和成交量。

從連續三年的 Top100 賣家來看，頭部賣家的更替率比較明顯，且 Top 賣家的風格也在變化。從買家用戶數據來看，淘寶買家在向年輕化轉變。對此，2013 年淘寶女裝將注重對細分市場進行重點突破，對人群進行畫分，並按照特徵匹配商品，完成獨立微市場的構建。同時，淘寶女裝亦在圖片方面重點發力，加強圖片品質管控。

頭部賣家更替明顯

從歷年數據看，2010 年 Top100 賣家成交占比為 10％；2011 年 Top100 成交占比為 9％，其中 Top100 更新率為 39％；2012 年，Top100 成交占比為 7％，其中 Top100 更新率為 43％。

此外，Top5000 賣家的成交占比從 2010 年的 47％下降到了 2012 年的 40％。同樣，Top5000 各區間內的賣家成交占比大盤的比例也在逐漸降低。3 年內 Top100 賣家的更新率為 60％，頭部賣家更替現象明顯，且腰部賣家已逐步發展起來。Top 賣家的變化情況是馬太效應（Matthew Effect）① 的典型數據反映，淘寶目前的馬太效應還是比較嚴重的，這幾年在逐步改進，只有讓更多的中間部分賣家成長起來，這才是一個健康的市場。

在賣家風格上，通勤類的店鋪在上升，甜美店鋪下滑，原創和街頭的變化不是很大。通勤類客單價持續上升，原創客單價下跌，其背後原因也許和定價的不斷下調有關。

通過數據分析可得出，少女類（小於 25 歲）用戶的消費金額在逐年上升，人數占比也在持續增長，2012 年已經超過了輕熟女（25 ～ 35 歲）的用戶數量。而熟女（35 歲以上）的金額與人數相對平穩。

分地域導購

中國地域遼闊，不同地區的消費者對服飾的需求不同，這主要是由環境氣候等原因造成的，最明顯的表現就是羽絨服的消費需求北方比南方大，而東部沿海及南方地區對泳裝的需求則比北方和中西部地區大。因

---

①馬太效應：指強者愈強、弱者愈弱的現象，廣泛應用於社會心理學、教育、金融以及科學等眾多領域。

此，2013 年淘寶女裝會重點針對地域的不同來進行女裝服飾的導購。

先來看一組 2012 年 10 月份的重點品類 Top5 城市的排行：

TIPS

羽絨服：哈爾濱、烏魯木齊、北京、杭州、西安。

針織衫：杭州、北京、成都、哈爾濱、廣州。

毛衣：廣州、北京、杭州、西安、成都。

風衣：烏魯木齊、成都、杭州、哈爾濱、西安。

連衣裙：西安、廣州、成都、杭州、海口。

可以看出，羽絨服、針織衫、毛衣、風衣、連衣裙、T 恤等二級類目產品在各個地區的銷售情況都不相同。羽絨服銷量最高的是哈爾濱，針織衫最高的是杭州，毛衣和 T 恤在廣州銷售得比較好。而同樣在 10 月，杭州地區銷量占比最多的是針織衫，最小的是 T 恤。

再以羽絨服為例。2012 年 10 月至 2013 年 1 月，全國不同地區對羽絨服的需求時間是不一樣的，北方地區 10 月開始就有購買需求，而南方直到十二月份才迎來銷售旺季。因此，氣溫和地域是影響不同品類銷售時間的主要因素。

實現地域性導購，需要足夠的數據支援，同時也需要賣家和第三方的訊息開放和工具支持。官方會加強資訊匹配和效果監控，女裝計畫在頻道頁增設地區的搜索功能，氣溫、地區、時間和品類四個維度的數據資訊相匹配，以推薦給買家更精準的資訊讓消費者在自身地區所在地搜索到適合當季的產品。而賣家需要做的就是根據這些數據有針對性地投放資源和開展行銷活動，也可以將自身用戶按地區分類。

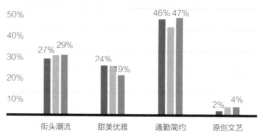

圖 4-2 Top100 賣家風格類型變化

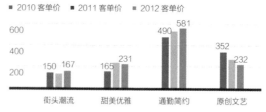

圖 4-3 各類型店鋪的客單價變化（單位：元）

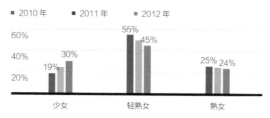

圖4-4 2010年～2012年各年齡段買家消費占比

圖 4-1 淘寶婦女裝 2010 年～
2012 年 Top 賣家占比情況

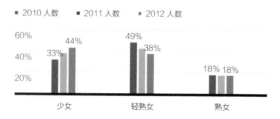

圖4-5 2010年～2012年買家年齡構成

圖片智慧財產權保護

在圖片處理上，2013 年的重點是處理重複圖片、對圖片的智慧財產權進行保護，以及加強圖片導購功能。

細分來看，在處理重複圖片上，會從發佈端開始掌控，限制發佈圖片的數量，對寶貝進行體檢，出現重圖的會有提示，嚴重者扣分處罰。要求對重圖打散，進行搜索排序等。智慧財產權保護主要體現在對自有圖片權利人的保護上。

權利人的資質條件為：具有企業資質、是模特大圖、拍攝花絮照、擁有模特合同、有模特形象與身份證明。滿足以上條件的商家都可進行相關申報。重點對已開店的權利人進行保護，所有圖片可合法進行自營和分銷授權使用。2012 年權利人圖片數量已經達到 540 萬，權利人圖片的比例為 20%。在保護圖片上，也希望賣家能夠自治，規範自身和分銷管道的圖片使用，及時進行店鋪和單品認證。

只有將圖片規範了，才能更好地開展圖片導購功能，讓消費者對寶貝有更直觀的感受，改善網路購物無法試穿、看不到實物的弊端。

除了以上各重點項目外，淘寶集市女裝部門在 2013 年還重點推出女裝 Design 平臺，加強與設計師產品和店鋪合作，開展開放導購，加強賣家成長支持等專案。

（文｜玉帆 瑪君）

男裝品牌，爆發臨界點

但凡說起在線男裝行業的競爭生態，人們似乎已經達成了一個共識：這個行業具有嚴重的「傳統品牌依賴症」。2012 年，男裝行業的狀況更是令人悲觀，因為前幾年陸續積累了聲望和口碑的網路原創品牌們，幾乎齊刷刷地被傳統品牌擠出了 Top20 的行業第一陣營。但如果仔細端詳男裝網路品牌群體的發展變遷，也許你會驚訝地發現，這其實是一條「女裝淘品牌」的複製之路。男裝淘品牌並非那麼不堪一擊，而是尚未積累到火候。

2013 年第一季度，天貓女裝 Top10 的商家中有 7 家是淘系網路品牌。而令男裝行業振奮的是，天貓男裝 Top10 的商家中淘品牌也占了 3 席，而且都是近年崛起的新面孔，成績大大好於 2012 年同期。另一廂，忙於在線品牌收割的傳統品牌，也意識到自身品牌潛在的老化危機，正在醞釀打造純電商品牌來連接斷層的年輕消費群。

從 2010 年開始，伴隨互聯網行銷時代而來的個性化消費需求，時尚的多元化、細分品牌的長尾效應，終於緩慢覆蓋到了在線的男裝市場。無論是網路原創品牌還是傳統品牌，都已經洞悉到了這一變革的前奏。主導未來男裝品牌市場變局的臨界點正在到來。

消費者：明明白白我的心

70 後說：「工作好多年才知道網購，但還是習慣性選傳統品牌啊。網路品牌的品質沒保證吧，我們這年齡著裝要考慮社交功能的，不能太隨便，而且版型什麼的習慣了也就不換了。當然了，買傳統品牌也有無奈，有些款式確實太古板了，我們大叔的外表下，也有顆潮流的心呐。」

　　80 後說：「畢業工作後選擇快時尚牌子居多，特別是 H&M 和優衣庫，買了很多年。傳統品牌可選的不多，商務類的設計太老太嚴肅，休閒類的也覺得變土了。曾關注過網路品牌，但是很少發現自己喜歡的，要麼風格特點太明顯了，覺得自己駕馭不了，要麼就是東西感覺太差了，雖然便宜，但是不會買。最近看到一些有設計感而且不畫蛇添足的網路品牌，考慮到性價比，也許會嘗試一下。」

　　90 後說：「從初中就開始網購了，之前不懂什麼品牌，只要價格不貴，買得很隨性。平時買衣服，偶爾會去線下店，但大部分選擇網購，偏好一些運動品牌，品質好，價格偏中上。馬上畢業進入社會了，也要看點品牌貨了，但傳統品牌的風格太不適合了，再加上價格高，所以還是選擇一些網路品牌，價格適中，有的品質也不差，既不會讓自己掉檔次，也有自己的穿衣風格。」

　　在男裝整體大盤增長的態勢下，從 2012 年第一季度到 2013 年第一季度，跟蹤的消費者數據有以下變化：男性客戶購買比例增加，說明男性用戶決策購買的比例穩步上升。

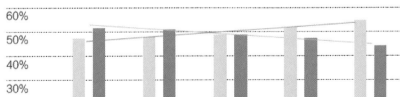

圖 4-6 男裝類目男女購買比例成長情況（2012 年第一季度～ 2013 年第一季度）

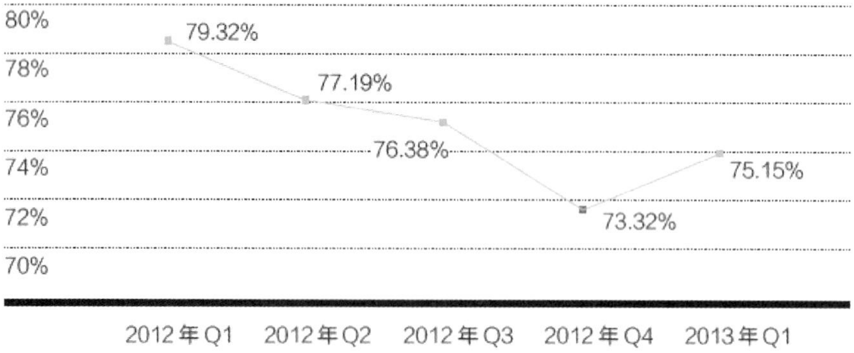

圖 4-7 男裝類目購買 1 次比例（2012 年第一季度 ~ 2013 年第一季度）

男裝整體類目期間購買 1 次比例呈下降趨勢，說明整體複購率提升，這體現出賣家對老客戶行銷工作開展較好，也體現出買家對熟知店鋪下單次數增加，可見品牌打造的重要性。

由主流消費群體的購買習慣所牽引出的，男裝類目的另一特徵是品牌因素對成交影響明顯。從 2012 年的淘寶熱銷品牌排行來看，前十位均出自線下品牌。2012 年相較 2011 年，天貓男裝中線下品牌的數量及成交額占比大幅增加。

相比女裝類目中連衣裙子類目明顯的壟斷地位，男裝行業各子類目分配更平均，這也符合男人買衣服「沒有什麼特殊的類目偏好」的特點。從這個結果可以推測，男裝的類目伸縮性更強。

男裝市場，風雲再變

傳統線下男裝巨頭雅戈爾宣佈進入天貓，這個原本對電子商務市場有所猶豫的巨頭，通過尋找 TP（電子商務代運營）的方式，正式進入競爭激烈的在線男裝市場。觀察近兩年淘寶男裝的整體走勢，天貓男裝的成長迅猛。

2012年淘寶男裝整體成交額環比增長70.2%，天貓男裝類目成交額環比增長121%，增長率明顯高於大盤。但在跟傳統品牌的正面競爭中，男裝網路品牌暫落下風，整體表現如下：

部分早期淘品牌出現增長乏力甚至明顯下滑的情況

根據易觀跟蹤數據顯示，傳統品牌在銷售額、訂單數、客單價方面，都已經遙遙領先於部分淘品牌。傳統品牌進入天貓體系主要有兩種銷售方式：一種是銷庫存，另外一種是引入在線專供。傳統線下品牌由於積澱長、供應鏈強大、認知度高等原因，可以快速地與淘品牌短兵相接，全品類競爭。所以，那些曾經靠大而全模式走紅的淘品牌，漸漸鋒芒不再。

選取兩個早期知名淘品牌與線下品牌巨頭的相關數據進行對比。

圖 4-8 淘品牌與傳統品牌增長比率對比

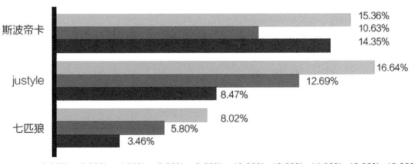

圖 4-9 部分品牌「雙十一」銷售額全年占比

另外監測到，相較傳統品牌，淘品牌對促銷打折類的活動比較依賴。從 2012 年「雙十一」銷售額占比來看，淘品牌的比例是比較高的。

獨特定位的淘系品牌快速湧現

在部分淘品牌沒落的同時，男裝市場還是湧現出了靠差異化、個性化崛起的新興品牌。如戰地吉普和 AK 男裝抓住了近幾年高端戶外市場崛起的機遇，取得了相當不錯的成績。類似的還有主打風格調性的 Viishow、蟻族等。

淘品牌贏來革命點

淘寶男裝在所有低端市場都存在供大於求的情況，所謂的低價品引流策略將會慢慢地失效。做品牌，從高端走向中端相對容易，從低端走向中高端相對較難。過去，部分淘品牌靠打爆款搶占淘寶搜索流量入口，靠低價搶占了份額，但是品牌留存較少。隨著淘寶對爆款態度的轉變，這種優勢會越來越小，而且傳統巨頭也可以複製淘品牌的策略，只需要推出更低價的產品，更大的廣告投放，只要是巨頭決定這麼做，基本上勝算就很大。

過去，部分淘品牌靠先知先覺建立了競爭壁壘，但在傳統巨頭的猛烈攻勢下，勝算不大。不過在 2013 年第一季度我們也欣喜地發現，季度過千萬元成交額的淘品牌數量大增，在淘寶指數的搜索熱詞上也看到了越來越多的新銳淘品牌。

可見，男裝新品牌定位準確，集中化、差異化是發展方向，從側面包抄、單點突破的機會還很多。只有抓住越來越少的戰略機遇，利用好集中優勢，才能在這場新老交替的戰役中贏取最後的賽點。

新勢力：潮牌四小龍

2013 年第一季度，天貓女裝 Top10 的商家中有 7 家是淘系網路品牌。而令男裝行業振奮的是，天貓男裝 Top10 的商家中淘品牌也占了 3 席，而且都是近年崛起的新面孔，成績大大好於 2012 年同期。業界甚至出現了一個名號——潮牌四小龍，正是四家淘系男裝網路品牌花笙記、Viishow、Allin 和 Lilbetter 的合稱。

比起女裝淘品牌的翹楚前輩們，這四家品牌在銷售額、客戶數以及品牌力上還遠遠不及。它們實在很年輕，基本起步發力於 2011 年；但它們有調性，有一定的溢價力，而且正在摒棄淘系男裝類目負累多年的低價競爭怪圈。

從 2010 年開始，伴隨互聯網行銷時代而來的個性化消費需求，時尚的多元化、細分品牌的長尾效應就結結實實地體現在線上的女裝市場。而被視為理性、重品牌的男性消費者，對男裝品牌的多元化訴求顯然來得遲了些。但以潮牌四小龍為代表的風格品牌的走紅則預示著，男裝網路品牌新勢力正在崛起。

拒絕爆款，產品差異性突圍

在大家埋頭拚殺價格戰的時候，一些賣家前期靠自己累積的「淘寶知識」占了些便宜。但隨著天貓平臺運營策略的升級，走低價爆款的品牌，不再適應平臺規則的玩法正面臨危機。比如天貓開始宣導時尚品質多元化，並在展示路徑增加了專輯導購。這直接造成了一個結果，2013 年春節過後，還在遵循過去套路的淘品牌，流量獲取快速下降。

那麼，現階段的男裝淘品牌如何才能脫穎而出呢？Viishow、Allin 和 Lilbetter 給出了一樣的答案：除了視覺上的調性包裝以外，必須要做出產品的差異化。

1986 年出生的金雲傑，是 Allin 男裝的創始人。2007 年 11 月，金雲傑開始活躍在淘寶集市上。因為廣州有便利的服裝貨源，金雲傑從市場拿貨回來賣，雖然要捒點眼光，但主要還是價格搏殺。「以前我也不想賣低價產品，但沒辦法，集市環境就那樣。」這是許許多多男裝賣家起步階段的寫照，只是跟大部分無力或者無心轉型、一條低價不歸路走到黑的賣家不同，金雲傑選擇在 2012 年 8 月調轉船頭，註冊品牌，入駐天貓，進行視覺再定位，重組供應鏈。這四個動作幾乎需要金雲傑拋棄所有之前積累的銷售慣性、運營打法、貨源鏈條。但值得慶幸的是，一年不到，他就嘗到了差異化的甜頭，2013 年 4 月的類目排名其位列第八十四。

上天貓之前，金雲傑用了很長時間摸索「視覺上看起來有品牌感」這件事。在網路品牌的構建過程中，任何對視覺的重視都不為過，七格格等女裝淘品牌成功的起點正在於擁有使消費者產生記憶的出位視覺。「白領＋潮」，這是金雲傑對 Allin 的風格定位，而他本人則充當了風格把控師，拍攝、頁面呈現、搭配、款式選擇等，他都需要一審。「每個人的眼光不一樣，我喜歡這個風格的衣服，可以把他們生產出來賣給眼光差不多的人。」

而最傷筋動骨的莫過於供應鏈的改造。以前都是從市場上淘版，2012 年開始招聘專門的打版師和設計師。「廣東附近有很多做線下的品牌，兩年前開始跟他們學，面料有哪些特性，做一件衣服需要哪些流程。」2012 年，店鋪出售商品的 70% 是金雲傑自己找工廠做的，到 2013 年這個數字達到了 100%。但這在賣家的供應鏈升級中不過是第一步，前期金雲傑遭遇的最大問題就是品質把控不了，100 款衣服中，有 10 款品質好，但也總有幾款品質非常不好。「去年貨品的品質確實很差，磨合過程中工廠也已經換了一批。」現在留下 3 家合作工廠，均為 100 人左右規模，合同約定

只能做 Allin 的貨。

同樣在供應鏈環節交了很多學費的還有 Lilbetter 的李俊。他入駐天貓比 Allin 早，是在 2011 年 3 月，但前面一年時間舉足不前不說，還一頭栽進了自主生產的惡性循環，賠了 150 萬元。創業時對市場一片茫然，甚至連網購環節都不熟悉的李俊，拉了兩位同學一起，立志做男裝潮牌，堅決不賣貨。接下來遇到的問題可想而知，開工廠，所有商品都自己生產，自己準備面料和輔料，自己設計，管理工廠員工，控制工期，最後還要做質檢入倉。

「第一年我們遇到很多問題，經常是商品上架前兩天貨才趕出來，但貨可能會出狀況，尺碼不對或有色差，又或者做工很差需要返工。由於我們全部都是自己打版，有時候會出現最後的大貨跟我們的樣衣差別很大的問題。最慘的是，如果到不了貨、你一直做預售的話，客戶會很煩，而且會引發高退貨率。」從面料到最後大貨商品的每一件整燙，每個環節都可能出問題。而供應鏈從不穩定到逐步穩定，也是這些年輕品牌商的必經之路。

2013 年 1 月，李俊關閉了他們的工廠。一來管理工廠的難度超乎想像，二來男裝不同品類的產業集群散落在全國各地，跟多個貨源地工廠合作顯然是更優選擇。品牌商為了把控整個生產鏈條選擇自己開設工廠，這在淘品牌中不是個例，裂帛和綠盒子都曾經自建工廠。自建工廠雖然在一定階段內支持了品牌產能、提高了靈活性，但最後都以「公司盈利，工廠虧損」的難解命題而放棄。讓李俊放棄的理由也同樣現實，「春夏季我們要做 30～40 萬件的貨，不可能都靠自己做」。

自建工廠的經歷讓李俊團隊擁有著對供應鏈環節的絕對敬畏，而且給 Lilbetter 留下了一個寶貴的核心資產：一支包含設計師、打版師、樣衣工、跟單助理的 10 人生產團隊，並保留了自己的版房。李俊不無激動地說，

「即使放眼整個淘寶男裝賣家群體，我們這個團隊也是非常齊全的。他們是公司最寶貴的資產，品牌要做差異化，他們才是原動力。」

撥開品牌調性迷霧

讓李俊團隊引以為傲的是「我們的貨別人沒有」。這也凸顯了男裝類目的競爭態勢，多數賣家還是習慣抄來抄去。有些商家跟同一家工廠訂貨，大家賣的貨都一樣，也瞭解彼此的成本，大不了我先比你便宜幾塊錢衝衝量。

男裝處於這個低端競爭模式已經很久了，所以當有賣家想要避開這種方式，款式上創新，減少模仿，視覺上形成自己的調性，不做爆款就很容易脫穎而出。

李俊隨手拿起了辦公桌上一張密密麻麻的輔料貼紙，上面有十多種Lilbetter品牌的VI設計貼，它們被用來贈予買家日常使用。對於品牌傳播來說，這是個很貼心的小技巧。在店鋪的商品裡也經常能看到這種精心設計的小細節，比如在一件純白底色的口袋T恤上，口袋側邊會有一個不經意的撞色印字裝飾。如果說Lilbetter正是靠這類細節營造著自己的品牌調性的話，四小龍中體量最大的Viishow則是以更鮮明的視覺占領了消費者意識。

2011年5月，做過線下女裝品牌實業並浸淫互聯網十年的陳志新，帶著收購來的西班牙三線小品牌Viishow來到天貓。他找了一個學電腦出身的潮男小鄧做風格定位師，成為天貓第一家主打街拍風格的男裝店鋪。很快，這個品牌名及其獨特的視覺呈現在男裝類目中火了，但讓陳志新無法苟同的是，似乎人們認為靠視覺、靠調性、靠街拍就能做出個品牌。

「現在很多淘品牌，太早談品牌調性。其實真正做品牌的沒幾個，大部分都是在抄襲。Viishow的視覺確實有衝擊感，他們以為這就是我們成功的秘訣，所以拚命升級視覺。其實不是，是我們火了才帶動了大家關注視覺這塊，跟我們視覺相像的有幾百家，但能活下來，靠的是整體。」隨著銷

售體量越來越大，已經有很多賣家在抄 Viishow 的款。但在陳志新看來，抄襲風格沒有用，男裝賣家升級不是靠風格轉型，而是供應鏈、品牌包裝、互聯網運營的共同作用。

同樣被冠以「調性強烈」的中國風男裝品牌花笙記，也一再招來模仿者。但如果把聚焦點僅放在視覺上，忽視背後的供應鏈實力，只能是治標不治本的做法。「很多店鋪一看就是廣東市場拿的貨，改都沒改就上了。去年冬天的羽絨服爆款，都是一家晉江工廠做的，99 元包郵，你跟我談什麼品牌調性。」Viishow 的服裝生產主要由陳志新的弟弟把控，後者做了十年代加工。「但即使是他，都沒辦法幫我把品質做到 100% 好。一些所謂的淘品牌為什麼會死？它們根本就不懂什麼叫衣服，衣服做到最後還是要看品質的。」跟 2012 年相比，陳志新 2013 年的主要任務就是實現產品品質升級，同一款短褲，2012 年成本只要 40 元，2013 年他寧願加到 65 元去做。對於品牌根基太淺的網路品牌，重要的就是保持客戶的黏性，除了要有吸引消費者進來的視覺感，品質升級是後續最重要的命題。

數據來源：易觀國際

品牌	时间	品牌排名	品牌转化	客单价（元）	搜索点击数	收藏人数	复购率
Viishow	201304	49	2.91%	122	275829	81126	12.56%
	201204	87	2.41%	136	110639	34251	无
花笙记	201304	104	1.39%	449	136475	10720	11.98%
	201204	179	1.64%	339	59318	3818	无
Allin	201304	84	2.98%	160	24732	3350	8.92%
	201204	无	1.83%	112	1046	358	无
Lilbetter	201304	98	2.32%	148	152754	41344	9.58%
	201204	212	1.91%	152	63787	11380	无
Amh	201304	68	3.03%	127	244497	45646	14.62%
	201204	无	2.17%	124	2377	321	无

表 4-1 五大新銳網路原創品牌指標變化（2012 年 4 月 VS 2013 年 4 月）

競爭依舊是藍海

以潮牌四小龍為代表的網路原創品牌，正在試圖跳脫低價爆款的低端競爭圈。縱觀整個在線男裝市場，類目競爭很激烈，但真正往品牌方向走的依舊是少數，大部分人還是在賣貨。可以說，男裝網路品牌市場正處於一個亂世出英雄的群雄割據階段，還是一片藍海，可進入度很高，目前還沒有哪一個品牌說自己統治了某一個細分市場。未來三年，到處都是機會。成熟的女裝網路品牌也紛紛入場，裂帛和韓都衣舍已經做了非池中和 AMH 兩個男裝子品牌，前者小眾風格已自成一派，後者在推出半年多之後類目排名就已經穩定在 Top100 以內。

事實上，網路品牌的成熟離不開平臺土壤。潮牌之所以在 2013 年嶄露頭角也是基於天貓平臺運營思路的改變：品牌化品質化升級。李俊舉例說，在天貓首頁搜索 T 恤，搜索結果既不是按照銷量排序，也不是按人氣排序，明顯感覺到搜索排序中品牌介入的分值在增大。「我做了一些研究，發現每個品類會在某個價格區間內得到最優展現，定價低於 60 元的 T 恤是很難被展現的。」讓有一定溢價能力的品牌得到更多展現，讓更具品牌感和品質感的產品得到更多展現，天貓的運營思路和潮牌們的思路不謀而合，因為它們的消費者對價格的敏感度確實不高。李俊曾嘗試把一件衣服分別定價為 109 元和 128 元，發現銷量的差別其實不大。

而對於這些新銳品牌，還有消費端的利好消息——當下年齡介於 20～30 歲的男性消費者，基本從淘寶創立之初就開始接觸網購，對網路品牌的接受度顯然更高。「以後的品牌概念會趨於年輕化、市場化、專屬化。」陳志新認為，大家需要找準自己品牌的專屬領域深耕，不需要左顧右盼。而李俊則更有信心，「未來三年一定會出現幾個跟女裝淘品牌一樣成功的男裝網路品牌，Lilbetter 很可能就是其中一個」。歸根結底，市場、消費者

及平臺方共同貢獻了一個非常好的機遇，男裝網路品牌要做的是，從意識上割捨掉爆款情結，尋找到產品和服務的差異化。男裝小眾品牌時代正在到來。

富二代在線品牌困局

　　縱觀整個男裝網購市場，大家耳熟能詳的都是線下知名品牌，例如七匹狼、九牧王、傑克瓊斯等，這些品牌在線之後很快就得到了網購消費者的認可。其實傳統品牌進入在線市場，也是有階段可循的。傳統品牌一在線上開店，馬上就會有銷量，這就是線下影響力在線上收割的果實。伴隨著傳統品牌進軍電商步伐的加快，在線市場成為了新的管道和品牌建設的新平臺，而對於尚處在電商起步階段的傳統男裝品牌來說，它們成熟的風格已經滿足不了當今年輕主力消費人群的需求，倘若再不連接消費者，在線的市場會出現斷層。「七匹狼有可能開發一個針對電商的品牌，以達到錯開商品結構、梳理價格管理體系、減少自身品牌價格無序競爭的效果。」男裝品牌七匹狼董事長周少雄也曾這樣表態。另外，網路上滋生的預售模式也讓消費者有了更多的選擇，這就進一步促使傳統的男裝品牌在利用在線線下實現管道有效互補的同時，不得不去打造適合網路生存的子品牌，加快自身品牌培養，從而佈局品牌電商的未來。

子品牌的初體驗

　　其實傳統男裝品牌觸碰子品牌早有先例，九牧王在三年前就開始探索。2009年9月，靠西褲起家的九牧王正式進軍電子商務領域，先後在淘寶網、京東商城、當當網開設旗艦店。這一年，九牧王第一次參加了「雙十一」，單日銷售額達到了近百萬元，這更加堅定了它做電商的信心。而

117

為了讓在線線下的產品有明顯區分，以免造成價格衝突，新款的產品不會上線，線上的產品主要以庫存加電商特供款為主，折扣不會特別低。「網路特供款也是按照九牧王的品質標準去做的，由電商部門根據需求缺口來下單，我們也會依據一些在線潛在客戶的數據採擷，去分析產品需求。」九牧王電商負責人陳志聰說。

作為一個有著 25 年歷史的老品牌，九牧王一直定位為 30 歲以上男性消費者的商務男裝。可是，他們也注意到現在的年輕人喜歡傑克瓊斯這種品牌。「可能年輕人覺得自己和我們這種傳統的老品牌有點年齡上的差距，新興起來的品牌大部分以時尚休閒為主，傳統時尚品牌比較少，再加上九牧王客單價比較高，春夏在 300 元左右，秋冬在 450 元以上。」

為了有效銜接年輕消費人群，與主品牌形成差異，2010 年夏季，九牧王的第一個純在線子品牌旗艦店「格利派蒙」在天貓開業。格利派蒙的客戶群為 25～35 歲的都市男性，強調時尚和流行，主打年輕商務風。「（格利派蒙）特別適合大學畢業剛入職的這部分人群，因為九牧王對於他們來說，偏正式，顯然不是他們的風格。」男性對品牌慣有一定的依賴性，再加上商務風格款式變化較少，決定了男裝的上新不需要太頻繁，所以格利派蒙旗艦店的商品 SKU（單品）一年保持在 300 個左右。

因為生長在九牧王下，格利派蒙擁有九牧王同步的供應鏈、資金和開發研發團隊，衣服褲子的做工與九牧王一致，但平均客單價比九牧王要低二百元左右。公司三十多個人的電商部門同時掌管這兩個品牌，且都與同一家第三方公司一起配合運營，這減少了部門在人員上的成本要求和人力擴張帶來的問題。「我們還是會按自己的工藝標準去做，所以生產成本高、品質好。一些土生土長的網路品牌銷售價比我們的成本價還低，但之後這個問題應該能慢慢解決，因為有越來越多的子品牌會進入這個市

場。」作為一個子品牌，雖然也在淘寶和天貓上做分銷，並嘗試其它管道，比起九牧王，格利派蒙的銷量並沒有那麼大。但不存在庫存壓力，旗艦店裡主賣的產品還是西褲和襯衫，占比在 60 ～ 70% 之間，另外就是 T 恤和牛仔褲。

只是，因為傳統品牌的固有思維，九牧王在對格利派蒙的資源投入上還是持保守、謹慎的態度，不會刻意把這個品牌擴大化。「比如我們也曾經考慮請代言人來加強品牌印象，後來沒有實施。」在運作了三年之後，格利派蒙可以說嘗到了子品牌的甜頭，但在男裝類目排名一直在 Top100 ～ 200 之間。單從商品上看，格利派蒙還是延續了九牧王的商務風格，即使版型上比九牧王更加修身，但還是只打了個年齡差，品牌風格並不突顯，定位的不夠精準阻礙了品牌印象的深化。同時，格利派蒙雖然有九牧王堅實的傳統基因做鋪墊，但與在網路上土生土長起來的品牌相比，他們的供應鏈還不能做到快速反應和靈活變動，網上的經營模式與九牧王也無明顯差異，刻有線下烙印，這是九牧王在探索子品牌運營中亟待解決的問題之一。

子品牌的再孵化

經過多年來的子品牌運營嘗試，傳統男裝品牌越發敏銳地察覺到，需要進行品牌重塑和創新來競爭在線市場，這時就需要一個調性更加鮮明的子品牌來充實傳統品牌的網路戰場。2012 年的「雙十一」，進入電商不到一年的太子龍當天銷售額達到了 1200 萬元，這個業績讓太子龍意識到了在線消費市場的重要性。2013 年，太子龍更是聯合其他公司準備開展 B2C 官方商城建設，加快了進入電商的步伐。

太子龍電商總監曾民的思路亦很清晰：「電商作為新管道、新媒體、新市場，傳統男裝品牌意識到，這不僅僅是消化庫存的下水道，必須改變

玩法了。」從 2013 年年初開始，太子龍就在積極地準備做一個子品牌——藍標，藍標在人群及定位上與太子龍有明顯差異。與九牧王的格利派蒙不同的是，藍標並沒有延續主品牌的風格。太子龍針對的是 60、70 後的成熟人群，而藍標的目標人群卻是 80 後的都市男士，藍標專門打造適合工作和日常穿著、時尚得體、高性價比的男裝。從 2013 年秋冬開始，藍標陸續推出了修身剪裁的軍旅風系列，以及帶點蘇格蘭民俗情結的新烏托邦系列。

「男裝其實應該更加關注消費行為的問題，男性比較注重品質，80、90 後在成長，等走到工作崗位上，他們就會開始重視個人形象，去尋找適合自己的工作場景的服裝，其中相當一部分人有小文藝情結。」顯然，太子龍正在做在線的轉型，如果做一個非常年輕化的品牌，在太子龍和這個品牌之間會形成一個斷層，不利於整個品牌的建設。曾民介紹說，太子龍的很大一部分消費者是年輕熟女，年齡在 28 ～ 35 歲之間，她們的老公是太子龍的購買人群。所以子品牌的目標受眾年齡層就要下沉 5 到 10 歲，這樣才能做好年齡上的銜接。

眾所周知，傳統的男裝品牌針對的都是成熟人群，線下多年的供應鏈以及零售的積澱，使得品牌不可能在線下打造一個年輕化的實體店；另一方面，線下品牌兩極化情況嚴重，休閒的品牌太休閒，商務的品牌太商務，而商務休閒的傳統男裝品牌又價格太高、風格偏老成，消費者的購買選擇其實很少。「以線上的思維看，我們這些傳統品牌是老了，但我做了兩年男裝之後，覺得這並不是一個老化的過程，其實客戶群一直存在，只是這些客戶群不是在線的主流消費人群。」

而在線上，消費者的這些需求得到了釋放，他們可以快速找到要買的商品，自然也就促成了網路品牌的成長。在品牌成立早期，傳統品牌考慮

更多的是如何做大，而不是消費者需求，總的來說就是以產品為中心；現在，消費者的個性化需求越來越多，光靠產品已經不行了，傳統品牌必須要從中國消費者的消費行為入手，抓住主力消費人群。線下，傳統品牌的供應鏈是非常嚴謹的，而在線上，傳統品牌的品牌印象並沒有特別穩固，所以強化在線品牌的品牌形象，就需要與消費者進行緊密的互動。「傳統男裝品牌去做子品牌，會加大男裝行業的競爭。傳統品牌在線上發展一定時間後，會進入品牌擴張階段，就是說傳統品牌在原先基礎上，將繼續做品牌的擴張，切割更多的細分市場。」

子品牌之痛

隨著傳統品牌不斷在線，網路品牌們貼身肉搏，紛紛搶占屬於各自的領地。可以明顯看出，現階段傳統男裝品牌的發展停留在品牌重塑和品牌創新上，想在子品牌運作中找出一條可行的思路還面臨著很大的挑戰。

首先，傳統品牌帶著長期發展積累下來的傳統基因，固有的傳統體制決定了品牌在線後應變的緩慢。「我們是傳統品牌，所以很多事情還沒辦法像互聯網公司那麼靈活，還是受體制的影響，很多想法不能付諸行動。」陳志聰說。一直以來，傳統品牌的行銷思維就是堅持以產品為中心，在打造品牌初期，往往也會先通過明星代言、品牌運動、投放廣告等來提升品牌力，後引出產品。「傳統企業是既得利益者，有著利益慣性，不可能一下子剎住車。制約傳統品牌發展的是機制問題，是在線線下衝突的問題。傳統品牌想做電商，但沒想清楚，所以束縛了它的發展。包括在線也存在很多問題，是整個大潮在逼著傳統品牌走。」曾民認為，傳統品牌很難改變這種運作模式。

其次，子品牌依附在強大的主品牌下，雖然有光環籠罩，但一個全新的品牌，在線上等於是零根基，沒有深刻的品牌印象，沒有固定消費人

群，就相當於沒有顧客。主品牌本身的品牌影響力或許可以去支撐新品牌的新消費者，從而帶來一定的銷量和反響，但這並不屬於子品牌。「人群在哪裡，品牌就去哪裡，為什麼品牌做不好？第一是體制問題，第二是沒有找到適合自己的消費者。」所以，曾民也在規畫讓自己的電商部門獨立成一個子公司，這樣才能擺脫機制困境。

傳統品牌雖然在品牌基礎、供應鏈等方面賺足勢頭，但是淘品牌在傳統品牌還未涉足網路時，就已經建立起了先發優勢，對瞭解網購消費者、網絡行銷、磨合在線靈活的供應鏈等更具實力。未來，在背著庫存負累的基礎上，傳統品牌孵化子品牌還有一段很長的路要走，機遇尚有，挑戰留存。

未來路徑

人們曾經一度以為男裝淘品牌會死光光。事實上，是死了一片，但也看到了有希望的幸存者。

男裝網路品牌由於自身基礎比較薄弱，未來的路徑和傳統品牌是不同的。如果說，現階段傳統品牌處於品牌影響力輻射在線和品牌重塑階段的話，網路品牌尚處於最關鍵的生存階段。首要考慮的問題是活下來之後，怎麼樣活得更好？

在 2013 年，大家終於達成一個共識：只做低價爆款是不夠的，必須強化品牌。原先的缺憾就必須要補了，供應鏈弱、人群黏度小、品牌調性不那麼強，這些問題都要試圖解決。我們看到了很多品牌在形象和調性上的努力，但消費者基數還不夠大，還不足夠支撐品牌的發展。而所謂品牌調性，並非等同於「強烈的風格」。比如有些女裝品牌的男裝子品牌，足夠小眾但對男裝的把握還不到位，目前還是要靠母品牌導流量。強烈的風

格只是表象，小眾只能在短期內引發關注，掌握消費者的喜好才是本質。

品牌與非品牌的標準是客戶群穩固與否，既要有基數，又要有黏度。也許有人說，還是有些靠低價爆款競爭的淘品牌活了下來，而且人群基數也積累得足夠大。但這些品牌其實很危險，有用戶但沒有黏度，平臺政策方向一轉，很容易就掛了。只有風格但沒有堅實客戶群的商家，其實還不是品牌，充其量是一個品牌雛形。

網路原創品牌大多是在淘寶上出生的，也就是說，它的品牌基因來源於平臺，對平臺的階段性依賴較強。為什麼傳統企業進來之後，淘品牌的日子就會難過很多？因為它不能快速彌補原先的基礎不足和短板。假如在做大客戶群的同時提升客戶黏度、提升美譽度就會好很多，而且，純提升服務是不夠的，時尚是感性的東西，還是要產品和服務的差異化。

惡補短板後就到了核心環節──供應鏈的升級整合。如何做品牌調性、主張態度、獲取流量和轉化，是網路品牌們所擅長的，但他們在商品管理企畫、定價策略、產品動銷率等環節還有很多東西需要沉澱，必須讓自己成為更具有傳統基因的品牌。未來的品牌一定是混血企業，有傳統的積澱，也要有電商的特質。

最後是品牌擴張階段，比如女裝淘品牌之間的併購和收購，是很被人看好的，但不要輕易去到線下。淘品牌的成功離不開平臺土壤，假如淘寶這個平臺完全不玩了，你會發現，很多淘品牌沒有去處。京東當當現階段還是屬於靠品牌影響力輻射才得以發展的平臺。網路品牌大多是平臺化生存，對男裝來說，目前還沒有紮實的淘品牌。

短期內，網路品牌撼動傳統男裝基本是不可能的，成熟的休閒商務市場，網路品牌就不要碰了，但在年輕化男裝市場，現在略有根基的網路品牌，只要不出大錯，兩三年內還是可以到達一個新階段。

關於男裝的未來，有三個機會點：一是細分市場，走原創的路子，比如非池中，比如花笙記；二是盯準 18 ～ 24 歲這個年齡段去定位，這個年紀的人在淘寶幾乎是沒有衣服穿，中性風格也許是條路子；三是做高端品牌，但要靠牛 B 的設計和品牌運作能力。一個花笙記、一個非池中不可怕，如果有一千個呢？瞬間將傳統品牌碎掉。還是那句話，未來除了奢侈品，在消費品牌方面，特別是服飾行業，很難有過幾十億上百億的大品牌出現，所有店鋪都是小而美。

（文｜邢淼 曾民 金光 孫瑤 吳慧敏）

童裝，不好玩的潛力市場

　　繼結婚熱、母嬰潮後，童裝銷量呈現出一片大好形勢。自然，童裝成為了賣家們覬覦的又一個大熱市場。在 2012 年，一大批淘寶大咖們紛紛投身童裝市場，如韓都衣舍在 2012 年 11 月在線童裝自有品牌 MiniZaru，GXG 在線的童裝品牌 lovemore，還有在 2012 年上市的太平鳥童裝。

　　童裝面向人群的特殊性決定了其面料、做工的門檻相對較高，這不禁令人思索，童裝市場到底有多大，水有多深？什麼實力的商家適合進軍童裝市場？具體該如何操盤一家在線童裝店呢？

一大、二少、三低

　　近幾年，中國童裝市場保持穩步增長，童裝市場特徵集中表現為空間大、品牌少、產業化品質低。

　　空間大。中國童裝市場空間大，加上 80 後逐漸升級為父母，這批 80 後父母習慣網路消費，童裝電子商務發展迅速。消費需求大，14 歲以下人數超過 2.2 億，其中 3 ～ 12 歲的童裝占據整個市場零售額的 80% 以上。市場前景好，規模約 800 億元，年增速超 20%，預計 2013 全年銷售總額將達 1383 億元。目前已步入童裝發展的成熟階段。

　　相對過去的父母，現在的年輕父母更重視生活品質，而這體現在精神和物質雙方面。尤其在網路與傳媒影響深遠的今天，由內而外的光鮮亮麗是父母給孩子買衣服時關注的焦點。買家個體更願意花錢，客單價呈遞增趨勢。

　　品牌少。國內國際品牌各占中國品牌童裝市場的 50%，國際品牌主要

集中在一線城市，國內市場只有 30% 有品牌，70% 呈無品牌狀態，年銷售超過 1 億元的只有 10 餘個品牌。

產業化品質低。中國童裝產業鏈日趨完善，擁有價格優勢，但品牌競爭力弱，市場訊息缺失，設計能力差，品質低，無壟斷品牌，中高端品牌少。如盤點佛山、織里、石獅這線下三大童裝基地所生產的童裝也會發現他們仍以中低端為主。

在線童裝問題重重。淘寶童裝發展迅猛，每年以超過 100% 的速度增長，遠高於線下增速。童裝類目下，淘品牌發展較快，線下傳統企業童裝品牌逐步關注並進入在線。但童裝類目的發展晚於男女裝，商城和集市皇冠的賣家普遍偏少，行業整體水準偏下。具體表現如下：

首先，設計與市場脫節，抄襲成風，童裝設計師面臨難題。童裝設計既要款式時尚、色澤豔麗，又要安全舒適、經髒耐磨，還要考慮兒童的心理、生理特徵。童裝設計師們一方面不得不對自身提出更高的要求，另一方面自身又不瞭解市場需求。由於這種不需設計師的童裝生產集群化的態勢短時間內強不可撼，因而使得童裝設計師們只能在有限的品牌童裝公司尋求發展。

其次，國內童裝是成人衣服的縮板，缺乏兒童特色。國內童裝起步較晚，缺乏對各成長階段兒童自身生理特點的研究，人們潛意識中把童裝作為成人衣服的縮板，只重數量不重品牌。而品牌化的焦點是重建「品牌童裝設計觀」，品牌童裝設計不僅是款式和花色的外觀設計，更重要的是遵循兒童心理特徵、滿足兒童生理需求的功能設計。

然後是缺乏品牌運作能力。國內企業在行銷方面大都停留在批發階段，沒有考慮售後服務；而國際品牌都採用直營店面和加盟連鎖的方式發展，以保證售後服務，進一步打造品牌基礎。

童裝店該如何操盤？

毋庸置疑，童裝是只潛力股。但進入童裝的門檻高，企業該如何發展電子商務，搶占在線市場呢？

把控品質

從數據統計出的「影響消費者購買需求的 12 大因素」中，產品品質（質量、安全）是用戶優先考慮因素，占 20.16％；其次是款式，占 19.75％；價格排名是第四大考慮因素，僅占 9.05％。此外，入圍的因素還有品牌、檔次、顏色、尺寸、產地、耐髒性、孩子認可度、周圍人認可度等。因此，對於童裝店鋪來說，無疑應當首抓品質。

精準細分定位

具體操作如下三塊：

第一，細分品類。童裝市場依然有很多空白，如毛衣、連衣裙、褲子、舞蹈服、棉衣等。

第二，細分需求。一方面是細分每個年齡階段的兒童特點和服飾需求，精準定位目標群體。可以將目標群體分為嬰幼兒 0～3 歲、小童裝 4～6 歲、中童 7～12 歲，大童 13～16 歲四個年齡階段。另一方面，和其他產品不同，童裝的購買者和用戶不統一，需同時關注父母和孩子的需求。需要注意的是，在不同年齡段占主導的角色不同：據調查，0～7 歲之間，父母在孩子置裝問題上起決定作用；7 歲以後，孩子的意見則占主導。

第三，店鋪層次細分。對自身作 SWOT 分析，確定店鋪所處層次。具體來說，要做到對整個童裝市場有足夠的把握，規畫店鋪產品策略，明確每款寶貝價值；童裝套裝、搭配效果明顯，可以通過搭配推薦提高客單價；差異化競爭，如大童、學院風。未來通過品牌、文化塑造提升產品附加值，逐漸拔高店鋪層次。

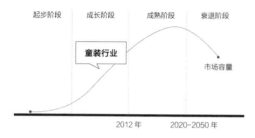

圖 4-10 中國童裝行業發展走勢

表 4-2 童裝品牌分類

生产基地	产业链布局	市场	档次（UV）
佛山	"中国童装名镇"产业链完整产业集群	国内外市场	中档为主
织里	"中国童装名镇"产业链完整产业集群	二级批发市场，覆盖长三角	中低端
石狮	加工生产的核心产业链OEM	外销为主	中低端

表 4-3 中國童裝三大生產基地

年龄层	儿童特点	服饰要求
婴幼儿 0~3 岁	发育快，无自理能力	不妨碍活动和发育，便于穿脱和洗涤
小童装 4~6 岁	有一定生活自理能力及思维活动和主见	舒适和便于活动，注重对心理发育的影响
中童 7~12 岁	运动量提高，活动内容也大为增加	宽松耐磨便于活动，色泽生动活泼，经济实惠
大童 13~16 岁	1038	369

表 4-4 不同成長階段兒童的服飾需求

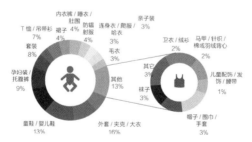

圖 4-11 童裝品類占比分佈圖

圖 4-12 淘寶童裝類目分層

合理定價商品

據統計，近 50% 的消費者每年購買 1000 元以上的童裝，用戶希望購買性價比較高的中高檔童裝，低端市場空間正在縮小，奢侈品市場則更有潛力。因此，合理定價商品是十分重要的。

主推款建議採取兩種定價策略：第一種，高價策略，這將加快新產品資金投入的回收速度，樹立優質高檔品牌，獲得短期高額利潤，但高價策略只適用於有突出特點的產品；第二種，低價策略，這將使新產品迅速被消費者接受，從而滲入市場，提高市場占有率，抑制潛在的市場競爭。

關聯銷售的定價策略主要針對低價活動款（付郵試用、秒殺）。一般，關聯活動款為商品價值 1.5 倍左右的單品。

一般活動款則又分為關聯單品與搭配套餐兩種。其中，關聯單品價格應大於活動款價格。而搭配套餐建議以「活動款＋單品－ 10 元」的價格出售。

童裝相比女裝和男裝來講，女裝和男裝首先關注的是款式，在款式合適的情況下去關注衣服的品質，而童裝最先關注的則是衣服的面料與品質。

優化寶貝詳情頁

童裝是一個複購率相對很高的類目。詳情頁面就相當於店鋪的一個導購，在這裡要儘量把買家能問到的問題一一體現出來，這樣不僅可以促進買家的購買，還可以減少客服的工作量。

由於淘寶執行統一童裝尺碼標準，要取消身高階段自訂屬性，而有些品牌有自己獨一無二的尺碼，對於這種情況的賣家，應先附上淘寶統一尺碼和吊牌尺碼的對應表。在尺碼搭配上，應該增加試穿的環節，提供詳細尺碼，並能給出合理的搭配建議。

保持商品的量感。所謂的量感，是指陳列的商品數要充足，給買家以豐滿、豐富的印象。量感可以使買家產生有充分挑選餘地的心理感受，進

而激發購買欲望。同時應注意重點陳列，要使全店的寶貝全部引人注目是不可能的，要把賣得好的寶貝重點陳列，同時附帶一些次要的，要使買家在注意到爆款寶貝後，附帶關注大批次要寶貝。

突出寶貝的特點。寶貝的功能和特點是買家關注並產生興趣的集中點，將寶貝獨有的優良性能、品質、款式、造型等突顯出來，可以有效地刺激買家的購買欲望。比如，把款式新穎的寶貝擺放在最能吸引買家視線的位置，這樣就可以起促進消費者購買的作用。

對於季節性強的寶貝，應隨著季節的變化而不斷地調整店鋪的主題和色調，儘量減少店鋪與自然環境的反差。這樣不僅可以促進季節寶貝的銷售，而且使買家產生因與自然環境和諧一致而愉悅順暢的心理感受。對於賣點很強的節日，可以將寶貝佈置在主題環境和背景中，比如說在耶誕節，就可以將寶貝和聖誕小擺件放在一起。

注意背景和道具等細節。小童和大童的服裝大部分色澤豔麗，因此背景最好以清新為主，款式也要搭配好，一件衣服可配的褲子可以搭配兩種或者多種風格，以滿足不同客戶的需求。而從七八歲開始，孩子在購買童裝時所起的決定性作用會增加，在店鋪的佈局上可以加一些玩具或者飾品，這樣將更能吸引小朋友。孩子是不會關注衣服好不好的，他們對玩的東西更加感興趣。結合道具的意象性與真實性，巧妙靈活地加以運用便會起突出重點、烘托氛圍的作用。

（文｜任狂 吳文敏）

第五章
小配飾裡的大學問

掌握女鞋市場命門

中國的女鞋市場潛力非常巨大。據統計，在中國 13 億多人口總數中女性約占 48%，2010 年女鞋銷售總量超過 80 億雙。但是，在女鞋賣家面前還橫互著一系列障礙，對於流行女鞋來說，庫存壓力較大，例如每款鞋需要備貨四種顏色，每個顏色又需要各備六個尺碼，這對庫存無疑是很大的挑戰。因此，賣家需要更明確這個行業的消費特徵，從消費需求出發，儘量減低滯銷庫存的壓力。

女鞋行業的整體規模在淘寶排名第五左右，隨著季節性變化會略有浮動。在每年的春夏和冬季存在兩個銷售高峰。春夏的那一波高峰由於筆單價僅在 100 元左右，低於年底的 160 元，故在金額上的表現不是很明顯，而筆數的變化則比較明顯。

春夏的那一波高峰來自低幫鞋和涼鞋的熱銷。年後低幫鞋的銷量便開

始增長，4月到達峰值，5月涼鞋的銷售便會緊緊跟上，在6月到達峰值。這兩個品類交替的時期，即5月，構成了第一波的銷售高峰。賣家在貨源及渠道上可以提早為這兩個品類銷售高峰做好準備，在銷售周期到來前，及時完成上新和店鋪首頁的改版。

透視行業消費特徵

不同地域的女鞋消費者存在著一些需求上的差異，賣家可以依據之前的銷售數據，判斷自己客戶的地域分佈。例如北方的女性鞋子尺碼較大，並且需要一定的保暖性；而南方的女性更關注鞋跟的設計，希望能起增高的作用。同時，氣候條件對鞋子的熱銷品類也有較大的影響。

從淘寶全網數據來看，女鞋的消費者集中在江浙滬及廣東地區。四川和山東的買家成長速度較快，雖然按金額來看分別排在第六和第八位，但是其成交筆數實際上已經超過北京。有實力的賣家可以考慮開拓這兩塊市場。目前，這兩個地區平均客單價較低，可以推一些PU皮的鞋子，但是其客單價以及銷量有很大的增長空間，賣家可以適當地培養這個地區買家的消費習慣。

從品牌來說，女鞋的品牌集中度非常低，暫時沒有一個絕對領先的品牌。Top10品牌的銷量加起來也不過占總成交的18%。這個規律與線下市場基本一致，同時這也契合女性對於鞋子的消費習慣。女性對於鞋子的需求側重款式與設計，品牌相對而言不是那麼重要。為了避免與人撞鞋，女性甚至會嘗試購買不同品牌的鞋子。

但是，這並不意味著品牌對於女鞋來說不重要。恰恰相反，女鞋需要很多的品牌來支撐。消費者並不是不在乎品牌，而是對品牌有著多變的訴求。

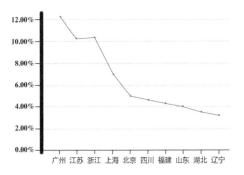

圖5-1 買家成交集中地區Top10

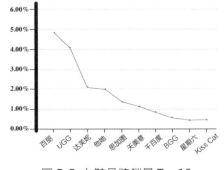

圖5-2 女鞋品牌銷量Top10

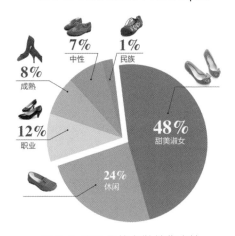

圖5-3 不同風格女鞋銷售占比

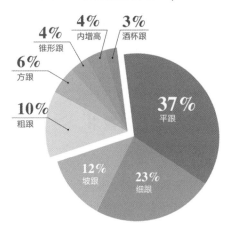

圖5-4 不同鞋跟類型女鞋銷售占比

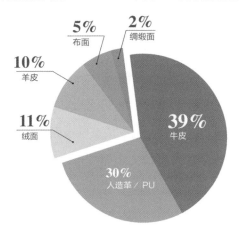

圖5-5 不同鞋面材質女鞋銷售占比

讓我們來看一下百麗集團，其旗下的品牌百麗、他她、思加圖、天美意占據了 Top10 中的 4 個席位，總銷售量遠遠領先於競爭對手達芙妮與星期六。

通過數據我們可以看到，按照女鞋行業的市場規律，市場占有率超過 2% 的品牌只有 4 個，沒有一個品牌突破 5%。可以說，5% 基本上就是一個女鞋品牌的極限。所以，百麗使用了多品牌的戰略，其自有品牌就達到了十個，充分滿足消費者對品牌多樣性的需求。而其競爭對手達芙妮，只擁有 D18 和 D28 兩個用於區分用戶年齡的品牌，沒有給消費者在品牌上更多的選擇空間，故其市場占有率很難獲得突破。

聚焦女鞋設計需求

產品的設計，是女鞋上游產業鏈中最核心的環節。女性對一雙鞋產生購買衝動，大部分時候並不是真的需要一雙鞋子，而是某些特定的款式設計打動了她。

女人的鞋櫃中，一般都會有十雙以上的鞋子，基本都是不同款式的，每一雙鞋子都有衣服、場合、季節等搭配上的作用。無論是自建設計團隊，還是外包設計，女鞋款式設計重點在於款式的求多、求變，例如百麗每個季度推出的鞋款就多達一千餘個。

淘寶上女鞋的消費人群集中在 25 至 29 歲，年輕化的消費群體，使得甜美淑女風格的鞋子占據了 48% 的成交額。而在鞋跟設計上，日常穿著較多的平跟和細跟的鞋子占比較大，而其他鞋跟類型的鞋子也占據了 40% 的市場。

另外，鞋款對於材質的使用基本遵循品牌的定位。例如百麗只製造真皮皮鞋，其定位略高，線下銷售管道也以商場店鋪為主；而達芙妮使用人

造革以降低成本,推出低價產品,線下銷售管道以街道店鋪為主。

在材質的選擇上,建議一個品牌只選擇一種材質。首先可以明確品牌定位,避免消費者判斷上的困擾,而且能增加單一原材料的採購數量,提升議價能力。

在淘寶網的銷售中,真皮女鞋占據49%的市場,人造革女鞋略低,占據30%的市場。兩類材質構成女鞋市場的主體,設計時可以依據自身品牌屬性,選擇合適的材質。

（文｜貝科）

太陽鏡搜索爆熱中

當夏季到來時，型男索女無論扮酷還是防曬，都會需要一副太陽鏡。面對這一爆熱市場，售賣太陽鏡的掌櫃們一定在摩拳擦掌吧。在淘寶，推廣無非就是提高曝光度，優化關鍵字就是掌櫃首先必須做的。無論優化產品標題提高寶貝的自然搜索流量，還是設置長尾詞進行直通車推廣，對關鍵字的把握都需要精準獨到。

太陽鏡旺季正當時

觀察 2011 年的太陽鏡搜索曲線，太陽鏡從 4 月開始走入旺季，旺季為 4、5、6、7 月，2011 年太陽鏡的搜索頂峰在 2011 年 4 月 26 日，搜索量達 438358 次。2012 年依舊，2012 年 4 月 26 日是 4 月搜索峰值，次數達到 638878 次，可見消費者的需求出現了非常快的增長。而由於四月底的陰雨天氣影響，太陽鏡的搜索又急劇下降，證明了天氣是不可忽視的影響因素。

緊盯搜索提高曝光度

其實寶貝標題的 30 個字並不複雜，內容無非是兩個方面：其一是產品的屬性描述，其二就是契合客戶的需求。客戶搜索什麼，你才應該在標題加上什麼，我們可以從一個例子入手。

從隨機選取的樣品詳情中可以讀取出「類目詞，太陽鏡；性別詞，女士；品牌詞，卡曼迪；風格詞，精緻、優雅、華麗、古典、個性、前衛、

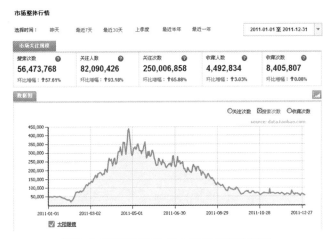

圖 5-6 淘寶網 2011 年太陽鏡搜索曲線圖

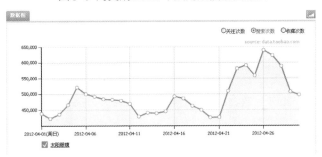

圖 5-7 淘寶網 2012 年 4 月太陽鏡搜索曲線圖

热门搜索特征

| 选择时间： | 昨天 | 最近7天 | 最近30天 | | | 2012-04-05 至 2012-05-04 |

数据指标

每页显示 100 ▼ 条　　　　　　　　　　　　　　　　　　　　　　搜索：

序号	热门特征	搜索次数	搜索人数	日均搜索次数	日均搜索人数
1	墨镜	2,072,647	546,939	69,088	18,231
2	眼镜	1,680,811	612,996	56,027	20,433
3	正品	1,243,141	405,773	41,438	13,525
4	男士	693,434	204,406	23,114	6,813
5	复古	270,535	96,327	9,017	3,210
6	女士	237,075	74,688	7,902	2,489
7	大框	218,393	80,983	7,279	2,699
8	欧美	177,736	61,530	5,924	2,051
9	男款	176,625	52,436	5,887	1,747
10	女款	176,323	56,241	5,877	1,874
11	明星款	144,463	60,826	4,815	2,027
12	新款	129,931	54,845	4,331	1,828

圖 5-8 淘寶網 30 日熱搜詞彙排行榜（2012.04.05-2012.05.04）

圖 5-9 隨機選取太陽鏡樣品詳情頁內容

簡潔、舒適、運動；適合臉型，圓臉、長臉、方臉、橢圓形臉；功能，防紫外線」的資訊。我們可以對比數據魔方後臺的行業熱詞進行關鍵字匹配，找出標題中所缺少的熱門詞。

我們可以發現「太陽鏡、眼鏡、墨鏡、太陽鏡女、大框」這些詞出現在了標題之中。熱詞中類目詞遙遙領先於其他關鍵字，前十熱詞由類目詞的長尾詞、品牌詞「雷朋」、風格詞「大框」、功能詞「偏光」構成。其中值得注意的是「男士、男款、男」這樣的需求在搜索中出現頻率很高，表明了男人的需求更強勢。

另外，行業關鍵字熱搜排行榜顯示「簡約」、「優雅」、「大框」、「防紫外線」、「大框太陽鏡」這些詞在太陽鏡類目的搜索量很高，反映了客戶對太陽鏡的搭配以及功能性的需求很是嚴格。其中功能性詞彙「夜視」、「駕駛鏡」、「駕車」搜索幅度飆升，說明了消費者很看重功能

性，若寶貝具有功能性的優勢，這勢必是一個很大的助推。

綜上所述，不妨為樣品設置一個初步標題「卡曼迪正品女士眼鏡防紫外線太陽鏡簡約優雅墨鏡」。而這個標題白白浪費掉了七個關鍵字位置，無謂地減少了產品的曝光度，因此我們需要繼續進行選取和優化。

通過 30 日熱搜詞彙排行榜可以看到，排在前列的熱詞依然以類目詞的長尾詞和消費人群詞彙為主，除去這部分詞彙，「歐美」、「明星款」這兩個活躍的特徵熱詞，說明了消費市場中存在很大一部分跟風消費的情況，而且這兩個詞是樣品標題中沒有的。考慮到這兩個詞在包包和服飾等類目搜索量相當高，選取這些詞也可以加入到其他行業的競爭，增加產品的曝光度以及流量，因此對這些詞應當予以選取，通過跨類目展現提高寶貝被搜到機率。

直通車關鍵字的出價要高於長尾詞許多，有的時候關鍵字數元錢也不能排名前百，但長尾詞卻可能不到一元錢進前十，而且這些詞同樣為客戶提供了精確搜索，所以長尾詞的設置越來越受到賣家重視。我們可以看到類目詞和性別詞的組合占據了前三名，而正品和品牌長尾詞構成了前十關鍵字的主力，說明了買家對品牌以及品牌的真偽十分看重，賣家們既要根據消費者的需求進行選擇，也要考慮自己產品特點進行創新。

優化關鍵字的目標第一為了增加產品的曝光度，讓更多的人看到你的產品，產生點擊並轉換成交；第二可以減少自己對付費流量的投入，拉升店鋪的整體流量以及銷售額；第三能夠進一步吸引更多帶有目的的客戶，提高流量品質。我們需要做的首先是設置熱搜詞，增加大範圍的曝光度，接著對關鍵字進行精準設置，將目標客戶根據產品屬性進行定位，最後根據以上兩點，在修改產品的標題時最大限度地做到為流量進行精準定位。

（文｜阿秀 趙軍）

飾品店鋪：品牌講視覺，雜貨靠佈局

飾品類目一般被視作門檻較低的創業項目，貨源豐富，起步資金較少，相對其他類目而言創業難度低。但起步容易不代表好運營，產品的同質化是大部分飾品店鋪的硬傷。而定位及產品均不同的店鋪，找到適合店鋪的運營思路顯得尤為重要。對於品牌飾品店來說，若不能明確地傳達品牌概念，就會失去品牌本身的價值，通過品牌元素等給顧客以視覺衝擊，才能展現品牌形象；對賣貨的飾品店鋪而言，因為產品 SKU 多且相對較雜，易流失客戶，所以優化關聯銷售是重中之重。

締梵石旗艦店是一家主營流行飾品的店鋪，產品SKU多，但也正是豐富的產品給店鋪運營帶來了一定的困擾。開店至今，整體流量狀況低迷，自然流量不穩定，整體流量基本靠直通車付費流量維持，但直通車流量轉化低於類目平均。在調整了標題關鍵字及寶貝上下架時間後，效果依然不明顯。店鋪客單價也偏低，從 98 元降至目前的 50 元。店鋪做過關聯銷售優化，想要提升店鋪客單價，把 49 元的兩個套餐提高成 59 元的套餐，卻導致關聯銷售轉化驟降。流行飾品類目平均訪問深度均值為 2.73，店鋪的平均訪問深度僅為 1.58，遠遠低於行業平均值。

不同於經營品牌的店鋪可以有品牌作為形象支撐，該店作為主營流行飾品的商城店鋪，店鋪產品比較豐富，面向的用戶群體比較廣泛，這就增加了店鋪對會員關係管理的難度。無論是在直通車推廣還是消費群體的定位上都存在著一定的問題，店鋪自然流量不穩定，消費群體的錯位把客單價拉低了一大截，這些都造成了店鋪的訪問深度偏低。

因此，從關鍵字和點擊率出發提高直通車的 ROI，通過找準黃金位置，向客戶借需求來優化關聯銷售，繼而提高客單價，從詳情頁出發改善視覺體驗是賣家亟待解決的問題，這樣才能留住老客戶，獲得用戶青睞。

革命直通車ROI

飾品類目店鋪相較於其他類目店鋪，品牌尤為重要。若非品牌，想要推廣給力，直通車 ROI 是必爭之項。

從店鋪數據報告中我們可以看到，店鋪日均流量在 1000 左右，直通車占比在 30%左右，自然流量占比較少，也在 30%左右，主要靠直通車來引流，但直通車效果很差，整體 ROI 不到 1。

在沒有「品牌影響力」這一優勢支持的情況下，直通車 ROI 不到 1 顯得太薄弱。直通車想要獲取高品質點擊，選對關鍵字是關鍵。選擇好關鍵字之後要做的就是培養關鍵字，並提高關鍵字的點擊率。

養詞

點擊率、轉化率以及店鋪寶貝圖片詳情頁品質等因素會影響到關鍵字的品質得分。既然大流量詞 PPC（點擊花費）高，點擊率難提升，並且點擊轉化也不理想，轉投精準詞不失為一條捷徑，先抓點擊率。這裡的精準詞主要是指有一定的引流能力且點擊率較好的關鍵字，可以前期上滿詞後，通過幾天測試篩選而出，這些詞可能剛上新時也就 6～8 分的品質得分。

測試階段儘量把關鍵字提前到前兩頁或者控制有利排名。通過一段時間的觀察，就可能會發現關鍵字的品質得分有一定的提升，如果這些關鍵字能實現較穩定的轉化，那品質得分會更加穩固，此後可以嘗試添加熱詞，利用已經培養好的溫床來帶動新詞、熱詞的品質得分。值得注意的是，精準詞的搜索流量可能會隨時間的變化而變化，因此後期也需要定期測試更新精準詞。

在關鍵字得到穩定後，可以開始考慮增加定向推廣。定向推廣放在關鍵詞品質得分較好的計畫中，通常能夠以比較低的 PPC 得到較多的流量，從投入方面來看也很划算。

對於目前店鋪的情況，可以選擇各個不同類目的不同寶貝進行推廣，

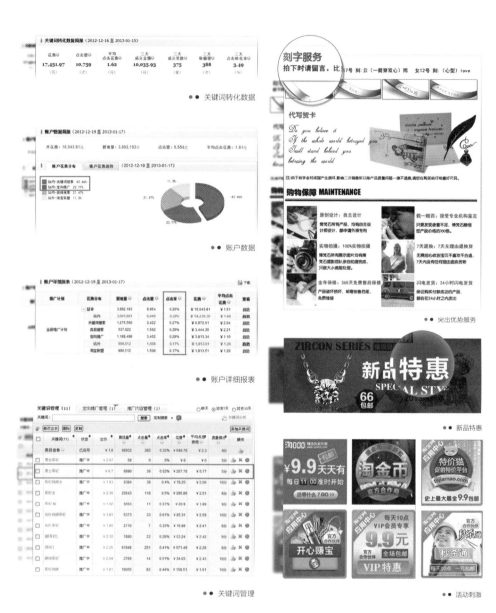

圖 5-10 締梵石旗艦店相關訊息

例如項鍊、戒指等。關鍵字設置方面不用太多，主要以提高店鋪流量為主，穩住店鋪的整體流量。對於其他寶貝，可以多往主推寶貝上引入流量，將爆款寶貝銷量再提升些，從而更好地發揮爆款的作用，帶動整店的成交。

賺點擊

直通車數據差主要體現在流量引入方面，目前直通車流量主要來源於定向和關鍵字，但是關鍵字部分的 PPC 比較高，加上店鋪的平均客單價較低，導致了 ROI 的不平衡。因此，需要加強寶貝套餐的力度，增強客服的主動推薦能力，配合店鋪活動來提高店鋪整體的客單價。

同時，店鋪的點擊率也是低於行業均值的，目前店鋪的整體點擊率在0.26%左右，流行飾品行業的點擊率平均在 0.5% 左右，店鋪目前推廣的點擊率均在 0.3% 以下。低點擊率對品質得分影響很大，因此對於點擊率需要再多加優化，可以嘗試用比較新穎的創意圖來做主圖吸引點擊。

流行飾品類目另一重要的流量入口就是頁面推廣。頁面推廣作為單品推廣的一種補充方式，對店鋪首頁、集合頁等等推廣都有很大的好處。目前該店鋪並沒有引入這部分流量，建議可以開啟這部分的推廣，引入精準流量，作為單品推廣的補充。這對整店的推廣也是大有裨益的。

直通車關鍵字部分，目前主要靠一些泛詞來引流，如「耳釘」等，這類詞目前的出價普遍偏高，品質得分偏低，對於這類詞可以採用養詞的方式來培養關鍵字，提高品質分。同時，對於寶貝的推廣圖片也需要多進行測試，提高點擊率。

穩提客單價

店鋪客單價從 98 元降至 50 元，在單價不變的情況下，關聯銷售沒有起應有的作用。拉高客單價，有效的關聯銷售是關鍵。店鋪關聯銷售的位

置擺放不明顯，選取的關聯銷售款式也沒有考慮客戶需求。

黃金位置做關聯

在詳情頁插入關聯商品，每個位置都有其優劣性。合理地嵌入相關商品，才能夠起事半功倍的效果。當然，關聯商品展示的位置也可以很靈活，賣家可以根據自身網店的特點進行設置。但無論怎麼設置，都要遵循通過關聯產品帶動整個店鋪銷售的大前提。

第一種，在寶貝描述前加入關聯商品。在這個位置加入關聯銷售，必須要控制展示商品的數量，否則會直接影響到用戶體驗。但該店鋪寶貝詳情頁的關聯銷售，擺放在寶貝描述前面的產品多達 13 款，頁面篇幅過長，影響到消費者的流覽與購買。

所以，主推商品以及表現優異的商品（依據流量增長趨勢、成交量、轉化率判斷；新店可通過流量增長趨勢、跳失率、停留時間來選擇），可以不考慮價格與客單價。

另外，從店鋪爆款中選擇關聯性最高的款式，或挑一款轉化率高的寶貝，再推薦這一品類裡主推的商品——轉化高、成交量增長趨勢被看好的商品，把流量聚集到少數寶貝上。當寶貝的轉換率高，賦予它越多流量成交也就越高，排名就越靠前，獲得流量也就越多，這是一個類似滾雪球的良性循環過程。

第二種，寶貝描述中嵌入關聯商品。同寶貝描述前插入的原理大致相同，其側重點在於展示商品的品質但要注意展示商品的數量。沒有刺激點，激發不起消費者閱讀欲望；太長又容易造成其反感心理，使消費者沒有耐心繼續流覽下去。

對於該店而言，建議在款式上做更多選擇，可根據後臺數據，找出購買此款寶貝的消費者更傾向於購買的產品，這樣在描述中做關聯將更有效。

第三種，寶貝描述尾部插入關聯商品，這個位置相對接受度最高。首

先，消費者能花費很長時間流覽寶貝描述，證明該消費者極其喜歡這款產品，購買欲望也相當強烈。那麼在這個時候，加上相關產品、熱賣產品或者配套產品推介，點擊率、購買率都是明顯提高的，也不容易造成反感。如果店鋪的寶貝描述尾部沒有做關聯銷售，這就失去了對消費者流覽寶貝描述時的最後一次銷售機會。

但是，頁面推薦的關聯款不宜過多，每個商品最多關聯四到五款寶貝。合理利用資源，重點優化 UV 價值高的產品，並將其作為主關聯商品，不可能每款產品的關聯都做得很好。一般建議店鋪 SKU 數多的商家，針對排名前 20 的商品的關聯進行優化。關聯行銷要有故事，給關聯、給產品包裝個故事，讓整個產品鮮活起來。

做好關聯銷售、優化首頁可以起增加一部分訪問深度的功效，但並不能完全治癒。訪問深度低還有一個重要原因就是回頭客比例過低。一般新老用戶的比例控制在 7：3 或者 8：2 基本屬於正常範圍。在正常網購中，只有老用戶才會沒事逛之前購買過的店鋪，所以發掘老用戶的需求，有利於訪問深度的增加。賣家需要對老客戶作一些基礎的調研，並看重買家的評價。

守株待兔看評價

淘寶上很多小店鋪無法做到大店鋪訪問深度，原因是這些店鋪把重心全部放在關聯上面了。其實，訪問深度一定是關聯銷售加老客戶隨意流覽的綜合結果。賣家通過評價瞭解到面對的是什麼類型的目標人群，新品在線後可以向老客戶推薦合適的新商品。因而商品評價越多，對潛在消費者的幫助就會越大，消費者自然而然就會將你的店鋪與其它的店家區分開來。有的評價明確地讚美店鋪的優質包裝服務以及物流速度，同樣也對寶貝進行了肯定，能給後來的消費者作出正確的指向。

消費者評價變成了店鋪的金字招牌，既然是金字招牌，可以將它掛在

最醒目的位置。比如在商品圖片的旁邊放上商品評價的提示條（具體評價可放在頁面下面），既體現了店鋪的獨特性，也讓消費者一目了然。

主動出擊做調研

只有老客戶才會沒事逛店鋪，如何讓消費者在店鋪逛出意猶未盡的感覺呢？其實這個是需要通過調研才能挖掘出來的。因為每個消費者的需求都不同，比如有的買家買飾品更在乎別人的看法，有的買家買了飾品是因為贈品對他很有吸引力等等。所以做好老用戶調研，也是幫助店鋪提升回頭率的制勝法寶。

例如旺旺調研，可以選擇消費者旺旺在線的時候。目前消費者旺旺在線的時間，多半是其空閒的碎片化時間。因此在這個時間進行調研，消費者回答的也會很多，自然不會打擾到他們的正常生活。

在賣家回訪調研時，電話溝通比較直接。可以直接諮詢，這樣更能節約時間，能收回的數據也會更多。只要調研的切入點找得恰當，不用擔心會騷擾到客戶。可以以品質訪問調研的名義切入，選擇大家不太可能忙的時候打電話，比如中午。

有條件的賣家也可以試試找本地的客戶，周末召集一次茶話會當面交流。像食品賣家，或者戶外用品的賣家可以組織本地商戶一起活動，有助於跟消費者深入交流，獲取的資訊一定更全面有效。

深掘訪問深度

沒有品牌的市場影響，網售飾品在定位明確的情況下，也能做到小而美、精緻的頁面設計，提高店鋪訪問深度。

從店鋪角度考慮，這是一家銷售飾品的店鋪，主營產品為戒指、項鍊、手鏈等。對於這樣的產品人們會聯想到什麼？浪漫、愛情、美、甜

蜜等等。這是通過對商品的聯想得出的，因此在整個頁面或是商品的包裝上，必須要圍繞這幾個關鍵字進行。這是一個店鋪氛圍的建設，消費者購物是需要刺激、需要環境影響的，所以氛圍至關重要。

從消費者角度考慮，則需要結合浪漫的意境，把美、浪漫和溫馨的服務通過完整頁面有邏輯地展示給消費者，這樣才能讓消費者在有序的流覽過程中接受更多的商品資訊，融入商品所詮釋的意境當中。

詳情頁在很多時候是消費者的第一入口，而店鋪訪問深度低，商品詳情頁跳失率高，商品詳情頁的設計就需要更加注重細節。此店鋪詳情頁的裝修存在以下幾個問題：

內容與內容的區分不清晰

整個頁面設計風格不統一，不同內容之間沒有明確的區分，用了非常多的素材影響用戶流覽的速度及對頁面的體驗。建議不要用過多的不相關的素材圖片進行展示（特指關聯行銷圖片的素材），在每個區塊之間可以拉大間距或用較明顯的分割線做區分。

關聯銷售太靠前且數量太多

消費者的購物目的非常明確，既然選擇點進這款商品，那他的第一期望一定是對該商品資訊的瞭解，瞭解完之後才會產生對其他商品的流覽意願。但是把如此多的關聯銷售放在描述的最上面很影響頁面的打開速度，增加頁面跳失率。砍掉效果甚微的關聯銷售，精簡頁面，突出重點，不失為一個明智之舉。

優勢服務包裝沒突出

在另一爆款寶貝的詳情頁的末端中，店鋪提供刻字、代寫賀卡的服務。雖然貼心，但所在位置並不明顯，如此特別的服務不能被消費者第一眼看到，很多消費者沒有注意到這點，就已經關閉頁面。所以，對類似的服務保障，應該予以特別突出展示。消費者買的是個性，也是服務。

缺少諮詢及商品搜索入口

商品屬性區域與圖片展示區域，是特別容易使他們有想法的地方，在這些地方我們可以放一些旺旺的諮詢入口，有客服的接待是不是更容易讓消費者下單購買？同時，我們還可以展示一些同類商品或不同類商品的分類鏈接，方便在消費者流覽產生想法的同時更快地找到他想要的商品，因為很多想法都是轉瞬即逝的，只要抓住這些細節就能抓住顧客。

缺少活動刺激

在頁面的最上面，有一個這樣的活動介紹，而且連結到的是另外的商品，雖然是活動，也類似關聯行銷，但對該商品沒有任何意義。所以建議在描述頁中，需要有對該商品的活動資訊，刺激消費者下單購買。

左側的廣告及站外連結過多

在描述頁左側，有這麼多風格不一的圖片，連結的都是店外的廣告，很多的店鋪流量很可能就會被這些廣告連結到店外，產生跳失。當然有的廣告在參加活動時必須加，這就需要品牌方斟酌的考慮。

和很多店鋪都一樣，對品牌和產品的包裝必不可少，氛圍的營造能提升店鋪品質，更能影響消費者、店鋪中給消費者提供良好的流覽及購物體驗，減少不必要的元素，在不同區域間進行明確的區分，方便消費者搜索商品。同時考慮消費者的流覽的目的性，給消費者看他想看的東西。

所以，對專攻賣貨的飾品店鋪而言，尚不能打造品牌，也不具備品牌意識，它們的目標群體不會像品牌店鋪的消費者一樣專為商品而來。在運營中，賣家首先要關注的是推廣品類的豐富，做好直通車 ROI，明確客戶需求，繼而優化產品的關聯銷售，提高客單價的同時做好訪問深度。

（文｜吳鼎偉 解磊）

第六章

生活有個永恆的市場

家居類目的機會——天貓家居行業分析和預測

在2012年，天貓家居類目銷售總額超過32億元，整個行業實現了150%的增長。從整體上看，家居類目受標類行業的影響很大。同時，標類行業（如地板清潔、烹飪用具、杯子、保鮮盒等）將是重點發展的類目。

銷售著重換季和節假

整體上看，家居類目受季節性影響較大。全年銷售情況可按季節分為數個節點。

從2012年全年趨勢來看，上半年的小高峰出現在2—3月，這個季節是春節返城工人以及返學人群的消費高峰，帶動了整體家居用品銷量的增長。

3月至6月因為是居家日用品的換季時間，所以以常用居家日用品為

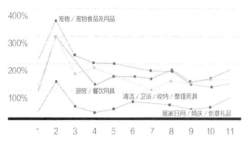

圖 6-1 2012 年家居行業各一級類目增長率

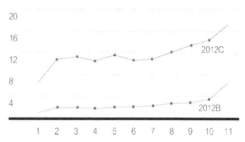

圖 6-2 2012 年家居行業類目走勢
（單位：億元）

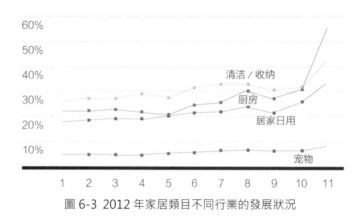

圖 6-3 2012 年家居類目不同行業的發展狀況

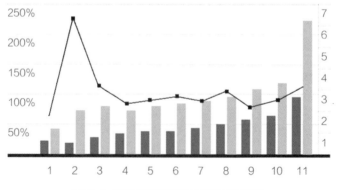

圖 6-4 季節對家居類目銷售額的影響
（單位：億元）

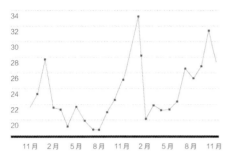

圖 6-5 高端炊具行業發展趨勢

5.31%
宠物

37.91%
厨房

25.98%
居家日用

30.80%
清洁／收纳

圖 6-6 2012 年天貓家居行業占比情況

■ B/C   ■ 平均

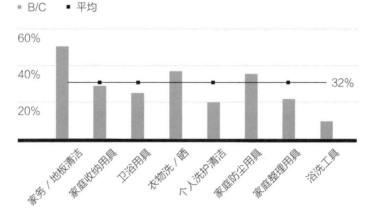

32%

家务／地板清洁　家庭收纳用具　卫浴用具　衣物洗／晒　个人洗护清洁　家庭防尘用具　家庭整理用具　洁洗工具

圖 6-7 家居二級類目占比分析

■ B 每笔件数   ■ C 每笔件数

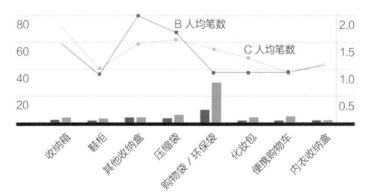

B 人均笔数

C 人均笔数

收纳箱　鞋柜　其他收纳盒　压缩袋　购物袋／环保袋　化妆包　便携购物车　内衣收纳盒

圖 6-8 家庭收納用具類目情況

主。其中，傘的成交持續走高，這對其他中高端品牌意味著機會；收納、壓縮袋等細分品類在 2012 年強勢崛起，這值得商家認真考慮。

夏季，因為有「八一三」大促（天貓在 8 月 13 日舉辦的促銷活動），標類行業初露崢嶸。

到了十一月份，標類的峰值更是體現了它巨大的彈性空間。其中，高溢價能力或強需求彈性的品牌成為供應鏈的核心。

而在年末到春節前，則明顯是以廚房和清潔為核心的年貨銷量達到頂峰，買家會集中購買品質好的商品，客單同時也達到了全年峰值。

標類破冰，挖掘新品

縱觀 2012 年全年，非標類行業表現欠佳。在 2013 年，標類行業（如地板清潔、烹飪用具、杯子、茶具收納、季節性用品等）將是居家百貨重點發展的類目。

總而言之，2013 年的重點依然是鞏固標類市場，發現新行業，發掘新品類。

高端炊具市場值得重視

從行業占比和增長來看，三個偏標類行業──杯子、烹飪用具、保鮮用品明顯高於其他類目。從各子行業的占比增長來看，由於標類增長遠高於非標的行業，所以這幾個類目的占比在繼續擴大。

2012 年，高端炊具市場總體出貨容量約 10 億元，近幾年的平均年增長速度在 6% 以上。目前，全國共計 304 家終端在售高端炊具，占所有目標終端的 49%；70% 的在售終端分佈在沿海城市，其次是中西部主要城市；北京、上海成為其他城市是否引入新品牌的標竿市場。

2012 年，在總體經濟低迷的負面影響下，市場集中度進一步加強。當

然，不容忽視的是品牌總量的增長。儘管 2012 年經濟條件不利，但依然有很多的高端鍋具品牌嘗試進入這個行業，這對行業增長將會起很大的推動作用。預估在未來，高端鍋具將恢復增長趨勢，保持 6% 以上的增長速度。

從消費者角度出發，大多數人認為健康是烹飪中首要考慮的，但並不會為了健康完全放棄口味。他們會在營養和口味之間達成協調。好的鍋具對於完美的烹飪與廚房至關重要，在被訪者心目中「好的鍋具＝健康＋實用＋漂亮」。

辦公室和電視媒體是影響烹飪態度最主要的資訊管道；實用性是消費者選擇高端鍋具產品時最主要的衡量方面；新婚，搬遷，提升生活品質，同事、朋友的建議是購買高端鍋具最主要的動因。

品牌清潔品機會較大

觀察得知，在品牌性較強的旋轉拖把行業，買家對產品品質要求更高。在家務／地板清潔用具這個二級類目中，旋轉拖把的成交占比達到 63%，2012 年對品牌商的撬動加快了地板清潔品類的增長速度，因此品牌清潔品在未來的機會較大。

同時，非標類行業的茶具和餐具反映出集市和天貓在銷售品類的側重點上是有區別的。天貓主要以套裝為主，這些商品對於銷量大的天貓商家意味著更少的成本，也反映出其他類商品選擇少，影響商家轉化。

收納用具起決定性作用

從行業占比來看，2012 年上半年收納和居家保持上漲趨勢，尤其以收納平均占比最高，說明這兩個類目在上半年是銷售旺季。在收納用具中，品牌性較強的壓縮袋在天貓占比較高。

「八一三」大促達到了僅次於 11 月全年第二峰值，體現出差異化的

商品組合的行銷還是能夠吸引消費者前來購物的，而且對於「雙十一」的商家運營能起到練兵作用。

2012年「雙十一」大促期間，占比相較於十月份提升近一倍，說明準備更充分的「雙十一」推動了行業更大的成長，也表明整個家居行業中需求彈性高的類目顯現出更大的優勢。

特色趣味性產品有亮點

2012年，節日用品和特色禮品在天貓上的銷售增長幅度分別為159%和129%。從行業占比來看，節慶用品、創意禮品仍然是行業優勢品類。

對於節慶、創意性禮品，首先溫馨很重要，選擇的禮品一定要有溫馨的感覺，像抱枕、茶杯這些代表著關懷的禮物都跟溫馨貼近。

其次，創意禮品已成為一種潮流。DIY禮品除了讓客戶得到快樂的設計體驗，還會給收禮的人一份驚喜。另外，需要注重時尚感，注入一些新的元素。

創意禮品市場雖然是一塊誘人的大蛋糕，但想要分食一塊還真不容易。誰更有創意，就意味著誰更有可能搶占商機。而創意必須圍繞個性時尚，體現其科技含量和價值，並不斷瞭解消費者的潛在需求，推動創意禮品訂製的延伸服務。

目前，創意禮品、節日派對用品這類商品曝光很少，很多商家意識不強，影響交易。

（文｜鐵鷗 夢非 米多 珈藍 指煙）

床上那點「詞」

買家熱搜詞「套件」

數據顯示，隨著天氣逐漸轉涼，家紡床品的搜索量也日益火熱，消費者們對家紡床品的需求與日俱增。從八月中旬開始，床單、床裙、床笠、床罩、被套、枕巾、枕套以及床上用品套件等床上輕紡用品的銷量均有提升。而床品套件/四件套/多件套的搜索量大於其他各種床上輕紡用品搜索量的總和。由於關鍵字的本質是對商品的描述和定義，關鍵字的優化最終還是要圍繞商家所能提供的產品進行，所以賣家的選品和產品的組合就變得格外重要了。

從關鍵詞數據中，可以發現市場對床上用品組合套件的需求大於對單品的需求。家紡賣家組織產品線時，床品套件和多件套的組合非常重要。究其原因，一方面，多件套裝更實惠；另一方面，搭配好的套件產品的圖案風格統一，更加美觀，消費者的需求量也就更大。

便宜好詞「三件套」

搜索量排名前十位的床品套件/四件套/多件套產品關鍵字中，「四件套」、「床上用品」、「家紡」、「床品」等產品分類詞搜索量最大，但是不夠精準，轉化率較低。這類詞雖然適用於提高曝光量，但直通車花費較高。「四件套 全棉 特價」的搜索量和轉化率都較高，且直通車費用僅為 1.89 元，低於其他關鍵字。這類詞才是賣家想要尋找的詞。相比之下，「磨毛四件套」直通車價格在 2.5 元，且轉化率僅為 0.04％，ROI 就比較低。除此之外，床品套件/四件套/多件套子行業的產品分類詞的費用相對較高，賣家在選擇這類詞時，要慎重考慮投入產出比。

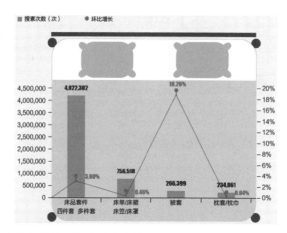

圖 6-9 床上輕紡用品一周內搜索次數及環比增幅（2012.8.15-2012.8.21）

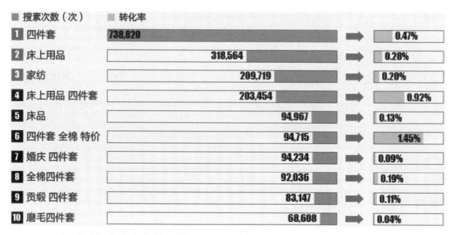

圖 6-10 床上套件搜索量 Top10 關鍵字（2012.8.15-2012.8.21）

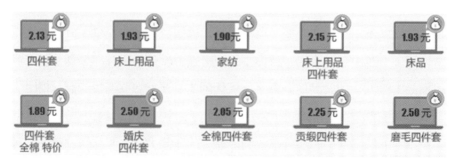

圖 6-11 熱門關鍵字直通車費用

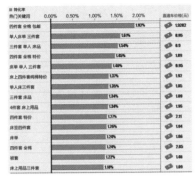

圖 6-12 床品套件轉化率
Top15 關鍵字

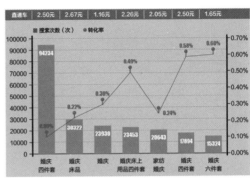

圖 6-13 床品套件的婚慶關鍵字

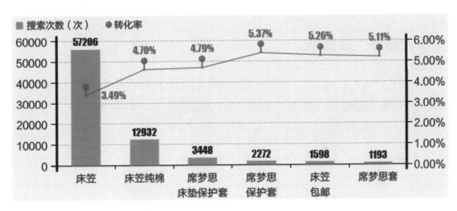

圖 6-14 搜索量大於 1000 的床笠產品關鍵字轉換率

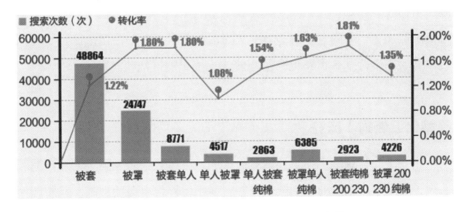

圖 6-15 被套類關鍵字搜索次數和轉化率對比

　　將床品套件／四件套／多件套類目下搜索量前 100 的關鍵字按照搜索轉化率降序排列，取轉化率排名前 15 的關鍵字。這樣找出的關鍵字具有較高的搜索量，是精準詞無疑。精準詞通常由兩個或兩個以上的單一關鍵字組成，以特定順序排列，精確地體現了買家的購買意圖，所以轉化率高。但這類詞的搜索量比「四件套」、「床上用品」等產品分類詞的搜索量小，需要重點維護。四件套產品的關鍵字直通車價格位於 1.89 ～ 2.05 元之間，三件套產品的關鍵字價格位於 0.9 ～ 1.09 元之間，四件套關鍵字價格高於三件套關鍵字價格。

季節詞趨熱「婚慶」

　　當婚慶旺季到來時，婚慶相關關鍵字的搜索量也出現增長。數據觀測期內，提及婚慶的「床品套件」、「四件套」、「多件套產品」等關鍵字，超過該子類目關鍵字搜索的 5.6%。其中「婚慶四件套」的搜索量最大，但轉化率也較低，僅為 0.09%。轉化率最高的婚慶床上用品關鍵字為「婚慶六件套」，轉化率達到 0.6%。婚慶相關家紡關鍵字的直通車價格都比較高，除「婚慶六件套」價格為 1.65 元，「婚慶」為 1.16 元，其餘關鍵字價格在 2 ～ 2.67 元之間。隨著開學季的到來，宿舍床上三件套的搜索也有所增加，一周內有超過 24000 次的相關搜索。對於這類在特定時間內搜索量大的流行詞，賣家也應留心關注，提早安排推廣計畫。

高轉化近義詞「床笠」

　　床笠產品的關鍵字中，搜索量最大的是「床笠」產品詞。增加質地屬性後，關鍵字「床笠純棉」搜索量相對減小，轉化率有所提高。在整理搜索量大於 1000 的床笠產品關鍵字後發現，許多消費者習慣直接搜索近義詞

「席夢思套」、「席夢思保護套」。這類表示產品別稱的詞搜索量也較大，且轉化率較高。賣家在選擇關鍵字時，應當留意全國各地區消費者對產品的不同稱呼和搜索習慣，收集此類搜索量和轉化率較高的產品近義詞。

再比如，消費者購買被套時，另一個經常搜索的詞是「被罩」。將同樣詞義的兩個詞的搜索次數及轉化率進行對比，可以發現：「被套 單人」的搜索量和轉化率均高於「單人被罩」，「被罩 單人 純棉」的搜索量和轉化率均高於同義詞「單人被套 純棉」。可見，同義關鍵字的搜索量與轉化率並非總是成反比，細心的賣家還是可以找出搜索量及轉化率都更優的關鍵字。

除此之外，雖然增加了「純棉」這一屬性，「被罩 單人 純棉」的搜索量和轉化率依舊都高於「單人被罩」。關鍵字的搜索量和轉化率並不是隨著搜索屬性詞的增多而降低，賣家在選擇關鍵字時，要尊重數據及消費者的搜索習慣，不可簡單根據經驗和判斷輕易下結論。

（文｜行雲）

家電市場雛形漸現
2012年天貓家電行業及運營服務商分析

對消費者來說，網上購物雖然方便，但是家電產品由於其特殊性，面臨配送、安裝、售後保修等問題，這讓傳統家電企業的在線運營面臨巨大挑戰。首先是產品，傳統管道和在線管道存在衝突；其次是價格，天貓及其他互聯網平臺為消費者提供了線下體驗、在線比價的環境，如果價格沒有優勢，很難贏得消費者青睞；其三，在網路行銷推廣方法和工具的應用、資訊系統的建設、供應鏈整合能力等等方面都需要提升；最後，服務、物流配送體系和部分產品（如淨水器、空調等）需要的上門安裝也是消費者購物體驗中很重要的一環。

隨著天貓家電行業在基礎搭建、類目優化、用戶體驗、商品升級、行銷玩法等方面的快速提升，各大傳統品牌對電商管道的重視以及物流等配送安裝服務體系的完善逐漸培養起消費者們網購家電的習慣，讓家電行業在網購市場中成功逆襲。

網路管道鋒芒正露

伴隨著家電連鎖如火如荼的大發展，家電零售業邁入了新世紀的第一個十年。然而，如同十年前家電連鎖的崛起一樣，跨入新千年以後又有一個嶄新的零售管道——網路購物開始登上舞臺。

以小家電為例，2012年第三季度通過網路購物管道（僅 B2C）銷售的小家電（包括剃鬚刀、衣物護理、美髮產品、地板清潔、電飯煲、榨汁機和攪拌機）總額達到了約 4.9 億元人民幣，環比上漲約 210％。從全年來

看，2012全年銷售額的同比增長可望高達88%。而在線下管道，同期的銷售額僅僅增長了2.3%。在線管道的火爆和線下管道的疲軟形成了鮮明的對比。

從現在的勢頭來看，網路購物管道的發展不會停止。2012年全國小家電市場中網路購物（僅B2C）占到16%的銷售額，銷售額占比同比上升6個百分點。在2013年，網路購物的占比將進一步增長到19%。可見，家電類目在電商平臺風頭正勁。

而在B2C平臺，以天貓為例。天貓近年來通過為品牌和商家提供產品、促銷、管道、供應鏈的解決方案，實現合作模式升級，目前已經形成忠實的用戶群體，且聚集較全的各類電器品牌。同時，經過多年的市場培養，在線市場作為新興的家電銷售管道，經歷了近兩年的快速發展後，在銷售時間節點上，也逐漸形成了以「雙十一」等為代表的在線銷售高峰。

大家電：物流配送來助跑

隨著網上消費人群年齡結構的擴大、網上消費支出的增長，越來越多的人選擇在網上購買大家電商品。大家電商品的網購和其它小件商品相比有幾個顯著特徵：第一，物流運輸難度更高，需要更強的物流配送能力整合及用戶服務能力；第二，金額相對較高，需要賣家的網上介紹更全面、更專業，這樣才能消除買家的購物障礙；第三，由於空調、油煙機等商品為半成品，經過上門安裝才能使用，這就需要賣家與廠家售後服務部門協調好，做好買家服務體驗，解決買家網上購物的後顧之憂。

從2010年11月天貓家電著手解決網上銷售大家電商品的物流配送問題，推出了大家電物流寶服務後，截止到2013年初，物流寶大家電體系可覆蓋全國超過18個省份，涵蓋了中國電子商務發展最活躍的幾大經濟圈。在配送深度方面，基本可做到縣級以上區域全國覆蓋；服務方面做到

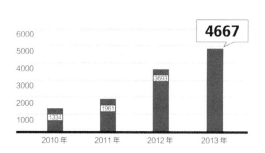

圖 6-16 2010 年 ~ 2013 年中國網路購物
小家電零售額增長趨勢（百萬元）

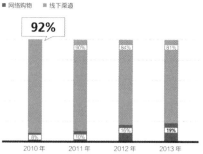

圖 6-17 2010 年 ~ 2013 年全國市場
小家電零售額管道占比（％）

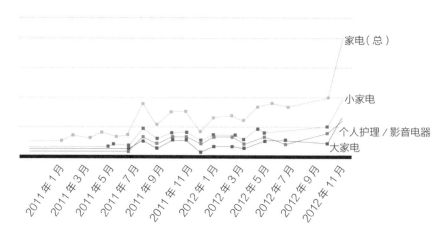

圖 6-18 2010 年 ~ 2012 年天貓家電成交趨勢

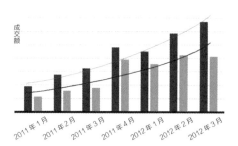

圖 6-19 生活、廚房電器增長趨勢
（2011 年第一季度 ~ 2012 年第三季度）

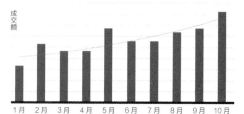

圖 6-20 豆漿機的增長趨勢
（2012.1 ~ 2012.10）

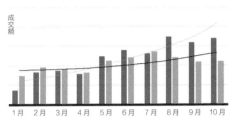

圖 6-21 淨水器、空氣淨化器的增長趨勢
（2012.1 ～ 2012.10）

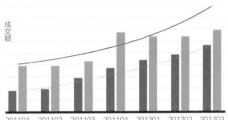

圖 6-22 影音電器增長趨勢
（2011 年第一季度～ 2012 年第三季度）

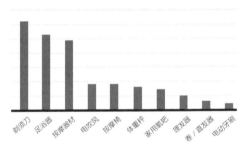

圖 6-23 個人護理細分市場成交情況
（2012.1 ～ 2012.11）

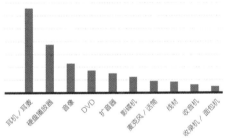

圖 6-24 影音電器細分市場成交情況
（2012.1 ～ 2012.11）

数据取自 2012 年 9 月天猫家电行业商家调研

选项	百分比	
该行业运营经验	73.08%	
团队和资质	69.23%	
收费模式	57.69%	
毛利率	42.31%	
生意规模	34.62%	
所在地区	19.23%	

圖 6-25 有意向考慮外包的家電商
家對服務商的要求

数据取自 2012 年 9 月天猫家电行业商家调研

如果不考虑整体外包的话，您会考虑以下哪几种单项外包?	百分比	
营销策划	84.62%	
店铺装修	61.54%	
摄影外包	46.15%	
人员培训	42.31%	
分销托管	23.08%	
客服外包	11.54%	

圖 6-26 家電商家對單項外包的需求

圖 6-27 天貓家電行業服務商數量占比

	普通運營服務商	傳統家電行業轉型運營商	
背景	由淘寶大賣家、傳統廣告公司、互聯網公司以及其他商業公司轉型，且在天貓服務平台注冊的運營服務商。	原來線下傳統意義上的家電經銷商、代理商。	在家電企業從事過銷售、市場推廣、品牌管理等職務的群體。
優勢	已運營多個品類、品牌，對電商平台運營經驗豐富，尤其整合營銷、流量變現的能力比普通商家高出 2 倍。	對產品品類選擇、質量把關很有經驗，是較早試水電商平台的群體，積累了一定的電商運營經驗，且數據庫內消費者數量龐大。	對家電市場大環境、家電企業工作方式、渠道管理熟悉，且有廣泛的圈內人脈資源，熟知生產流程、品類、品牌商的需求，擅長品牌推廣、市場營銷，公司內部核心員工多為家電業內人士。
劣勢	對家電行業的專業度相對薄弱，在倉儲配送、融資方面資源比較缺乏。	發展中容易遇到各種瓶頸，如整合營銷、流量引入、人員培訓等方面力有不逮。	對電商平台的運營，如轉化率、流量引入等了解甚少。
機會點	引入家電行業專業人士、或者和家電傳統行業轉型的公司合作得到改善；通過天貓電器城的物流寶合作避免短板，從而取得更大的收益。	通過有特長的專業服務商進行合作來補缺，反而會比較受品牌商青睞。	引入電商的專業人才，強強聯手，能取得較為長遠且良性的發展。

表 6-1 不同背景服務商優劣勢對比

排行	品牌
1	Midea/ 美的
2	Philips/ 飛利浦
3	Joyoung/ 九陽
4	Haier/ 海爾
5	TCL
6	Povos/ 奔騰
7	Supor/ 蘇泊爾
8	Skyworth/ 創維
9	Sharp/ 夏普
10	Sincere-Home/ 貝爾萊德

表 6-2 2012 年天貓銷售品牌排名 Top10

排行	店鋪
1	海爾官方旗艦店
2	TCL 官方旗艦店
3	方太官方旗艦店
4	海信電視官方旗艦店
5	創維彩電旗艦店

表 6-3 2012 年大家電成交排名 Top5

送貨入門。因此，帶動了空調萬人團、彩電萬人團、空調節、冰爽節（冰箱）、廚電節等大家電行銷活動。

小家電：廚房生活高速增長

隨著人們生活水準提升，人們對生活品質要求也逐步提升，這促使生活、廚房電器成交額快速增長。其中，廚房生活小家電在行業品牌、運營上基於消費者的思考和執行，在持續保障產品及服務確定性、行銷方式多樣性的狀態下，增長速度呈放大趨勢。

同時行業領導性品牌在天貓的全方位戰略佈局，包括基於消費者需求的產品研發訂製、基於網路用戶的行銷手段創新、基於提升用戶體驗的全國售後保障體系、在線線下有效互動機制的建立等等，保障豆漿機等傳統小家電成熟品類進一步朝著推進行業深度發展方向邁進。

此外，多種新型品類在天貓經營的成功，也讓更多樣、新奇、品質高的品類找到發展的方向，如空氣淨化器、淨水器、西式烘焙等。相信以打造優質健康生活為賣點的新品類，會成為小家電發展的重點方向之一。

廚房生活小家電自 2011 年以來的增長速度一直呈放大趨勢。傳統小家電的領先品類豆漿機，依然保持著穩健的增長步伐。

以淨水器為首的新品類交替發力，增長速度超過家電平均增速，將會是未來小家電發展的重點方向之一。

個人護理、影音電器：市場分層明顯

在當前市場經濟和收入水準逐步提升的同時，家庭消費開始轉入到個性消費階段，家電市場家庭化消費也導入到個人家電消費階段，即第三次家電消費革命。個人家電消費主要為改善個人生活品質的商品，它具有個性、專有、品質等特徵，目前個人護理和影音電器類目都屬於個人家電消費領域。在品類上，主要有剃鬚刀、按摩器材、耳機、音響等商品。

目前，個人消費家電在國內市場尚處於發展階段，每年以200～300%的速度快速增長，增速大大高於中國家電市場平均增長速度。據有關數據顯示，預期到2015年末，中國個人護理類目市場規模將達到億元人民幣以上。

在歐美發達國家，已經完成了第三次家電消費革命的佈局，個人消費家電在整個小家電市場的占比與家庭類小家電不相上下。個人消費家電行業由於注重生活品質與優雅生活態度，因此自從出生起便定下了品質時尚類目的格調，具有極高的市場關注度。近幾年行業的迅速崛起、巨大的發展潛力使得國際國內各大品牌紛紛進駐，聚集了眾多世界知名品牌，如SONY、飛利浦、博朗等百家品牌爭奇鬥豔。

該行業具有兩個特徵。第一，行業尚屬發展期，市場集中度相對不高，但處於明顯的市場淨化階段，市場開始趨於分化。第二，市場分層十分明顯，非高即低，絕對沒有中間市場及品牌的產生。外資品牌占據了品牌與技術優勢，牢牢占據高端市場；國內品牌缺乏市場基礎，只能在低端市場各據一方，分水嶺顯著。以音響為例，前十大暢銷品牌中僅有一家國產品牌，國內品牌基本上以低價方式競爭。

家電在線，保姆助陣

從社會化分工來看，中國的製造企業並不具備零售能力，這為電商服務行業提供了生存空間。2012年的天貓年會，逍遙子分享了一個數據，凡是由服務商來運營的官方旗艦店，轉化率是品牌自己運營的兩倍。這足以說明，在線家電行業能快速提升，運營服務商在其中扮演了重要角色。它們承載著將商品價值、服務價值有效傳遞給消費者的職能，其作為具體經

營平臺的主體，有效地打通了整個消費鏈。

除此之外，還有眾多社會化的倉儲商、物流商、配送商、售後服務商的強力支撐，它們為消費者在天貓購物提供了保障。其次，天貓家電平臺為商家打通了倉儲、物流、資金、售後等重要環節，保證了家電行業的飛速、良性成長。據統計，截止到 2012 年 11 月底，天貓在冊運營服務商共 520 家，其中有 60 家服務商從事家電行業，占所有天貓運營服務商的 12%。

服務類目：與熱門品類相同

在家電類目中，生活、廚房電器是網購的熱門品類。個人護理、按摩椅、美容儀、足浴盆等個人休閒保健類產品的銷售比例也不容小覷。從統計數據來看，天貓家電行業運營服務商所服務店鋪的主營類目跟消費者網購的熱門品類相對應。

基因：多管道轉型

天貓家電行業運營服務商主要由兩部分組成：普通運營服務商和傳統家電行業轉型而來的服務商。據統計，從傳統家電行業轉型從事家電運營服務的服務商占 20%，而普通運營服務商從事家電運營服務的占 65%。無論哪種行業背景的服務商，都有其短板和長處，利用好了才能走得更遠。

雇傭：家電特色三模式

隨著電子商務發展日益成熟，家電品牌商和運營服務商之間催生出了新的適合網路零售的合作模式。

模式一：經銷。直接拿貨，開店所有的費用都由運營服務商公司承擔。店鋪主體為運營服務商公司。

模式二：代銷＋經銷。經銷模式等同於正常的傳統管道進貨模式，即廠家給供價，運營服務商打款提貨，然後在店鋪裡銷售；代銷形式則是廠家給最低供價和最低零售價，運營服務商不進貨，在店鋪裡形成銷售後，再在分

銷平臺直接按廠家給的供價與廠家結算，運營服務商賺取最低供價和最低零售價之間的差價。店鋪經營權歸屬運營商，貨歸屬運營商和廠家。

模式三：代運營。廠家負責推廣費、發貨和售後處理，所有天貓上的設計、運營、客服等都由運營服務商來負責。店鋪主體和經營權歸屬廠家。對接銷售上的結算屬廠家，對接運營服務商的服務傭金一般以服務費用形式結算。

TIPS　天貓電器城商家運營外包需求調研

· 近20%的商家考慮運營外包，其中46%的商家有意向考慮代運營的模式。其中，對服務商的要求中，商家最看中行業經驗，其次是服務商的團隊和資質要求。

· 電器城賣家，更多考慮通過分包的方式，補充完善自己店鋪的整體運營能力，提高效率，提升業績。其中，行銷策畫和店鋪裝修外包是商家主要考慮方向。

（文｜雨狼 獅王 秦豪）

第七章
食品的黃金時代

新農業上位——淘寶農產品市場運營分析

2013 年 6 月的電商圈，除了各平臺價格戰，最吸引眼球的莫過於生鮮大戰，全網市場對生鮮品類表現出的期望和消費能力非常值得關注。隨著眼下新農業成為市場關注的焦點，關於健康飲食、有機食品的概念再度被熱炒。這也促使了大淘寶管道的有機食品和生鮮品類呈現出明顯上升勢頭，無論從產品數量、店鋪數量、銷售額還是購買人群的特點上看，淘寶農產品在接下來的兩年內，將迎來持續高速增長的黃金時代。

生鮮是個非主流

根據 2013 年上半年的統計，淘寶所有品類的總銷量達到 304 億件左右，銷售額約 4756 億元。其中食品類銷量共 10.3 億件左右，占全淘寶成交量的

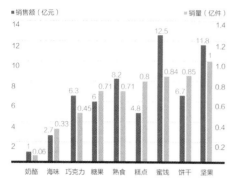

圖 7-1 消費者最喜愛食品銷售量 /
銷售額分佈（2012.12 ～ 2013.5）

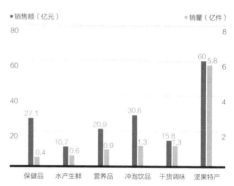

圖 7-2 食品百貨銷售量 / 銷售額分佈
（2012.12 ～ 2013.5）

子行業	成交金額占比	成交環比增幅
海鮮水產制品	39.3%	35.39%+
水果制品	24.13%	80.8%+
新鮮水果	20.74%	79.03%+
海參	15.72%	52.59%+
生肉 / 肉制品	10.93%	359.15%+
蛋 / 蛋制品	8.20%	18%-
鮮活蛋類	7.38%	54.23%+
魚類	7.31%	157.73%+
新鮮蛋糕	7.29%	34.57%+
其他	6.77%	44.84%-

表 7-1 水產 / 肉類 / 新鮮蔬果 / 熟食
各子類目情況（2012.12 ～ 2013.5）

子類目	成交金額占比	成交環比增幅
南北干貨 / 肉類干貨	22.73%	19.48%+
調味品 / 果醬 / 沙拉	18.57%	38.65%+
方便速食	17.50%	112.37%+
干貨 / 土特產	16.30%	33.11%+
烘焙原料 / 輔料 / 食品添加劑	12.97	46.18%+
米 / 面粉 / 雜糧	11.54%	44.49%+
其他食品	8.84%	18.95%+
食用油 / 調味油	7.85%	75.35%+
熏腸 / 香腸 / 火腿制品	6.43%	158.61%+
調味料	6.03%	25.80%+

表 7-2 糧油 / 米麵 / 南北乾貨 /
調味品類目子類目增長情況

省份	成交金額占比	成交金額（元）
上海	16.12%	295661
浙江	12.74%	279232
江蘇	11.66%	251855
廣東	10.19%	217765
北京	8.26%	181198
山東	6.19%	79683
福建	3.73%	65489
遼寧	2.83%	44857
四川	2.81%	55968
湖南	2.69%	54076

表 7-3 水產 / 肉類 / 新鮮蔬果 / 熟食
買家省份排名（2012.12 ～ 2013.5）

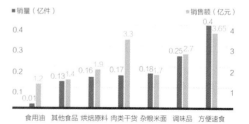

圖 7-3 糧油 / 米麵 / 乾貨 /
調味品類目銷量 / 銷售額分佈

3%左右；食品類銷售額約為 165 億元，約占總銷售額的 3.4%。

在全部食品類目中，零食堅果特產以 5.8 億件的銷量占食品總銷量的 56%，以銷售額 60 億元占食品總銷售額的 36.3%。其中，購買量最多的屬堅果炒貨、棗類蜜餞和餅乾膨化食品，三者銷量分別為 1 億件、0.85 億件和 0.84 億件。由此產生銷售額的前三甲是棗類蜜餞、堅果炒貨和肉乾熟食，分別為 12.5 億元、11.8 億元、8.2 億元。

水產 / 生鮮 / 熟食類目下，熟食類商品發展相對遲緩，這是因為該類目對物流有很高要求。排名前列的均是再加工商品，相對來說在產品運輸上有操作空間。好消息是該類目在市場需求上已經超過了保健品，說明其令人期待的發展趨勢。

生鮮食品欲上位

隨著用戶消費意識的提高，消費者正在不斷產生更高更多的需求，而未經加工的純天然食品將獲得更多消費者的青睞。市場表現出的現象是，水產 / 肉類 / 新鮮蔬果 / 熟食類目迎來了各項數據（如銷售額、轉化率、成交人數和筆數、類目流量、收藏量等）的暴增。

在子類目中，生肉、魚類分別以 359% 和 157% 的增長速度位居第一和第二，新鮮水果以近 80% 的速度排名第三，大大超過市場和食品類目的平均增長速度，更是遠遠超過了該類目下再加工或者半加工類食品，這說明了消費者趨向的改變。

隨著生鮮品類銷售前景被看好，類目競爭也在加劇。生鮮類店鋪以 6% ～ 10% 的月增長率遞增，截至 2013 年 5 月 31 日，此類店鋪總數已達 16400 餘家，店鋪數和日均成交店鋪數環比增幅均超過 75%，大量新生店鋪的湧入也導致了單店日均成交額的小幅下降，為 711 元，環比下降 5.58%。流量表現上，日均 99 萬的 UV 較 2012 年提升了近 70%，但平均每店鋪僅有 66 個 UV，較其他類目偏低，說明流量提升仍為生鮮店鋪的主

要任務之一。

從 2012 年 12 月 1 日到 2013 年 5 月 31 日這半年裡，類目客單價為 154 元，環比下降 6.99%。這段時間涵蓋了蔬果銷售的兩個旺季：12 月～ 1 月（年貨水果）和 4 月～ 6 月（時令水果）。由於新鮮蔬果相對水產和肉食單價偏低，同時其總體銷售額在類目占比上遠超生肉和生魚類高客單價商品，因而可能導致客單價有所下降。

生鮮類目的平均轉化率約為 11%，較其他類目偏高，說明用戶購買的意向比較明顯，用戶流失主要表現在對產品的滿意度和服務滿意度的不足上，這在生鮮店鋪的平均 DSR 評分上可見一斑。產品描述不符、客服回應較慢、產品解釋不清、發貨速度過慢是用戶反映的主要問題，建議賣家在提升流量的同時，完善產品及客服培訓，開展有效的二次行銷和個性化服務。

從買家地域分佈來看，目前中國冷鏈物流最為發達的地區是江浙滬及北京、廣東，而這些地區就大約占據了全類目銷售額的 60%。這裡建議生鮮類目商家不要先考慮規模擴展，而是從地域性出發，先做好本地性市場擴展，做好縱深服務。由於生鮮類目存在物流損耗的硬傷，同時線下的購買管道已經很豐富，因此相比線下生鮮商家的非自然成熟的原因，在線的差異化策略應當是主打環保有機、天然成熟的概念。贏得區域市場縱深的同時做到快速周轉貨品，便有機會在競爭激烈的生鮮品類站穩腳跟。考慮到線下蔬果類商品消費的巨大市場，消費人群上覆蓋全年齡層，生鮮市場將隨著物流條件的改善以及消費者習慣的逐漸養成而在未來逐漸展現巨大的潛力。

主食增長較遲鈍

在日常消費農產品中，米麵類被認為不適合電商銷售，因此發展較為遲鈍。糧油／米麵／南北乾貨／調味品類目中，購買方便的速食類用戶以

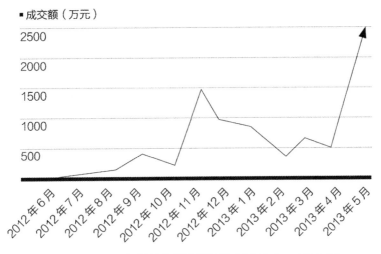

圖 7-4 生態農業頻道銷售額增長情況（2012.6 ～ 2013.5）

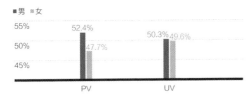

圖 7-5 生態農業頻道用戶性別分佈

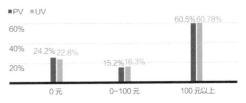

圖 7-6 消費者月生態農業頻道支付寶支出

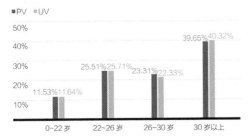

圖 7-7 生態農業頻道用戶年齡分佈

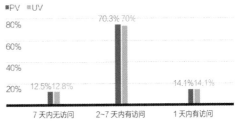

圖 7-8 生態農業頻道消費者重複訪問占比

0.4 億件的購買量占據總量的 31%，雜糧米麵僅列第六。

從消費行為上看，由於雜糧米麵的日常需求較大，而線下超市供應比較充足，購買十分方便，對消費者而言價格也較為適中，線下購買的綜合體驗度超過在線購買，因為超重導致郵費成本較高，在線線下價差不明顯。雜糧米麵類的賣家行銷上應避重就輕，在這些大眾商品在線下購買並不難的情況下，走健康有機路線，做那些線下管道難以做到的較細分的市場，利用電商扁平化做文章，價格優勢不是該類目賣家應該走的方向。

生態品牌已成型

在農產品中，主打有機概念的食物已經成為明顯的藍海。生態農業頻道受到了眾多淘內消費水準很高且對食物有高要求的消費者的鍾愛，這就能說明消費者對健康飲食的迫切需求。生態頻道的 PV 和 UV 登錄用戶占比分別達到 82.09% 和 81.14%，說明消費者購買生鮮意願十分強烈，大都攜有確定的購買意願進行流覽。頻道建立一周年以來，銷售額呈現指數級增長，說明生態農業頻道對消費者的有機品牌效應非常強勢，適合有實力的農產品賣家入駐。

別忘了顧家男人

在用戶的性別分佈上，該頻道的男女用戶基本持平，甚至男性略高於女性消費者，這一點相比類目用戶有非常大的不同。前臺的兩個類目之中，女性消費者占比均超過了 66%。值得賣家們關注的是，男性消費者對有機生態食品的需求十分強烈。在年齡分佈上，生態農業頻道中 26 歲以上的消費者占比超過 60%，30 歲以上消費者占比約 40%，這一類人群有兩種：一是大學畢業參加工作兩三年的小白領，愛好網購，很注重保養和

健康生活；二是為人父母的家庭用戶，主要採購一些優質有機食材，這類用戶對生活質量有著較高的要求，收入情況也相對比較好。

由於有機食品價格相對同類商品價格要高出許多，屬於高收入人群的消費領域。從數據來看，消費者在生態農業頻道月支出超過百元的消費者超過了60%，說明用戶群比較成熟。賣家在重視男性顧客的同時，日常銷售中還可以考慮兩點：一是適合商家進行B2B銷售，比如對公司領導層統一售賣；二是「啤酒＋尿布」的行銷方式非常適用。

此外，建議賣家的行銷方向以家庭為單位，同時重視消費人群的覆蓋度。在用戶消費意願非常強的情況下，生態農業頻道消費者一周內重複訪問的比例超過了85%，體現了農產品超高的重複購買率。因此商家必須強烈重視高收入人群的客戶體驗，這類消費者很大程度上對價格並不敏感，更在乎的是食品安全和消費體驗。賣家一旦得到了消費者的訂單，應當花費很大的精力去做客戶關係管理，這一點非常值得賣家投入。

商家潛力需激發

從2012年9月到2013年7月，在生態農業頻道銷售額排名Top20店鋪中，乾貨類占比並不多，大多數商家主營品類為生鮮，但銷售最好的商品通常卻不是生鮮商品。從生態農業頻道各品類的銷售額來看，銷售額Top10的順序分別為：紅棗、山茶油、水果（蜜柚、櫻桃、楊梅）、大米、山核桃、牛奶、松子、茶葉、玉米、雜糧。從排名上來看，生鮮品類中水果的銷售情況最好，但也僅列第三名。事實上，水果市場表現非常強勢，2013年5月7日～5月9日3天，高州荔枝聚划算單坑賣出80萬元，煙臺櫻桃賣出109萬元。此外，2013年5月15日，生鮮類的豬肉在聚划算一共賣出16000斤，產出銷售額約50萬元。2013年5月17日，生薑賣出了10萬斤。從上述數據綜合來看，首先說明頻道銷量入口還需要豐富，

其次說明生態農業頻道賣家們的原產地直達的概念還需要繼續深化，提升二次銷售的意識，提高用戶黏度，通過加強自身的引流能力和服務能力來強化核心競爭力，鞏固消費者在線購買習慣，做大市場，最終養成優秀的農產品網購環境。

（文｜顏廷明　無寒　靈珂　趙軍）

新鮮蔬果網上俏

淘寶上還有什麼是新商機？不瞞你說，新鮮蔬果就是未來最值得挖掘的一個類目，尤其是高品質的本地新鮮蔬果，只要消費者網路玩得好，在電腦前點點滑鼠，新疆的哈密瓜和海南的香蕉，還有陽澄湖的大閘蟹都可以同時出現在自家餐桌上。

截至 2012 年 6 月底，在淘寶上出售農業產品的網店（含縣）總數為 131 萬家，其中每個月的平均增幅超過 40%，其中二月份的增幅達到 96% 以上。而在這些店鋪中，有三分之一的商家看準的是新鮮蔬果的商機，他們的店鋪出售的是全國南北新鮮的蔬菜、應季水果，以及熱門的生鮮水產等。

越應季越熱銷

按淘寶網生鮮類目的成交占比排序來看，南北乾貨／水產／肉類乾貨、調味品／果醬／沙拉、鮮活魚肉蛋、米／麵粉占比較重。除此以外，最值得矚目的就是新鮮蔬菜和水果，占據了整個子類目成交的 65%，剛過去的夏季時令水果銷售也讓眾多電商賣家嘗到了甜頭。淘寶網數據顯示，整個夏季以黃桃為例，銷售額最多的商家一個月就賣出了 7.5 噸，這在平時的超市和商城，簡直是不可估計的數量。

在網上淘新疆的阿克蘇蘋果、海南的芒果、廣東的荔枝、四川的獼猴桃、浙江的楊梅等新鮮水果成了吃貨們最熱衷的事情。數據顯示，在一個月的時間內，鄭州有 621 人在網上淘水果，成交 931 筆，成交金額占到淘寶成交總金額的 0.42%。尤其在截至 2012 年八月份的數據中，搜索西瓜、楊梅、荔枝等新鮮水果的用戶量大都增長了 200% 以上。以楊梅為例，2012

类目	2012年支付宝成交金额（元）	2011年支付宝成交金额（元）	增幅（%）
新鲜蔬菜/蔬菜/水果	59,046, 253	31,611,222	86.8% ⬆

类目	2012年日均IPV_UV	2011年日均IPV_UV	增长率
新鲜蔬菜/蔬菜/水果	69,043	45,529	51.68% ⬆

类目	2012客单价日均（元）	2011客单价日均（元）	增长率（%）
新鲜蔬菜/蔬菜/水果	117.3	88.1	33.1% ⬆

表 7-4 商品增長數量對比圖

城市	水果销售额占比(%)	蔬菜销售额占比(%)
辽宁	2%	30%
山东	27%	25%
江苏	18%	5%
北京	2%	5%
甘肃	4%	4%
四川	1%	4%
浙江	21%	4%
贵州	2%	3%
其他	23%	17%

表 7-5 蔬果產地銷售額占比

卖家	购买转化率	好评率	店铺管理分	服务水平分	规则遵守分	商品运营分
maojunning	18.96%	99.45%	59.24245	90.734543	100	29.01069
mm197905	17.59%	99.56%	65.17071	91.418516	100	39.18697
天天包您满意	15.55%	99.52%	66.41917	90.97989	100	39.44723
shhigher	15.36%	99.96%	56.85838	94.547231	100	64.15187
falanduo	14.66%	99.90%	69.05153	91.133034	100	46.18027
东北特产山货庄	14.10%	99.44%	64.01923	90.708612	90.47787	34.58194
zangzangtou	13.94%	99.16%	53.83402	93.941032	100	45.74606
渤海湾海鲜坊	13.37%	99.51%	66.40353	93.6803	100	63.73294
阳哥588	12.60%	98.18%	69.62002	90.140798	88.14189	27.05486
中国素食文化传播网	12.21%	99.81%	54.51796	91.025445	100	32.06754

表 7-6 淘寶網新鮮蔬果賣家轉化率Top10

圖 7-9 生鮮二級類目占比圖

圖 7-10 買家重複購買率

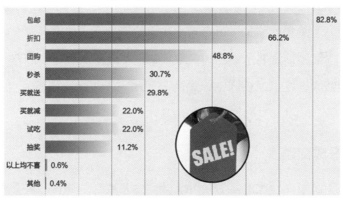

圖 7-11 買家最喜歡的折扣方式

圖 7-12 買家購買決策因素　　　圖 7-13 蔬菜水果買家退貨原因

年五月份每天搜索這類商品的平均用戶量不超過 5000 人，進入 2012 年六月後，該商品的日均用戶搜索量迅速增至 1.5 萬人以上。這表明越來越多的消費者已經接受在網上購買新鮮蔬果，越是應季的水果，越能受到消費者的青睞。

淘寶數據平臺顯示，紫薯、魚腥草、甜菜根、香椿等等成為蔬菜熱搜的關鍵詞。令人意外的是，各類蔬菜的周銷售額排行顯示，消費者除了最喜歡購買蘿蔔、芹菜這些常規的蔬菜之外，野菜的搜索量高居網購蔬菜的第三位。

而通過地域的數據分析來看，山東省的蔬菜成交在市場份額中穩居第一。目前，遼寧和山東作為蔬菜的兩大輸出省，總共占到整個蔬菜市場份額的 55%。和水果買賣雙方大多異地不同的是，蔬菜買家很大一部分來自同城或者同省，這是由蔬菜需要立刻下廚房所決定的。水果則是隨著季節的變化而產生銷量的波動，2012 年上半年的數據顯示，排名第一的是山東和浙江。從網銷情況看，浙江、廣東、福建、江蘇四省電子商務相對實體經濟比重較大，在第二梯隊中，湖南、江西、河北比重稍高。

評價越好成交越多

根據對蔬果類買家的調查，可以發現大多數的生鮮食品買家複購率高於其他品類，每周購買 2 ～ 3 次的消費者占據了 35.3%，每周購 1 ～ 3 次的消費者也占據了 35.3% 左右。在消費者最愛的促銷方式中，排名前 3 的促銷方式分別是：包郵、折扣和團購，分別占據了 82.8%、66.2% 和 48.8%。這和淘寶網主體消費人群的喜好一致。

相比目前市場上的水果價格，價格便宜是越來越多網友選擇網購水果的重要原因。比如目前市場價為 3 元一斤的榕江西瓜，在網上直接購買僅

需 2 元左右；而在一些超市出售的 20 元左右一斤的海南雞蛋芒果，從網上海南賣家處直接購買僅需十多元，即便加了運費，價格也要比在實體市場購買要便宜許多。而且據瞭解，不少水果賣家推出了「無條件賠償」服務，如果買家收到貨時發現有商品壞掉，只要能夠出具圖片證明，就可以跟賣家協商「無條件賠償」。這些都使得消費者在網上購買新鮮水果更加順利。

除了價格因素和對折扣的喜愛以外，淘寶網通過對消費者購買決策的調查可以明顯看出，消費者最關注的四個排名分別是：其他購物者的評價（74.4%）、賣家的信用等級（70.7%）、價格因素（61.2%）以及產品的銷量（56.9%）。這說明新鮮的蔬果賣家如果可以引導購買過的消費者發表有利於產品的相關評價，就可以獲得更多的客戶。

物流成為運營重點

目前，由於蔬菜瓜果類運輸不便，在傳統電子商務意義上來說屬於不容易做成的產品種類，庫存以及保鮮、物流覆蓋、消費群體與用戶教育都會難於別的行業。如果能夠註明食品的生產日期及保質期，就能給顧客提供更安全有保障的食品。而且注意食品在郵遞時的保鮮，也可以獲得消費者的青睞。

從目前消費者的退貨原因來看，品質問題、和外觀描述不符其實是指商品變質。這其中物流原因和包裝破損、缺斤少兩占比還是較大，占比38%；商品由於派送時間導致商品變質原因占比也很大，主要出現在蔬果類產品中。這些亟待解決的問題一旦突破，店鋪的銷量將會得到爆發式的增長。

淘寶網上的蔬果類商家由於大多數和農村相關，他們面臨很大的問題是缺乏寬頻等基礎設施、物流配送落後、學習機會少等。在調查中 23.5% 的蔬果類網商認為從事電子商務最大的問題是物流交通制約，其中寧夏、雲南、湖南、新疆、安徽、山西、甘肅、貴州、黑龍江、青海等 50% 的被調查網商都反映物流問題制約。

當物流問題無法解決時，也有部分賣家從自身找到解決方法，如在寶貝詳情頁面中添加了一些證明，將品質保證等食品資訊製成表格，給消費者看到實物圖片或「解剖」食物的圖。除此以外，有的賣家給消費者提供小包裝的試吃產品，收到貨後可以先試用小包裝的，不滿意可退產品等等，這些都是使消費者能接受的小竅門。

生鮮類目無論是從人數、金額還是客單價來看主要都集中在高端、相對來說在線購物經驗豐富的群體，如何提升新買家的關注和轉化將是賣家能運營成功的關鍵因素。從十個排名靠前的新鮮蔬果賣家來看，商品運營和服務水準成為他們的核心競爭力。

（文｜施昌彥）

舌尖上的購買力

繼《舌尖上的中國》大熱之後，淘寶網順勢推出了「舌尖上的淘寶」活動。活動在線 24 小時內吸引了超過 31 萬人關注，流覽量高達 1000 萬次，成交量達到 7 萬多件。在此活動的帶動下，食品相關類目各項數據均呈上揚趨勢。吃貨們展現了強大的消費能力，食品賣家們，你還能淡定下去嗎？

舌尖上的效應

針對「舌尖上的淘寶」活動在線第一天的數據，主要統計了「零食 / 堅果 / 特產」和「糧油 / 水產 / 蔬果 / 速食」兩大類目中的相關美食的交易數據。其中，在線賣家有 14.5 萬人，但總體的支付寶成交人數卻只有 11.3 萬人，這意味著期間平均每個店鋪每天的顧客不到 1 位。

由於食品行業線下商家很多，而且食品種類複雜，因此開店的門檻和成本相對就比較低。值得注意的是，雖然 24 日在線賣家減少了 0.11％，但支付寶成交額卻增加了 2.39％，而且活動的轉化率極高，說明了在熱點效應刺激下，吃貨們的錢包完全敞開。

《舌尖上的中國》促進了淘寶食品行業的發展，曾經冷門的毛豆腐、松茸、諾鄧火腿等美食的搜索量暴漲數十倍，雲南諾鄧火腿 5 天內成交量增長了 17 倍，但這同時也說明了商家的賣點和宣傳形式比較單一。由於食品行業對地域的依賴程度非常高，除了地域性就只剩下食品本身的賣點，這就很容易造成價格戰，這正是為什麼食品行業的買家忠誠度很低的原因。

客单价区间	人数	人数占比
16以下	361067	8.26%
16~27元	370334	8.47%
27~49元	996451	22.79%
49~108元	1565749	35.81%
108~260元	852136	19.49%
260元以上	27070	5.19%

表 7-7 客單價分佈區間

排名	食品热销榜	卖家所在地	食品飙升榜	卖家所在地
1	薄壳核桃	浙江	台湾风味酥 ↑	上海
2	奶香榛子	浙江	猪肉脯 ↑	上海
3	咖喱牛肉粒	浙江	猪肉脯 ↑	浙江
4	新疆无花果	新疆	猪肉脯 ↑	浙江
5	手工牛轧糖	四川	铁板鸡蛋煎饼 ↑	湖南
6	盐焗腰果	浙江	麻辣牛肉粒 ↑	四川
7	薄壳巴旦木	浙江	鸭脖子 ↑	湖北
8	和田大枣	新疆	薄壳核桃 ↑	新疆
9	纸皮核桃	浙江	台湾千层酥饼干 ↑	上海
10	和田大枣	新疆	话梅糖 ↑	上海

表 7-8 淘寶網食品類熱銷寶貝
排行榜（2012.5.24-2012.5.30）

排名	热搜产品	搜索次数	搜索人数
1	溢佳香 牛肉干	389556	204529
2	谢池 猪肉脯	173917	91533
3	五马街 鱿鱼丝	75173	32649
4	鲜八里 泡椒凤爪	74387	34020
5	有友 泡椒凤爪	54046	21213
6	天喔 话梅	49144	21262
7	索玛哥 曲奇饼干	35459	15708
8	舜吉 鸭脖子	33087	14787
9	华味亨 乌梅	23727	12389
10	老奶奶 花生米	22568	10290

表 7-9 淘寶網食品類熱搜產品
數據（2012.5.24-2012.5.30）

圖 7-14 「舌尖上活動的淘寶」上線第 1 天數據（2012.5.24）

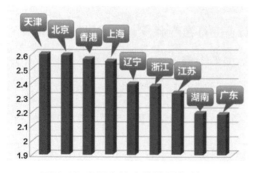

圖 7-15 全國各地人均購買指數

圖 7-16 賣家地域分佈數據

賣家們要找準吃貨

從人均購買指數來看，天津吃貨拔得頭籌令人意外。在人均購買筆數上，京津遼三地的吃貨占據了前五名中的三席，甚至超過了江浙滬，可見北方吃貨的消費能力十分強大。

從零食／堅果／特產類 2012 年 5 月的成交數據來看，吃貨們大量集中在經濟發達地區。從年齡和消費水準來看，大城市白領占比較重。由於大城市外來人員較多，用《舌尖上的中國》的話來說，他們想念家鄉的味道，因此也帶來了這方面的需求。

從賣家數據中可以看出，淘寶食品賣家的分佈還局限於網路比較發達的幾個大的城市和省份。值得注意的是，新疆在食品行業排名靠前，這是因為新疆是瓜果之鄉，與瓜果相關的食品種類繁多，而且瓜果的地域性很強，因此造就了新疆在淘寶美食市場上的地位。

綜合看來，賣家和吃貨在地域上是大致接近的。除了新疆因貨源優勢比較特別，中南部省份吃貨很多卻較缺乏賣家，這些地區相較而言算是藍海，值得所在地區的賣家們關注。

客單價數據顯示，客單價區間 49 ～ 108 元占比 35.81%，在 180 元～260 元區間占比接近 20%的份額。數據顯示大多數吃貨人均購買件數都超過了兩件，這正是食品寶貝單價不算高，客單價卻不低的原因。另一方面，客單價分佈情況也說明了吃貨最關心的是食品本身的美味程度，對價格十分寬容，因此食品行業的利潤空間十分值得期待。

吃貨們愛找哪些美食

在 2012 年 5 月 24 日～ 5 月 30 日期間熱銷和飆升的 Top10 美食中，豬

肉脯和和田大棗分別有三家和兩家店鋪入圍，說明了買家鍾愛的食品種類並不多，也說明熱賣食品的種類比較單一。肉製品、炒貨及堅果占據主流說明美食受制於保質期和運輸條件，買家們的選擇範圍較小。

另外，浙滬賣家以經營澱粉製品（進口食品）和便於運輸的食品為主，這些食品原料較內陸賣家易得，地方加工業發達是其優勢。而四川、湖北、湖南、新疆擁有著貨源的先天優勢，入榜商品均是當地特產，進一步說明了地域因素在美食產業結構上的影響力。

美食熱搜數據顯示，很多吃貨在搜索時樂意加入品牌名，這說明消費者對食品品牌的選擇並非盲目的，打造美食品牌非常有價值。

食品行業競爭很激烈，所以經營美食店鋪難度並不低，但由於利潤上有增長空間，很多店鋪的生存機會也很多。對於食品賣家來說，拓寬產品種類十分重要，其次應當提高產品的知名度，提升溢價空間，讓店鋪更具有競爭力，這將是未來食品行業的主要發展趨勢。

（文｜毛璐）

第一部
淘寶大數據

第三篇
管理，
你繞不開的話題

第八章
內部管理，你的團隊你做主

一堂淘寶賣家的管理課

　　電商人才問題早就喊得嗓子都啞了，但走進一些電商尤其是淘寶賣家企業，你就會發現，管理才是大問題。甚至可以這麼說，對過億銷量的大賣家和淘品牌掌門人來講，當前最大的挑戰不是產品，不是資本，而是管理。

　　淘寶上很多賣家基本都是從草根創業起家的，大多數人沒有在正規化的公司供過職或者說待的時間不長，對於制度建設有先天的認知不足，但隨著業務的發展，員工人數不斷增加，管理制度上的挑戰與瓶頸也越來越明顯。從幾人到幾百人，再到上千人的公司，傳統企業家需要 5 ～ 10 年去適應的時間被賣家壓縮為 2 ～ 3 年，帶給他們的挑戰不僅僅只是瞬息萬變的在線行業與線下行業的差異化，還有新生代特立獨行的員工等。

　　互聯網很美，讓賣家用幾年時間創造線下十幾年才成就的輝煌；互聯網也很殘酷，它不會給你太多時間來休養生息，調整試錯。對於企業級賣家而

言，制度建設創新與實踐方面的變革已經迫在眉睫，只有在組織、產品、技術、行銷等諸多制度方面進行變革和創新，才能在未來的競爭中免遭淘汰。

「消失的中層」──告別官僚式分層管理

管理大師杜拉克在《管理》一書中指出：「資訊革命改變著人類社會，同時也改變著企業的組織和機制。」互聯網不會再造管理要素，但在組織架構與人才培養、績效考評、企業文化建設等因素方面，確實帶來了變革與創新。

在傳統企業的組織架構中，官僚式的分層管理模式最常被採納。在前者的基礎上，職能式、事業部式及矩陣式組織結構都是被沿用至今的經典組織結構。種種跡象表明，基於互聯網的創業公司，特別是淘寶的賣家們，在組織架構方面與傳統企業相比，由於互聯網和淘寶平臺提供了更為先進的管理工具和技術，因而在組織形式上形成了全新的模式和獨有的特徵。其具有典型意義的有三種：超級扁平化、超級節點化和阿米巴化。

扁平化管理，中層隱形

筆者曾經與諸多淘品牌掌門人探討過一個話題，就是從人的角度講，團隊中誰最重要？結果答案驚人的一致：老闆本人和基層做實事的人最重要。創業公司沒有太多的戰略可講，更多是靠執行力，老闆必須親力親為。當然，在這裡並不是說中層真的要消失，而是要換一種身份存在於團隊中。

最近很多基於淘寶的創業公司在管理方面或多或少都碰到了問題，其中最為普遍的是組織架構和流程的問題。很多淘寶賣家，創業初期都是老闆打天下，當員工增長至一定數量的時候，管理方面的問題就接踵而至，首當其衝的就是中層管理人員的作用問題。毫不諱言地講，很多團隊的中

層不僅沒成為公司快速發展的助力，反而成為了阻力。原因也許在於兩個方面：一是中國職業經理人制還處在初級階段，加上整個行業都普遍浮躁，很多中層難以沉下心來做事；二是這個行業發展太快，而中層本身的學習與成長沒能跟上公司業務的快速發展。

傳統企業組織架構像二戰時的蘇軍，兵種清晰、層級分明、基礎作戰單元以旅（團）為主。而創業公司組織架構像現代的美軍，由於資訊技術發達，基礎作戰單元超級扁平化，以特種部隊（人數介於排和連之間的編制）為主。縱觀美軍最近幾年的特種作戰行動，無論是抓薩達姆·海珊還是刺殺賓·拉登，都是由五角大樓直接指揮、由多兵種組成的特種部隊完成的。

傳統商業模式由於足夠成熟，老闆一個月做出真正重大的決策不會超過三次，但互聯網或淘寶的創業公司，由於行業發展變化快，現場管理和臨機決斷的事宜太多，所以必須縮短決策半徑，必須扁平化。也就是說，基於互聯網的創業公司老闆本人或者管理層必須要充當「五角大樓」的角色，而中層應該從一個純管理者變成特種部隊的隊長，是某個領域的資深專家，而不是只會看郵件、組織會議的傳統管理者，必須深入一線且具備很強的實戰能力，待在後方的指揮所遙控指揮。

目前，淘寶很多賣家在組織架構方面都採用了超級扁平化的結構。比如知名淘品牌御泥坊，近四百號員工，但組織架構就兩層：自 CEO 為首的核心管理團隊以下分為三十多個學院，但每個學院不是一個部門組織而是一個基礎的作戰單元，類似於一個特種部隊，平時獨立作戰，有重大任務時，根據需要，某幾個學院可以隨時重組為一個全新的大部門，任務結束後再解散回歸原編制。

節點化驅動，模糊部門界限

所謂超級節點化，就是指以流程為導向的工作團隊的建立，即以發起

流程的「節點」來驅動業務的進程，即人人都是核心，人人都不是核心，核心完全根據企業的需要隨業務環境的變化而變化。

如果說扁平化是讓中層「消失」，那麼節點化就是讓部門「消失」。當然，並不是說真的消失，而是內部工作流程基於現代管理技術和互聯網技術下的雙重應用與重構。

超級節點化將使企業部門間和組織內部的界限日益趨於模糊，大多數工作將通過「虛擬團隊」來完成。網路經濟下的企業組織將越來越多地在企業內部和外部使用跨職能的任務團隊，人們必須學會在沒有固定職務、沒有命令權威、既不是被控制也不是控制他人的情況下去進行管理，去完成任務，去實現目標。

某知名淘寶賣家，淘內交易 2012 年可達數億，員工數近二百號人，但他們公司除了財務和倉儲團隊以外，卻是一家只有崗位但沒有設置任何職能部門的公司，所有業務全部都是靠虛擬團隊來驅動的。根據業務流程輕重緩急的需要，組建若干個虛擬團隊或專案團隊，每個團隊的負責人相當於特種部隊的隊長，最多的時候有十多個項目同時進行。老闆本人在所有的項目中，但並不負責一線指揮，而是扮演三種角色：監督者、協調者和評估者。

> **TIPS**　監督者：老闆親自參與的專案執行力一定是高效的。
>
> 協調者：專案出現問題和矛盾時，老闆出面協調資源和拍板。
>
> 評估者：專案完成後，需要複盤推演，然後由老闆對該項目進行評估，並頒佈獎罰措施。

專案結束經老闆評估以後，還需要向全公司分享此次執行過程中的得與失，然後該虛擬團隊自動解散，所有參與者再自動進入到下一個節點。

而老闆在此過程中通過郵件組、旺旺群（QQ群）、微信群等全程掌控專案進程，該公司自從實施這套模式以來，已經有半年時間沒有開過線下會議了，溝通全部是利用碎片化的時間完成。

內部賽馬，全員參與經營

由日本的「經營之聖」稻盛和夫創立的「阿米巴式」的經營手法一直以來被國內的很多企業家奉為圭臬，但真正能把這一經營理念運用得風生水起並取得成功的可謂鳳毛麟角。

所謂阿米巴經營模式，就是將整個公司分割成許多個被稱為阿米巴的小型組織，每個小型組織都作為一個獨立的利潤中心，按照一個小企業、小商店的方式進行獨立經營。比如製造部門的每道工序都可以成為一個阿米巴，另外銷售部門也可以按照地區或者產品分割成若干個阿米巴。

阿米巴經營模式的核心在於全員參與經營，類似於內部賽馬。這是基於對員工的信任而把每個阿米巴的運營託付給員工，依靠全體智慧和努力完成企業經營目標，實現企業的飛速發展。

中國採用阿米巴經營模式而成功的企業並不多見，但在淘寶的眾多賣家中，運用這一模式而取得優異業績的卻不少，其中典型代表就是淘品牌女裝韓都衣舍。目前，韓都衣舍有上百個買手組，每個買手組其實就是一個典型的阿米巴組織，每個阿米巴由3～5人組成，獨立核算，獨立經營，既是生產部門，也是銷售部門，還是利潤中心。

消失的人才──以戰代練拒絕理論家

根據專業機構的調研數據可知，目前電子商務行業的人才缺口高達百萬以上。在所有的商業領域中，電子商務是一個實操性和即時性非常強的行業，知識更新換代快，靠學校基本上培養不出有效的人才，學校教授的

東西通常比現實需求落後至少一年半以上。

那麼，什麼是電子商務人才呢？一個電子商務人才至少要具備以下四種能力，即執行力、學習力、創新力和跨界力。其中，執行力與學習力是基礎能力，創新力與跨界力是提升能力。

執行力。執行力是指領會上級的戰略意圖，將行動變成結果的操作能力。電子商務行業發展迅速，在這個領域能夠獲得成功的更多是靠實戰和實踐的實幹家，而非紙上談兵的理論家。

學習力。學習力要滿足學習動力、學習毅力和學習能力三要素。基於互聯網的創業公司屬於知識型、學習型組織，所以學習力也是核心競爭力。而淘寶的賣家們，只有從上到下掌握了最新最前沿的互聯網知識、行銷知識以及淘寶知識，才能在數百萬的賣家中立於不敗之地。

創新力。行銷大師科特勒先生在《行銷管理》一書中講過，現代的品牌企業，其實只在做兩件事：產品創新和行銷創新。在淘寶成功的企業，比如淘品牌們，無一例外都是產品創新和行銷創新的典型代表。長久以來，與傳統行業相比，一直支撐著互聯網高速發展最主要的因素就是，在創新力方面遙遙領先。

跨界力。傳統行業專業分工很細，術業有專攻，而電子商務涉及面很廣，需要的不僅僅是專才，還必須是一專多能的通才。就拿淘寶店的一位店長來講，首先要懂產品，其次要具備行銷與市場推廣的能力，此外還要掌握淘寶的各種運營規則和管理工具，店長基本上橫跨產品、行銷和運營三大崗位。

培養「四力人才」，首先要「以戰代練」，新員工入職後要深入基層和一線輪崗，增加實戰的技巧，在實戰的過程中學習與成長。

其次建議採用口傳心授、手把手的師徒制。比如新員工進公司，提前

指定一位資深的員工為師傅，讓其與主管共同為新員工制定一個新人培養計畫，並寫進師傅的績效考核中。

最後建議在優秀員工的晉升和提拔過程中採用「接班人」制的方法。85 後、90 後的年輕人大多是獨生子女，在日常工作中不太願意帶人，而「接班人」制可以有效地解決這一難題。具體操作方法是，如果某資深員工要晉升，首先考核的是他有沒有培養出來可以接替他的接班人。如果有，由人力資源部門和上級主管共同對這位「接班人」進行考評，只有此人具備接班的能力，該資深員工才可以得到晉升的資格。如果不具備接班的能力，或者說壓根就沒有培養接班人，則該資深員工不能得到晉升的資格，即使能力再強，業績再好，也只能老老實實地待在原崗位。

消失的KPI——績效考評新玩法

關於績效管理一直爭議不斷。不可否認，KPI（即關鍵績效指標）為企業帶來了精細的評價體系，但反對者認為，如果一切只看指標，冰冷的數據會讓團隊失去激情和調整精神。

前段時間，索尼公司前常務董事天外伺朗（又作天外伺郎）撰寫的《績效主義毀了索尼》一文被廣為傳播。文中指出，索尼失敗的隱患是從1995 年左右開始實行績效管理時埋下的，當時公司成立了專門的績效機構，制定了非常詳細的評價標準，並根據對每個人的評價確定報酬。但是這個舉措導致績效主義在索尼公司逐漸蔓延，毀掉了索尼的傳統文化——上司不把部下當有感情的人看待，而是用「評價的目光」審視部下，一切都看指標，因而整個索尼失去了「激情」、「挑戰精神」以及「團隊精神」。2003 年春天開始，索尼問題不斷，僅當時一個季度就出現約 1000

億日元的虧損。到了 2006 年，當索尼公司迎來創業 60 年的時候，索尼公司早就變得「滿身污垢、黯淡無光」了。

今天大部分公司的績效評估仍然是基於各種數字的，比如銷售業績或者目標完成數，再配以各種高壓手段，無論是末位淘汰制還是金牛瘦狗制，都是為了保證這種老朽的考評方法被順利地執行。而當被很多管理者奉為「聖經」的績效評價體系遭遇在互聯網環境下成長起來的 85 後、90後員工時，這一沿襲了數十年的玩法卻面臨巨大挑戰。

新生代員工經濟上和人格上更獨立，有的家境比較富裕，很多淘寶賣家的員工家庭比老闆本人都還有錢，比如某位杭州賣家有兩個 90 後的客服，開的都是上百萬的跑車。他們追求的不僅僅是一份薪水，更多的是對職業的喜愛和自我價值的實現。因而，很多淘寶賣家績效考核的評價體系正在由「硬」變「軟」，不再是冷冰冰的數字和一張張死氣沉沉的表格，績效考評應該有新玩法。對此，淘寶化妝品品牌阿芙就為我們提供了全新思路。

首先，這是一家沒有明確績效指標的公司，全靠「賭」。怎麼賭？就是老闆與員工賭。比如，2011 年老闆雕爺與員工打賭，只要其在淘寶年銷售過了多少，全體員工可以由公司提供所有費用去馬爾地夫旅遊。員工很拚命，最後完成了指標，當然老闆也兌現了自己的承諾。該公司所有業績指標都可以拿來賭，無論是週銷售額、月銷售額還是淘寶首頁投放的廣告點擊預估，都是他們賭的項目。達到了，可能是由公司為每人免費提供一件春裝；達不到，全體員工有可能會被罰吃臭豆腐或者榴槤。

其次是關於獎勵，該公司的獎勵制度也是非常有特色的，優秀員工有可能會獲得價值數十萬的賓士跑車，也有可能是鼎泰豐的年卡，抑或是孟京輝小劇場的套票等。用他們的話說，不必上班時一本正經、苦大仇深的

樣子，工作就是玩遊戲，玩遊戲就是工作。

消失的信仰──拒絕被文化

　　當 85 後、90 後逐漸成為職場主力軍的時候，以傳統方式進行企業文化建設顯得力不從心。由於他們是在互聯網環境下成長起來的一代人，他們對事物有著自己獨到的見解和思維方式。體現在職場上，主要有這些特徵：1. 接受新鮮事物的能力強，大多具有創新精神；2. 自我意識比較強，注重自我感受和個人成就；3. 具有獨立人格和獨立思考的能力，不迷信權威；4. 工作上注重娛樂精神，重視喜好多於責任。

　　他們不關心企業文化到底是什麼，他們最關心的是公司的工作氛圍和氣場是不是自己喜歡的，在這裡工作還能不能擁有自我，與周圍的同事對不對味等。他們大多數辭職的時候不全是因為收入問題，而是因為「不喜歡」或者「感覺不爽」。因此，他們極端反感教化式和洗腦式的企業文化

傳統管理者眼中的企業文化

85 後、90 後眼中的傳統企業文化

傳統管理者眼中 85 後、90 後對企業文化的態度

85 後、90 後眼中的企業文化

圖 8-1 傳統管理者 VS 新生代的企業文化觀

灌輸。

　　面對這樣的群體，企業的管理者自然也要學會變通。

　　第一，不能以老賣老。管理者要融入新生代員工群體中，用年輕積極的心態去看待這些職場新軍，要理解並融入他們。他們可能會拒絕強制灌輸，但不會拒絕友善溝通。要用欣賞和包容的心態去接納他們，積極參與他們的活動，他們才會向你張開擁抱的臂膀。

　　第二，告別說教，循循善誘。不能單純地教化，要更多讓他們慢慢體會公司企業文化的可貴與可取之處，不能操之過急，要循序漸進，讓他們逐漸感悟到自己的價值觀與公司的企業文化宣導的理念其實有很多相通相融之處。

　　第三，角色 Cosplay。新生代的員工對生活充滿情趣和想像，他們本身的思維也天馬行空，一本正經的工作對他們來說是很大的挑戰，因而在工作環境和氛圍的塑造上，其實可以採用很多小技巧小手段。比如起花名，有參照《本草綱目》起的，如韓都衣舍，也有參照歷史人物起的，如Justyle。平常在工作中都不叫本名叫花名，娛樂之餘，其實也讓人自覺不自覺地受到花名本身的影響，去體驗另外一種身份的人生，Cosplay一把。另外，公司還可以通過組織一些興趣小組，如攝影、出遊、公益等，讓他們不僅僅只是在工作上有交流，在業餘生活方面也能夠在這裡找到共鳴和知音。

　　在互聯網經濟環境下，在面對新生代的員工時，無論是制度建設，還是管理思想，管理者都需要去變革和創新，創造新的企業經營模式，只有這樣，才能使企業屹立潮頭，基業長青。

（文｜萬丈）

淘寶賣家基礎員工人力資源報告

「為什麼來面試的都是奇葩？」

「你知道嗎，某某人又跳槽了，一年換了六份工作，工資漲漲漲！」

「你招人招的如何？」

很多時候，老闆覺得很難招到合適的人，基礎崗位的員工頻繁跳槽，各路電商企業在招聘與留才上都有什麼樣的方法？

銷售增加，需求變大

一般來說，基礎員工的數量代表著賣家的實力。2012年淘寶用戶體驗（UED）的調研數據顯示，年銷售額過百萬元的賣家中98.6%都有基礎員工，其中售前客服和倉庫發貨人員數量更多，而且隨著銷售額增加，基礎員工的總人數大幅上升，而占員工總數的比例卻有下降趨勢。

不同銷售額的賣家，對五大崗位（售前客服、售後客服、倉庫發貨、美工、推廣運營）的基礎員工設置存在差異，主要跟類目和經營策略相關。比如家電類目大賣家會選擇外包售前客服，因為家電產品有標準化、更新慢等特點，客服僅需經過日常培訓即可上崗，因此內部無需再設置售前客服基礎員工。成都地區的女鞋大賣家，更傾向不設置倉庫發貨崗位，因為成都地區的女鞋廠家比較多，可以跟廠家協商，讓廠家直接發貨。

招聘管道起底

從調研數據來看，招聘管道的集中度相當高，表明大部分賣家的招聘管道比較相似，如何用更有效的方式搶奪人才就變得格外重要。傳統招聘

網站是淘寶賣家招聘員工最主要的管道，其次是員工推薦、朋友介紹、社會招聘會。隨著銷售額級別的增加，賣家使用這四類招聘管道的比例均明顯提升。

傳統招聘網站對於電商而言，有著先天優勢。首先，從事電子商務的人才當然不會放過通過互聯網找工作的機會。其次，招聘網站的服務體系相對健全，能夠提供更專業的服務。最後，招聘網站的收費相對低廉，且是長期持續招聘。但傳統招聘網站有一個最大的問題——選擇成本較高，比如一個好崗位的求職者會非常大量，素質參差不齊，不能從簡歷中判定面試人的能力，運營推廣類（包括數據分析）崗位尤其明顯。

員工推薦和朋友介紹是電商行業非常普遍的招聘方法，好處是團隊員工之間相互瞭解，配合更有默契，團隊氛圍好，戰鬥力強。劣勢也很明顯，容易形成小團體，互相偏袒，不利於大團隊的建設等，但這些劣勢都是可以從優化管理制度上進行規避的，比如形成一個完整的閉環管理、有完善的獎懲機制刺激員工的積極性和協作性。

近年來，越來越多的傳統企業進駐淘寶，相對於土生土長的淘寶賣家來說，他們更傾向使用社會招聘會、校園招聘會，比例分別為47.0%、24.0%。社會招聘會、校園招聘會更適合對未來發展有明確規畫的企業，根據發展規模來制定明確的招聘計畫，對於快節奏、流動性強的日常招聘而言，靈活性稍顯不足。

在相對集中的招聘管道中突圍、另闢蹊徑並非常態，但也不乏成功案例。羚羊早安就在積極嘗試與高校合作，共同培養電商人才。他們會定期派出有經驗的主管給高校電商專業學生講課，學生也可以到羚羊早安實習累積經驗，最終不僅為自身企業培養後備人才，也為電商行業輸出有實戰經驗的人才。與高校合作共同培養人才，對電商自身的要求較高，需要有

Base 年销售额百万元及以上的淘宝卖家 有基础员工有效样本 791 个

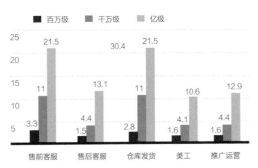

圖 8-2 不同銷售額級別賣家各崗位基礎員工人數

Base 年销售额百万元及以上的淘宝卖家 有效样本 802 个

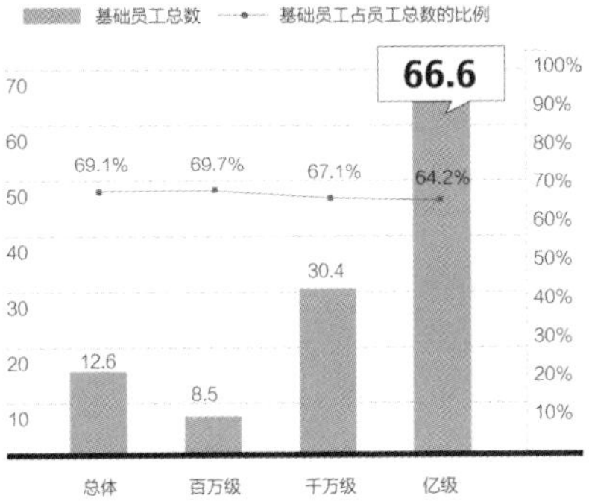

圖 8-3 基礎員工的總數及占員工總數的比例

	百万级	千万级	亿级	传统企业	淘宝成长企业
传统招聘网站	56.8%	77.7%	87.2%	61.4%	61.7%
员工推荐	42.8%	61.5%	76.6%	48.7%	43.2%
朋友介绍	41.0%	40.5%	53.2%	40.1%	43.3%
社会招聘会	35.1%	52.2%	68.1%	47.0%	29.4%
淘工作等电商网站	24.9%	34.6%	46.8%	28.2%	25.2%
校园招聘会	14.9%	23.6%	53.2%	24.0%	8.9%
报纸广告招聘	6.6%	11.3%	27.7%	11.1%	5.4%
与学校相关部门合作培养	5.6%	13.0%	27.7%	9.0%	5.1%
其他网店挖人	4.8%	8.3%	6.4%	5.8%	4.9%
校内海报论坛等宣传	3.4%	6.0%	14.9%	6.4%	2.8%
其他	1.3%	1.0%	0.0%	1.0%	2.0%

Base 年销售额百万元及以上的淘宝卖家有基础员工的有效样本 791 个

表 8-1 不同銷售額級別賣家招聘基礎員工的主要管道

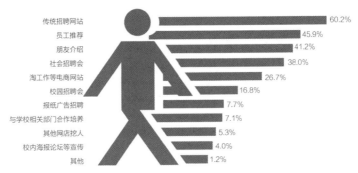

Base 年销售额百万元及以上的淘宝卖家有基础员工的有效样本 791 个

圖 8-4 招聘基礎員工的主要管道

長期投入的資本、姿態和耐心。互聯網本身就是一個開放性很強的行業，沒有開放共用的心態，很難在電商生態圈快速地可持續發展。億級賣家更有實力採用這種招聘方式。

另外，到其他網店挖人也是一種招聘形態，是整個人才市場重要的招聘模式之一，利用這種方式能在短期內招到中高端人才，以解燃眉之急。從調研數據可以看出，隨著銷售額的增加，億級賣家採用此種方式的比例在下降。這也從一個側面反映了從其他網店挖人的弊端：對於挖來的中高層，能不能快速融入團隊，穩定性如何，以往的成功經驗是否能無縫對接？各種問題接踵而至。而且如若同行挖人風氣盛行，也會哄抬整個行業的人力成本，不利於整個電商生態圈的健康發展。

> **TIPS** 化妝品牌 Nalashop 對各類招聘管道的運用逐漸諳熟，針對電商，Nalashop 總結了幾大招聘管道的特色：
>
> 1. 各大專業招聘網站適合招聘運營類、職能類的崗位；
>
> 2. 校園招聘能滿足短期內實習生的招聘，多用於招聘客服、倉儲崗位；
>
> 3. 派代等專業「淘工作」網站，運營類的人才多，但是優劣參差不齊，需要 HR 把好面試關；
>
> 4. 內部推薦也是一個不錯的選擇。

腫脹的離職

調研數據顯示，年銷售額過百萬元的賣家基礎員工年流失率為 19.2％，隨銷售額增加流失率呈下降趨勢，億級賣家為 15.7％。基礎員工

離職的主要原因是自己開店、工作壓力大，其次是因為愛情、對基本工資不滿、懷孕生孩子、工作量大。

隨著賣家銷售額的增加，離職原因中工作壓力大、對基本工資不滿、懷孕生孩子、工作量大、同行挖人的比例上升明顯，這些離職原因在億級賣家處分別為 55.3%、31.9%、42.6%、34.0%、27.7%。在傳統企業賣家的基礎員工離職原因中，工作壓力大明顯高於淘寶成長起來的企業。

面對腫脹的離職原因，我們不妨看看調研企業都有哪些招術去應對。

主動提供內部創業的機會，可以應對員工因自主創業而流失的情況，如淘寶內部的賽馬機制。通過允許高潛力員工在店鋪內「經營店鋪」，店鋪既可以獲得應有的利潤，又可以在同步培養人才的時候，增強其責任感和歸屬感。不過，如果店鋪內部沒有一套完善的管理機制，此種方式是比較難實現的，也是比較難以把控的。

走情感路線，員工離職後，常打打電話，歡迎他常回家看看。打電話，也許只是花掉你幾分鐘時間，但你不僅能感動離職員工，最重要的是，你可以以你的實際行動感動在職員工，感化潛在的離職員工。別說「好馬不吃回頭草」，好馬不吃回頭草的時代已經一去不復返，優秀員工願意重返公司，是他們對公司的認同。如果他們重返店鋪，回來的不僅僅是一個人，回來的還會有「暈輪效應」，其對在職員工心理上造成的震撼，也必定是不可限量的。其實，對於離職員工，只要是優秀的，都可以嘗試用這種方式來維繫關係。

另外，建立店鋪文化是應對員工離職的良策之一。長期以來，多數賣家過分關注銷量和利潤的提高，往往忽視了店鋪文化的重要作用。雖然有的老闆也承認它的重要作用，但在實際工作中並沒有予以重視。店鋪文化建設成了擺設和裝飾，因而存在不少漏洞：不能正確定位店鋪的價值觀，

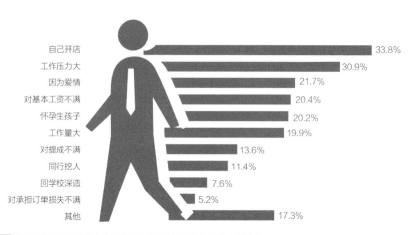

自己开店 33.8%
工作压力大 30.9%
因为爱情 21.7%
对基本工资不满 20.4%
怀孕生孩子 20.2%
工作量大 19.9%
对提成不满 13.6%
同行挖人 11.4%
回学校深造 7.6%
对承担订单损失不满 5.2%
其他 17.3%

Base 年销售额百万元及以上的淘宝卖家有基础员工的有效样本 791 个

图 8-5 不同細分賣家群體基礎員工離職的主要原因

	百万级	千万级	亿级	传统企业	淘宝成长企业
自己开店	34.1%	31.3%	36.2%	37.7%	34.5%
工作压力大	28.0%	45.7%	55.3%	34.3%	28.4%
因为爱情	21.0%	26.3%	23.4%	24.9%	23.1%
对基本工资不满	18.9%	28.3%	31.9%	20.6%	20.3%
怀孕生孩子	18.1%	30.3%	42.6%	18.5%	24.1%
工作量大	18.1%	29.0%	34.0%	20.7%	18.4%
对提成不满	13.1%	18.0%	8.5%	11.7%	14.4%
同行挖人	9.8%	19.0%	27.7%	14.9%	9.5%
回学校深造	6.9%	11.0%	14.9%	6.4%	8.3%
对承担订单损失不满	5.2%	6.3%	2.1%	6.2%	2.6%
其他	18.0%	13.7%	10.6%	14.9%	18.3%

Base 年销售额百万元及以上的淘宝卖家有基础员工的有效样本 791 个

表 8-2 不同銷售額級別賣家基礎員工離職的主要原因

基础员工每月薪资	总体	百万级	千万级	亿级	传统企业	淘宝成长
售前客服	2621.0	2516.8	3141.7	3574.9	2663.4	2604.2
售后客服	2606.8	2510.3	3069.7	3309.0	2616.2	2638.1
仓库发货	2363.7	2288.7	2710.5	2968.6	2408.7	2361.9
美工	3464.7	3338.0	4083.3	4160.1	3696.4	3328.0
推广运营	4251.8	4132.7	4881.8	4567.1	4515.2	3969.9

Base 年销售额百万元及以上的淘宝卖家有基础员工的有效样本 791 个

表 8-3 2013 年上半年各崗位基礎員工的月薪（元）

忽略了店鋪對員工的責任；不能提出明確而具體的店鋪精神來激發員工的積極性並增強企業的凝聚力；忽視了對店鋪形象的塑造。店鋪文化建設的滯後，使其導向、凝聚、融合、激勵等功能難以發揮，也會削減員工的戰鬥力。

薪水怎麼算？

基礎員工流失跟他們的薪資水準有一定關係，如何在人力成本固定的前提下，最大限度發揮員工的積極性呢？引入科學的管理機制，是一種利於可持續發展的選擇。很多賣家採用固定工資＋提成的方式，如此績效考核就變得尤為重要。

推廣崗位底薪制比例低

調研數據顯示，倉庫發貨崗位基礎員工有底薪的比例隨賣家銷售額級別的提升有下降趨勢。倉庫發貨崗位基礎員工無底薪比較容易理解，也相對合理，尤其是對於發貨量大的賣家而言，按件計費已經算是淘寶賣家的標準結算方式。

只是如若想更好地刺激員工積極性，採用階梯式計件結算會更有效，如 200 件以內每件 2 角，200 ～ 500 件每件 3 角，500 件以上每件 4 角。或者，按照打包的重量計費，100 公斤以內每公斤 3 角，100 ～ 150 公斤每公斤 4 角，150 公斤以上每公斤 5 角。進行階梯式計件結算時檔次設定很重要，要根據自己店鋪的淡旺季水準來設置一個合理的區間。一般三檔即可，太多會變得目標過於遙遠，對積極性也起不了太強的刺激作用。

推廣運營崗位基礎員工有底薪的比例低於其他崗位，但隨著賣家銷售額級別的提升，有底薪的比例大幅上升，億級賣家達到 82.2%。底薪制作

為線下成熟的薪酬機制，是否已經不適合淘寶賣家，或者說已經不適合某些崗位呢？這個問題不能一概而論，需要考慮賣家所處的發展階段，綜合日發單量、日常經營環境、員工數量、管理體系的完善程度以及員工自己的意願等各種因素考量。底薪是一種保障，但對激發員工積極性有影響，所以一般都會配以提成的方式。

年終獎成趨勢

各崗位有底薪的基礎員工，常見的提成方式是年終獎。年終結算店鋪盈餘，分配收益，從操作的角度來講，簡單易行；而且年終獎一年一次，日常經營過程中無須為此耗費精力，也能在一定程度上避免員工在年底最忙的時候離職。只是，若年終獎的發放沒有一套結算的標準，對員工的影響有可能會是負面的，最好誰拿多少，為什麼拿這些，都能給出合理的解釋，這樣有利於團隊成長。實際上，發好年終獎並不是一件容易的事，部分賣家也正因為發年終獎比較麻煩，所以採用各崗位一刀切的方式。這樣操作，反而背離了年終獎最直接的目的，花了錢不說，事兒還沒辦好。

售前客服、售後客服等崗位基礎員工除底薪之外，常見的提成方式還有按績效完成情況提成。推廣運營、美工等崗位基礎員工除底薪之外，常見的提成方式還有按店鋪整體收益提成。

從持續刺激員工的工作積極性來看，按績效完成情況提成要優於按店鋪整體收益提成，按店鋪整體收益提成優於年終獎。當然，採用何種提成方式還是要根據實際情況來判定，而且每種方法的操作方式也仁者見仁智者見智。比如，按店鋪整體收益提成的方式，雖然能使員工感受到與店鋪共成長的喜悅，但依然存在隨意性，這就需要提升評估的科學性，才可能持續地激勵員工。

賣家對美工崗位基礎員工的工資如何結算一般都比較糾結，主要是因

為影響美工工作效果的因素比較多，好壞難以評估。從調研數據結果也能看出這種趨勢，不論哪個銷售額級別的賣家，對美工崗位基礎員工有底薪的比例，都是五大崗位中最高的。而提成方式中，美工按照年終獎提成的比例都是最高的。

目前也有部分賣家開始走出這種困局，開始嘗試用績效管理的方式來解決美工的提成問題。Nalashop 高管說道：「數據化運營是我們企業發展的核心動力之一。自實施績效考核以來，無論是客服、倉儲等一線崗位，還是後端設計、市場推廣等支援崗位，我們都是通過檢測動態數據來進行管理的，效果很好。」

隨銷售額級別的提升，各崗位有底薪的基礎員工，按績效完成情況提成的比例明顯增加；億級賣家對五個崗位基礎員工按績效提成的比例分別為 32.3％、33.3％、27.8％、23.8％、23.1％，體現出績效考核在管理員工薪酬中的重要作用。

績效向用戶體驗靠攏

調研數據顯示，售前客服崗位基礎員工有績效考核的比例明顯高於其他崗位，售前客服戰鬥在最前線，需要有高昂的積極性，績效考核有利於維持他們的工作熱情。隨著賣家銷售額級別的提升，對各崗位基礎員工有績效考核的比例呈上升趨勢，尤其是售後客服、倉庫發貨、美工、推廣運營等崗位，增長明顯。即便如此，美工崗位基礎員工有績效考核的比例仍相對較低，原因依然是評估難的問題。

目前，年銷售額過百萬元賣家對各崗位基礎員工績效考核的關鍵詞包括以下幾項：

售前客服：諮詢轉化率、銷售額、客單價、服務態度、回應時間。

> 售後客服：退款率、中差評、投訴率、處理速度、糾紛率、服務態度。
>
> 倉庫發貨：發貨速度、出錯率、發貨量、打包數量、破損率。
>
> 美工：點擊率、轉化率、訪問深度、跳失率、停留時間、銷售額。
>
> 推廣運營：銷售額、流量、ROI、增長率、轉化率。

　　從各崗位基礎員工有績效考核的比例與按績效考核提成的比例來看，賣家目前按績效考核提成的機制還沒有充分運轉起來，表明績效考核還需要儘快完善，才能發揮更大的價值。

　　從賣家常用的績效考核指標來看，他們非常重視提升用戶體驗。考核指標包括了客觀指標和用戶的主觀判斷，也涵蓋了服務的每個階段。

　　績效考核是個系統工程，賣家可以在績效考核逐步完善的過程中，先考慮採用績效積分制的方式。也就是說，在當前的績效考核機制下，每次對員工做完考核後，賦予相應的分數，分數不斷累積，到達某個上限值，就可以兌換相應的獎勵，類似信用卡積分兌換的機制。這對於每個員工來說都是一種獎勵機制。

　　將這個方法拆解來看，績效考核的賦分，可以每次每個指標賦一個分數，求加和值，也可以每次有一個綜合分數。更複雜一些，可以給每個指標再賦予一個權重，加權求和。賦分的方法比較多，選擇一個最適合自己店鋪現階段的方法即可。

　　首先，績效積分制的目的是留住高績效員工，賦分數的標準是要能夠拉開高和低的差距，這樣更能激勵高績效員工繼續努力，也能鼓勵一般員工更進一步，而對於低績效員工，也能夠逐步淘汰更換或者轉崗，幫助店鋪完成正常的新陳代謝，更有利於店鋪持續健康發展。

	总体	百万级	千万级	亿级
售前客服	70.2%	69.7%	73.1%	72.3%
售后客服	75.7%	75.5%	76.7%	74.5%
仓库发货	80.9%	81.5%	78.7%	74.5%
美工	82.1%	82.5%	79.7%	83.0%
推广运营	66.9%	65.3%	74.0%	82.2%

Base 年销售额百万元及以上的淘宝卖家有基础员工的有效样本 791 个

表 8-4 各岗位基础员工有底薪（固定工资）的比例

基础员工月薪的年涨幅	广东	浙江	上海	北京	江苏	福建	西部	其他
售前客服	8.0%	7.1%	6.9%	9.4%	7.9%	6.5%	8.2%	7.8%
售后客服	8.1%	7.4%	6.8%	10.0%	7.3%	6.4%	7.5%	8.0%
仓库发货	7.0%	6.7%	6.3%	8.8%	7.4%	6.0%	7.7%	7.1%
美工	9.1%	8.3%	7.9%	10.1%	7.9%	8.3%	10.1%	8.8%
推广运营	9.7%	9.9%	8.9%	11.8%	8.8%	10.6%	8.3%	10.5%

Base 年销售额百万元及以上的淘宝卖家有基础员工的有效样本 791 个

表 8-5 各岗位基础员工月薪的涨幅

	总体	百万级	千万级	亿级
售前客服	90.6%	89.8%	95.3%	95.7%
售后客服	50.7%	48.0%	64.1%	74.5%
仓库发货	44.7%	42.6%	55.5%	63.8%
美工	38.6%	37.1%	46.5%	51.1%
推广运营	56.8%	55.5%	63.5%	68.1%

Base 年销售额百万元及以上的淘宝卖家有基础员工的有效样本 791 个

表 8-6 各岗位基础员工
有绩效考核的比例

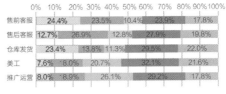

Base 年销售额百万元及以上的淘宝卖家有基础员工的有效样本 791
个每个岗位的基数不同，为各自有底薪的有效样本

图 8-6 各岗位有底薪的基础
员工提成方式

其次，對於績效積分可兌換的臨界值設定，需要一些小技巧，不能讓員工輕易兌換，也不能遙不可及，既要考慮短期獲利，又要有長期受益更合算的念想。這就需要可兌換的最高獎項具有很高的吸引力，或者針對不同崗位設置不同的最高獎項，好獎項會刺激員工超乎尋常的幹勁兒。

一般而言，可兌換最高獎項的分數，可以按照評估周期、每次績效考核最好員工能獲得的最大積分值等來設定，儘量設置在每次都拿最大積分值、員工提成方式需要 2～3 年才能兌換的水準。這樣可以確保，未來即便新增績效考核指標，也不會讓高績效員工輕易在短期內兌換最高獎項。

這種績效積分制能夠通過員工未來 2～3 年的利益來鎖定員工，且可以在績效考核未盡善盡美的狀況下先應用起來，積分可以定期兌換，也可以長期持有，只要最高獎項足夠吸引人，相信這會為留住高績效人才再上一道保險。

留才方式大比拚

從調研數據來看，待遇留才依然直接有效，但是靠錢來說話，會長久嗎？

年銷售額過百萬元的賣家，留才手段相對單一，主要是提高工資、提高獎金提成，其次是訂製成長計畫。隨著銷售額的增加，賣家的留才方式更多樣，訂製成長計畫、承諾升職、提供保險的比例明顯上升，億級賣家的比例分別為 61.7%、46.8%、36.2%。傳統企業賣家比淘寶成長賣家更傾向採用提升個人價值的方式留才。

待遇留人是店鋪留住人才最基礎的一步，對於持續發展中的店鋪，需

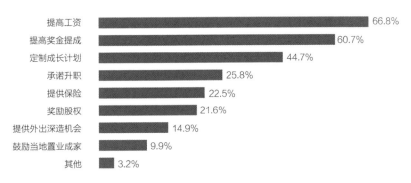

提高工资 ██████████████ 66.8%
提高奖金提成 █████████████ 60.7%
定制成长计划 ██████████ 44.7%
承诺升职 █████ 25.8%
提供保险 ████ 22.5%
奖励股权 ████ 21.6%
提供外出深造机会 ███ 14.9%
鼓励当地置业成家 ██ 9.9%
其他 █ 3.2%

Base 年销售额百万元及以上的淘宝卖家有基础员工的有效样本 791 个

圖 8-7 留住基礎員工採用的主要方式

	66.1%	千万级	亿级	传统企业	淘宝成长企业
提高工资	60.0%	69.1%	78.7%	66.6%	69.5%
提高奖金提成	43.0%	64.5%	61.7%	64.8%	58.3%
定制成长计划	23.6%	53.2%	61.7%	52.3%	41.0%
承诺升职	21.5%	36.9%	46.8%	34.1%	18.1%
提供保险	21.6%	26.6%	36.2%	20.7%	24.8%
奖励股权	14.4%	21.3%	25.5%	26.7%	16.6%
提供外出深造机会	9.4%	16.9%	23.4%	16.8%	14.0%
鼓励当地置业成家	3.2%	12.0%	17.0%	8.0%	14.5%
其他		3.3%	4.3%	3.7%	3.2%

Base 年销售额百万元及以上的淘宝卖家有基础员工的有效样本 791 个

表 8-7 不同銷售額級別賣家留住基礎員工採用的主要方式

	广东	浙江	上海	北京	江苏	福建	西部	其他
提高工资	65.8%	63.8%	74.2%	68.2%	58.8%	88.0%	82.7%	57.6%
提高奖金提成	54.7%	66.4%	58.0%	59.5%	43.0%	74.1%	73.4%	69.8%
定制成长计划	46.4%	44.6%	43.2%	53.7%	40.6%	61.1%	50.8%	34.4%
承诺升职	30.1%	15.2%	33.2%	32.3%	17.3%	41.9%	36.9%	16.3%
提供保险	18.0%	21.5%	22.6%	41.3%	21.5%	15.0%	25.0%	24.0%
奖励股权	24.1%	26.4%	22.0%	12.0%	23.1%	37.1%	22.5%	11.1%
提供外出深造机会	18.4%	12.0%	16.1%	9.7%	9.2%	22.1%	7.5%	17.2%
鼓励当地置业成家	5.4%	11.8%	6.1%	13.9%	9.7%	26.2%	8.3%	13.2%
其他	4.2%	0.0%	1.3%	5.8%	6.1%	1.0%	0.8%	4.9%

Base 年销售额百万元及以上的淘宝卖家有基础员工的有效样本 791 个

表 8-8 不同地域賣家留住基礎員工採用的主要方式

要逐步完善薪酬管理和績效評估體系。如此，才能從根本上確保人力資源的競爭優勢，並將之轉變為在電商生態競爭中制勝的一環。賣家正確認識待遇與人才的關係非常重要，對有突出貢獻的優秀員工，除精神上的獎勵外，還必須有物質上的獎勵，使人才感到自身價值得到了切實的體現。

福利是一種有效的激勵機制，比如在中國的傳統節日時發放禮品、禮金，員工在工作一年後取得年假資格等等，都是員工在閒暇之餘談論最多的焦點。小恩小惠有時候起的作用可能是決定性的。

物質激勵是基礎，但並非效力無限。物質激勵具有一定的時效性，達到一定水準後，其作用就會日益減少。而且，同行挖人只要開出足夠高的待遇，往往可以輕易獵取人才。此時，留住員工更多的是需要一種使員工自我實現的事業發展平臺。一種良好的組織文化氛圍，用情感留人就成了一種主要的激勵手段。

訂製成長計畫並不是一個口號，而是需要遵循系統化、長期性和動態的原則：要針對不同類型、不同特長的員工設立相應的成長發展通道；要短期和長期相配合，短期目標是能夠通過不懈努力分階段實現的，長期目標則是需要一直努力的方向；要根據店鋪發展戰略、組織結構變化、員工不同時期的發展需求進行相應的調整。

只要從員工自身發展出發，幫助他們釐清人生目標，建立工作願景，讓他們有目標、有願景地工作，快樂地享受工作過程，時時看到自己的成長，並從中獲得自我價值實現的成就感和歸屬感，企業就不難實現從情感上留人。

（文｜渡劫）

客服業績考核點

客服是整個網店的核心節點，然而很多經營者都可能碰到過一個情況：同行的客服比我少一倍，自身在推廣的力度及資源上也並不比對方差多少，為什麼對方每個季度的銷售額會比我多出一倍甚至是幾倍？

客服是什麼？

一個合格的銷售客服應該具備三大意識：服務意識，能服務好客戶、處理好售後問題；銷售意識，能根據店主的需求去銷售產品；品牌意識，能讓客戶深層次地瞭解並認同店鋪。

從績效考核管理的角度歸結為客服的銷售技巧、工作能力、工作態度等。因此網店經營者往往會考慮如何管理好客服團隊，讓每一個客服人員都能具備高效的產出。

賣家需要學會發現客服的存在價值，在一些軟體的協助下可以得到一些平時看不到的數據，比如客服的諮詢轉化率、客服接待平均回應時間、客戶諮詢未回覆數等。這些數據基本都是建立在客服與客戶交流的基礎上，同時往往都是影響店鋪銷售額及客單價的重要因素。

從數據中可以看出一個淺顯的規律，絕大部分店鋪的銷售額的高低是由訂單的數量所決定的。流量導入是網店推廣的最終目的，如何讓店鋪的訂單數量穩步上升，並保證這些流量能有效地轉化為實際的訂單，從而讓更少的人給店鋪帶來更多的營收成為了店鋪的核心問題。

從數據表格中可以發現這個店鋪在 9～15 號的時候諮詢的客戶數及對應的下單人數都是比較平穩的，店鋪整體的營收也比較平均，但是在 12 號進行大力度推廣之後，下單人數仍舊只有二十人左右，店鋪的營收和推

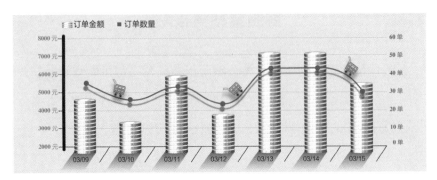

圖 8-8 七日內的店鋪銷售情況

日期	接待人次	咨询客户数	下单人数	订单总数	未付款金额	付款金額	作废订单金额
2011-03-15	106	68	20	27	89.00	4642.62	280.10
2011-03-14	144	86	31	40	1005.00	5380.20	873.00
2011-03-13	132	79	32	41	1018.00	4377.14	1509.80
2011-03-12	6343	5807	18	21	0.00	3228.84	689.00
2011-03-11	129	71	28	29	0.00	5419.54	568.00
2011-03-10	117	67	16	22	0.00	2008.24	1053.90
2011-03-09	130	76	22	32	0.00	3348.19	1421.40
平均值	1014	893	23	30.29	301.71	4057.82	913.6

表 8-9 店鋪七天績效匯總

廣之前持平，可想而知這家店鋪的客服人員在諮詢的轉化能力、商品的推薦能力等幾個關鍵的銷售能力方面都是值得懷疑的，再來看幾個數據點的綜合情況分析。

我們可以看到店鋪的月訂單總額平均在 4000 元左右，但是最後交易關閉的訂單金額平均在 900 元左右，也就是 1 個月下來，起碼有 1/4 的營收又退給了客戶。其實也反映出客服對未付款訂單的跟進、產品售後問題的處理等方面存在能力問題或者說是態度問題。

對客服，該考核什麼？

哪些屬於考核點？一般情況而言，對客服的考核要從他所創造的訂單

價值、商品推薦技巧、諮詢轉化能力、接待反應效率以及售後處理能力等方面進行，每個點所包含的數據都非常繁瑣。有一種簡單的方法供分享：中小賣家更關心的是自己的客服團隊給自己帶來多少的營收及客服的工作態度如何，那麼我們可以重點查看幾個數據：

客服的諮詢轉化率（客服接待客戶轉化為實際下單的比率）

客服的日／月訂單數量（客服落實下單的訂單數）

客服的日／月銷售金額（客服落實下單的訂單金額）

客服的訂單流失率情況（客服落實下單但最終訂單關閉的比例）

客服的平均回應時間（客服對客戶發起的諮詢的回應時間）

諮詢未回覆數（客服對客戶發起的諮詢未回覆的總數）

考核點怎麼用：通過這幾個數據的單獨對比可以發現每個客服的薄弱環節，綜合對比則能發現團隊中的精英人員。比如通過訂單總數、諮詢轉化率分析找出是諮詢量過少，還是銷售能力不足的問題。賣家通過這些數據可以很快找出店鋪客服團隊中每個員工的短板，為員工製訂合理且具有針對性的培訓方案。有兩個改善員工短板比較實用的方法：1. 教育法——產品知識強化，規範接待話術；2. 示範法——話術場景演練、老帶新、賣家親自上陣指導。老人帶新人的方法比較常用。很多中小賣家自己就是很好的客服，而且對自己的銷售需求和商品推薦需求非常瞭解，以此培養新客服，可謂事半功倍。

目前淘寶的商家的績效考核機制大致分為三種，以表格形式分享給大家參考。

最簡單的一種客服績效考核的機制。一般這樣的表格被相當一部分的

中小賣家曾經使用或正在使用。這種考核機制只考慮客服的最後的銷售情況，對訂單數量做獎勵，在初期的確是對店鋪銷售額增長起了一定的促進作用。但隨著店鋪業務量的增大，這樣的績效獎金分配模式顯然不能滿足需求，並且對客服能力的提升及優秀客服的挖掘有一定的影響。

客服姓名	月销售订单金额（不计算交易关闭订单）	月销售订单数（以订单旗帜为准）	销售额提成	订单数奖励

表 8-10 客服業績匯總表格

淘寶大賣家關注的績效考核數據。從下面的表格可以看出此店鋪從 12 個點出發對客服的績效考核進行了多緯度考量，不僅包括了客服的售前諮詢轉化的情況，而且也包括了客服在售後對未付款訂單的跟進情況和售後退換貨的情況，並且加入了客戶對客服服務的評價統計。比較關鍵的是，這些店鋪把整個客服團隊的團隊協作程度及工作態度都加入了績效考核當中，而這部分占據了相對較大的比重。

	指标及任务	分数比	评定标准及计算公式	分数描述	完成情况简	考核得分
1	日常纪律	5	全勤满分 扣分按迟到、旷工次数扣除 不设上限	迟到及早退每次扣 1 分 旷工每次扣除 5 分		
2	服务态度	5	网络及电话与顾客交流 态度亲切和蔼 耐心真诚 不可与顾客发生冲突及对立状况	咨询中回答不够耐心一次 1 分 与顾客发生冲突一次扣除 5 分		
3	咨询转化率	10	订单 / 咨询总数 x100%	按实际情况考评		
4	订单销售比	10	在所有有效订单种的销售比重	按实际情况考评		
5	平均响应时	10	接待客户的反应时间	按实际情况考评		
6	发货统计	10	每月发货量统计	按实际情况考评		
7	实体统计	10	每月取得实体店信息量统计	按实际情况考评		
8	退换统计	10	当月退换货订单 / 每月个人销售业绩 x100%	5%以下满分 /5%以上扣分		
9	平均客单价	10	实际付款金额 / 顾客下单总数量 x100%	按实际情况考评		
10	差错扣分	5	当月出错率 及实际扣除分数	按实际情况考评		
11	好评统计	5	当月好评订单 / 当月实际发生订单总量 x100%	按实际情况考评		
12	团队配合	10	与部门内部及其他部门同事之间的配合度	/		

被考核人签字:　　　　评分人签字:　　　　时间:　　　　得分:　　　　等级评定:

表 8-11 2011 年度客服部門績效考核表

客服KPI，標準如何定？

製訂合理的績效管理體系，不僅僅是起了給客服發工資、分配績效的作用，更多的是通過這些績效數據發現客服團隊中存在的銷售能力問題、服務意識問題以及工作態度問題，從而能及時地有針對性地對這些問題進行逐個排查解決。

再來看一個案例，一家韓版女裝類店鋪，平均產品單價在 60 ～ 90 元左右，其中外貿日單的平均客單價在 200 元左右。

從其店鋪客服的工資詳情單中就可以看出：一個客服的工資＝底薪 x KPI 得分＋銷售額提成＋獎金＋餐補。從 KPI 表可以看出這位客服的售後處理能力是有待提高的，月關閉訂單包含了銷售或者客戶的主觀原因等非主觀因素。網店經營者應該合理地進行薪資分配，堅持一個原則，幹了多少活，給多少錢，獎罰一定要分明。

客服姓名	底薪	銷售額（元）	KPI 得分	銷售額提成（1%）	奖金	餐補	总額
何小小	1700	68257.62	85分	682.25762	180	120	2427.5762
	計算公式：底薪 x KPI 百分比＋业绩提成＋奖金（根據客服日常表現發放，封頂200）						

KPI 得分詳情		姓名：何小小		
KPI 考核点	比重	考核詳情		得分
客单件	20%	月客单件小于 2 件的扣 20 分		20
标准话术接待	20%	月抽查 10 个聊天记录　　1 个以下失误不扣分 2~4 个失误扣 10 分，　　4 个以上 15 分		20
售后问题处理	20%	月客户投诉 3-5% 个扣 10 分 5~10 个扣 15 分，10 个以上扣 20 分		10
商品推荐能力	20%	根据店铺热销产品销售情况进行分析		20
月关闭订单数	20%	0.5% 以下不扣分　　0.5%~1% 扣 5 分　　1%~2% 扣 10 分　　2%以上扣 20%		15
总分	100%			85分

表 8-12 客服工資單詳情

（文｜徐周飛）

第九章
銷售管理，Hold 住你的客戶

四問數據運營

　　人人都在說大數據，但商家面臨的現實是：如何在龐雜的數據中找到切中運營要害的重點數據指標，並用來實際指導完善自己的店鋪運營。就像馬雲在淘寶十周年晚會上說的那樣，還沒來得及琢磨移動互聯網是怎麼回事兒，人們就已經爭相簇擁著進入大數據時代了。

　　事實上，在人們爭論大數據到底是經營的救命靈藥還是一個過度包裝的概念時，賣家們先要給自己打一針鎮定劑：賣家擁有的數據並不需要上升到雲計算那樣的高度，重要的是通過分析數據做好店鋪運營。雖然大部分賣家都承認數據分析對店鋪運營的重要性，也都願意在數據分析工具上花費銀兩，但對如何讀懂數據，尤其是如何通過已知數據來指導和完善店鋪的運營時，一頭霧水者不在少數。來，一起看解決方案吧。

一問：看什麼，怎麼看

在數據運營之前，賣家需要先做一些基本工作：看哪些數據？怎麼看？

一般來說，做店鋪分析前需要先採集店鋪以及行業的基礎數據。採集店鋪數據可以用量子、小艾，採集行業數據可以用數據魔方、生意經。有了這些基礎工具，賣家能夠採集店鋪的各項數據，例如流量情況、跳失率、成交情況、回頭客、收藏情況、轉化率、訪問深度、客單價、銷售地域分佈及轉化率情況；也能夠看到各種行業數據，比如主類目趨勢、子類目詳情、最近客單價的變化、活躍店鋪以及商品數量等數據。

數據採集不難，更多賣家的難題在「怎麼看」。一般而言，賣家都是直接去量子後臺看今天和昨天的數據，當周數據和當月數據。但是這裡面很多數據都是在不同的選項裡，不能完整地按照趨勢變化來呈現數據，賣家靠大腦強記也不是辦法。那到底怎麼看呢？稍微願意學習一下 Excel 基本操作的賣家可以自己動手，對這些基礎數據進行加工、提取、組合，讓它們變成一張對店鋪能夠起幫扶作用的數據分析報表。

以店鋪基礎數據為例，可以通過一些計算方法讓不同數據呈現在一個表格裡面，並且可以通過隨意查看數據、對比數據，清晰明瞭地看清楚數據、看懂數據。

比如，通過查看幾項流量數據來診斷流量下降的原因，是單品寶貝流量下降，還是付費推廣、自主訪問等流量下降，或者是行業整體下降，都一目了然。如果發現是單品流量下降了，就能在自然搜索的 UV 裡面發現問題，然後在量子裡單獨拉出寶貝的流量數據查看是哪一款或者哪幾款寶貝流量下降。找到問題的源頭去解決問題，而不是拍腦袋說大家流量都下降了來掩飾問題的本質。

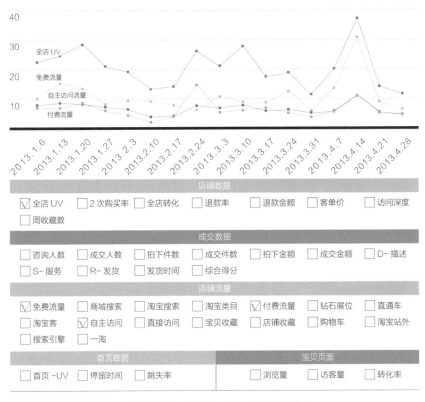

圖 9-1 店鋪基礎數據趨勢圖（萬）

指标分类项	具体数据指标
全店 UV	去重计算
全店老顾客 2 次	总计、淘宝免费流量、自主访问、淘宝付费流量、淘宝站外
购买率	访问人数（UV）、停留时间、点击率、跳失率
四大流量	宝贝页浏览量、宝贝页访客数、咨询人数、访问深度均值
首页数据	拍下件数、拍下金额、客单价（均）、成交件数、成交金额、退款金额、日均成交件数
宝贝详情页	日均成交人数、日均成交金额
订单数据	周收藏数、日均收藏数
收藏数据	全店转化率、宝贝页转化率、按笔数支付率、按金额支付率、人均成交件数、实际退款率
转化数据	询问率、咨询成交率
客服数据	描述相符评分、服务态度评分、发货速度评分、发货速度时间、DSR 综合评分
DSR 数据	新客静默转化率、回头客静默转化率、店铺收藏访客数、直接访问首页跳失率、首页新访
装修数据	客点击数

表 9-1 店鋪大數據指標項

TIPS 　一般而言，店鋪數據運營要看三類數據：

　　一是流量數據，包含淘寶免費流量、自主訪問數、淘寶付費流量、淘寶站外流量等四大類。如果結合淘寶系平臺，流量來源共有 55 個指標，但賣家重點關注搜索流量、類目流量以及突發流量即可；

　　二是店鋪運營大數據，包含首頁數據、寶貝頁面數據、收藏量、轉化率、諮詢轉化率、DSR 評分等；

　　三是單品數據，主要監測店鋪爆款數據和新品數據。

二問：55個流量指標，重點看哪些

　　淘寶官方給流量畫分了四個標準，分別是：免費流量、自主訪問流量、付費流量、站外流量。

　　免費流量裡面包含了搜索、類目、專題、活動、社區幫派、動態等，這裡主要關注搜索和類目流量。免費流量的變化至關重要，基本決定了店鋪的盈利情況，很多賣家做爆款的最終目的，就是能夠持續不斷地占據淘寶有利位置、獲取海量免費流量。這樣的流量很穩定，可持續長期操作。

　　以一家做到了標準的 3：3：3：1 的流量分佈的女裝店鋪為例，天貓搜索和淘寶搜索在 2012 年年底因為春節的緣故整體搜索流量下降，但是節後並未恢復搜索流量。原因其一是因為 2013 年基本上沒有春天，春款帶來的流量基本沒有辦法和冬季羽絨服爆款帶來的流量銜接起來，其二是因為夏季產品沒有爆起，所以流量並未恢復以往的光彩。另外還能看到店鋪有所提升的地方如天貓類目，從三月份開始破 0 了，並持續上漲，這裡

就可以表揚做產品優化或者推廣的負責人，他們的努力在這裡就能清晰地被展現出來。

有些店鋪靠以參加活動為生，不注重免費的搜索流量，但活動銷量不計入搜索權重，如此下去店鋪流量就像過山車，巔峰之後即是低谷，這樣的店鋪流量不能環比上升。若不能借助活動，離關門那天亦將不遠。所以商家在搜索流量這塊要投入最大精力，即時關注這塊的流量變化。其次就是關注一些異常突發的流量，比如淘寶推推、淘女郎、愛逛街等，若賣家有能力去做並且做完後有效果的那就持續關注，畢竟這些都是免費的流量。這裡之所以不提活動流量，是因為活動流量不固定，除了活動預熱前幾天關注一下活動流量的大小以便安排好相應的工作量、客服人數、倉庫發貨人數等，基本也就沒有太多需要注意的了。

自主訪問流量包含了直接訪問、寶貝收藏、店鋪收藏、購物車、已買到的寶貝等，這裡要關注的是店鋪收藏、寶貝收藏以及直接訪問。

收藏你店鋪的買家基本上都是忠實的老顧客，從收藏流量基本能夠判定店鋪忠實老顧客數量的變化。其次就是寶貝收藏，收藏購買率是非常高的，如女裝類目 2013 年二月份到四月份成交人數 1.33 億次，收藏量 8.57 億次（數據魔方獲取的數據），最終收藏購買率可能為 15%（包袋類目全年的收藏購買率為 27%）。也就是說，從寶貝收藏進入購買頁面的 100 個人可能有 15 個人有購買意向，如果這時候再對該產品做一下促銷活動或者回饋有禮，那麼可想而知這個轉化率的數值會有多大。一個好寶貝能產生大量收藏，因此我們想要這裡的流量上漲就需要付出更多的精力去維護好單品。至於直接訪問數，這部分流量比較混雜也不好區分裡面的優質流量，只要沒有大漲大跌基本不用太關注。

付費流量，主要關注淘客流量就可以，因為其他流量都有自己的流量

控制方案，錢多流量就多。但是淘客就不一樣了，這個是後付費的，成交了才給錢，不成交不給錢，退款了也不給錢。說明一下，這裡的淘客推廣流量和免費流量裡面的淘客搜索流量是兩回事，後者是在淘寶特賣頻道搜索進來的。

站外流量，這個流量要不就是自己在站外投放廣告吸引來的，要不就是利用在百度知道回答問題等手段吸引來的，包括現在火熱的微博引流、微信引流等，比如 2012 年「哈剛少俠」寫的神文案被人挖到站外，在各大論壇立刻火爆了起來，由此帶來的流量雖不精準，但是由此帶動的名氣和銷量依舊非凡。

三問：店鋪運營大數據，好著急

店鋪運營大數據主要關注首頁數據、寶貝頁面數據、收藏量、轉化率、諮詢轉化率、DSR 評分等七個指標。

看首頁數據最主要看跳失率。跳失率越低，說明店鋪首頁有東西能吸引買家點擊，從而讓店鋪的寶貝頁面或者店鋪的活動頁面得到更多展示。若跳失率過高（女裝類目店鋪的跳失率超過 30% 就說明存在問題），則需要好好優化一下你的首頁，讓買家能找到一些你設定的入口或者活動，不要讓這部分買家直接點關閉。

能到店鋪首頁來的買家，自然是想對你的店鋪有更多的瞭解或者看更多的寶貝，這部分買家的下單情況會比只停留在寶貝頁面的買家強上很多倍。至於停留時間，不宜過長也不能過短：過長說明頁面內容過於豐富，意味著商家需要花費很多精力去做頁面，但不是所有買家都有這麼多時間一直看完你的首頁；過短的話買家就覺得你店鋪沒有什麼東西，點兩下就

沒有了，下次來了也不會想再去首頁了。所以控制在一個時間段（比如100～200秒）就可以了。

寶貝頁面除了要注意流量，最主要看其訪問深度。流量的大小除了市場變化以外，基本就是由寶貝能否被展現以及點擊率來決定的，所以需要優化寶貝的首圖以增大能被搜索展現的可能。訪問深度是搜索流量的一種質變，做得好的賣家能把一個搜索流量變成三個甚至五個，所以掌櫃在優化寶貝的同時一定要注意在寶貝頁面添加豐富的內容，讓進來的買家能夠多訪問幾個頁面，這樣被轉化的機率也會大很多。切記，豐富寶貝詳情頁並非簡單地給寶貝頁面添加一些其他寶貝或者活動，如果太多太雜容易引起買家反感直接關掉頁面。如果要做關聯銷售要設定好焦點，而不是一堆寶貝往那一放就完事。

此外，店鋪還要重點關注收藏量、轉化率、諮詢轉化率、DSR等數據。收藏量反映了店鋪定位後所發佈的產品風格和店鋪風格是否符合引導進來買家的胃口，所以這裡的收藏量會隨著流量的起伏更迭變化，若店鋪流量漲得較多但收藏量沒起來，說明最近引來的流量並不是店鋪發展所需要的優質流量。

轉化率是異常關鍵的數據，必須要即時盯著，若轉化率持續下跌，那麼要看寶貝最近是否有改動，店鋪風格是否改變，還有市場整體是否有所下降。若有推廣流量，那引來的流量是否精準，亦或有對手賣家前來競爭？商家都需要考慮並去解決這些問題。另外重要的就是諮詢轉化率，這部分十分考驗客服的真功夫，一般前來諮詢的買家下單意願很高，做得好的店鋪諮詢轉化率能達到70～80%，普通的也能達到50%，客服的能力直接決定該數據的優劣。

最後需要關注的是DSR數據，儘量每周採集一次店鋪的DSR值。三

項評分都是相互關聯的，買家一個不如意，哪怕你發貨速度再快、寶貝品質再好，也只給你一分。所以 DSR 完全體現出了全店狀態，當 DSR 呈現慢慢下降的趨勢時，說明店鋪需要整肅了。查看客服的聊天記錄，看是否有不妥以及不好的話語；檢查商品品質以及買家回饋，及時排查掉有問題的商品，確保全店安全；改善倉庫的發貨速度、包裝情況、發錯率等。

周期		第11周	第12周	第13周
合计		190267	166182	125435
淘宝免费流量		77927	118897	51627
聚划算		5	10	43
天猫专题		164	153	135
天猫搜索		19107	17699	15536
淘宝搜索		7850	7750	6914
淘宝站内其他		25921	75127	23166
天猫频道		10	11	9
淘宝类目		1255	996	1118

圖 9-2 某女裝店表流量指標（節選）

名称/日期		4月12	4月13	4月14	4月15	4月16	4月17	4月18	4月19	4月20	4月21	4月22	4月23
总计		567	487	357	601	988	793	1078	1250	1488	1350	918	1480
钻石展位													
淘宝搜索		60	75	55	64	41	43	68	92	75	74	67	93
商城搜索		56	64	61	54	65	105	69	103	163	81	81	119
直接访问		110	67	34	47	66	81	91	142	138	127	97	184
首页		71	71	47	205	419	287	354	529	710	724	188	146
宝贝详情		96	62	56	86	158	90	127	140	177	144	205	387
批发买家		12	13	3	9	20	21	10	14	20	17	23	59
直通车		0	9	16	15	15	20	163	30	9	0	0	21
淘宝客		27	29	15	10	10	11	11	20	22	19	18	22

圖 9-3 真絲連衣裙的流量監控數據

四問：讓我爆一次單品吧

吃透店鋪運營數據之後，賣家還會非常關注單品的數據分析。下面將以 2012 年做的一件高客單價真絲連衣裙數據為例，來實戰分析該寶貝從日單幾件到上百件的爆款路徑。

好單品要麼是能賺錢的，要麼是能帶來關聯銷售並給店鋪帶來一定利潤的產品。賣家在選定寶貝之前，要提前查看行業數據，查看哪些寶貝是市場容量大的，分析哪些類目是有一定容量且競爭小的，然後再在這些屬性條件裡面選擇市場熱銷的款式屬性，這些數據在數據魔方或者生意經裡面都有。選定好了以後，挑幾款類似的寶貝來做測試，看這些寶貝裡面哪些收藏量大、轉化高，最終只剩下一到兩款做主推爆款產品。

該店鋪從 2012 年 4 月開始做新品，經過各種數據測試選擇了一款真絲連衣裙作為當季的爆款。前文中詳述的各種重要數據指標，能夠說明店鋪及時發現寶貝流量、轉化率、跳失率等情況，出現問題就能及時解決。前期這個寶貝基本上是沒有多少流量的，四月初開始優化，採取的戰術是非常簡單的流量聚焦打法，即在店鋪首頁黃金位置、所有寶貝詳情頁面都把這款寶貝作為焦點寶貝推廣。從監控數據可以看到，前期僅有首頁和詳情頁的流量支持，慢慢就有銷量基礎了，寶貝的搜索排名也上來了。到了 4 月 25 日，積累了小 200 件的銷量後開始上車衝關鍵字排名，目的是為了搶豆腐塊。5 月 2 日以前寶貝的銷量並不樂觀，一直在人氣頁面三到四頁徘徊（天貓頁面二至三頁）；為了能一舉衝進第一頁，該店鋪在 5 月 3 日做了促銷活動，並投放了鑽展，終於在之後 3 天順利進入人氣第一頁，單獨搜索流量每天穩定在 1500 左右（五月份的時候「真絲連衣裙」關鍵字的流量並不大），這些流量產生的營業額足以抵扣各項推廣費用。

（文｜三十二）

淘寶網賣家退款率分析

　　要想知道一家店鋪的銷售業績，可以看銷量；要想知道一家店鋪的服務品質如何，可以看評價和店鋪動態評分。當然，還有一個指標也可以看看，那就是退款率，造成買家退款的原因有很多，服務、產品品質、物流都有可能導致退換貨。

　　對於賣家來說，退款率作為衡量店鋪售後服務的一個重要指標，無論在用戶的購買體驗方面還是在淘寶平臺對賣家的管理方面，都起了重要作用。我們通過對淘寶網 2011 年 3 月的退款數據進行整理分析，揭示淘寶網的退款狀況，並結合行業、品類等維度，對退款率、退款原因等進行分析，期望引起賣家的關注，改善售後的服務品質，最終提升店鋪績效。

全網的退款率分析

　　從數據中可以看出，全網在三月份的退款率在 4% 到 6% 之間浮動。其中，周一（7 號、14 號、21 號、28 號）的退款率相對高於其他日期，這與全網的會員周一表現比較活躍有關。很多人會在周末購物，而周一往往是收到產品的第一天，要是對產品不滿意，或者產品有破損，都可能導致當天的退換貨，從而就引起周一的退款率相對其他日子較高。

　　根據各項退款原因的分佈可以看出，買家在絕大多數情況下選擇了「其他」，說明退款原因相對比較複雜，還需要賣家根據自身的經營情況，結合旺旺聊天記錄等把握買家退款的真正原因。

　　是「與買家協商一致退款」，占到了 17%；而由於發貨問題（缺貨、未及時發貨、未收到貨物和虛假發貨）則占到退款原因的 33%，說明賣家

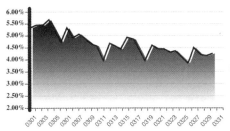

圖9-4 2011年3月全網的退款率

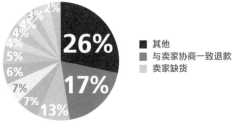

■ 其他
■ 与卖家协商一致退款
□ 卖家缺货

圖9-5 退款原因分佈

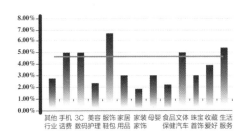

圖9-6 行業退款率

① 运动鞋
② 台式机 / 一体机 / 服务器
③ 平板电脑 /MID
④ 办公设备 / 耗材 / 相关服务
⑤ 笔记本电脑
⑥ 珠宝 / 钻石 / 翡翠 / 黄金
⑦ 国货精品手机
⑧ 网游装备 / 游戏币 / 帐号 / 代练
⑨ 古董 / 邮币 / 字画 / 收藏
⑩ 彩妆 / 香水 / 美妆工具

表9-2 退款率 Top10 類目

■ 拍错商品
■ 与卖家协商一致退款
□ 卖家未及时发货
□ 未收到货物
□ 商品缺少所需样式
□ 折扣、赠品、发票问题
□ 卖家虚假发货

圖9-7 某女裝賣家的退款原因

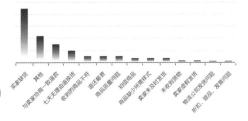

圖9-8 某運動鞋退款的原因分佈

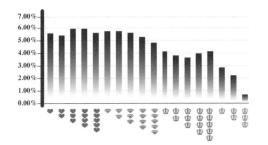

圖9-9 信用等級與退款率

在發貨方面還需要注重效率；而由於商品問題（商品品質問題、收到的商品不符）占到了退款原因的 9%。

對商城賣家和集市賣家在退款率方面進行對比可以發現，商城的退款率為 3% 多一點，而集市賣家的退款率則達到了 5%。這主要是由於商城商家的產品品質、服務態度都比集市賣家好，這樣才使得這兩種賣家的退款率有明顯的區別。

很多集市賣家都是小賣家，他們賣的貨往往是從批發市場來的，自己對產品的品質把控不嚴；而商城賣家都有自己的供應鏈跟生產體系，所以對產品質量的把控比較嚴格，再加上對客服時常培訓，客服能力提高也在某種程度上降低了退款率。

行業及類目退款率

由於服飾鞋包行業的成交量大，並且產品又為非標類，所以退款率相對要高於全網的平均值。在服飾鞋包行業中主要的退款原因為：收到假貨、賣家缺貨、商品缺少所需樣式、賣家虛假發貨、與賣家協商一致退款、收到的商品不符、賣家沒有在 24 小時內發貨、未收到貨物、物流公司發貨問題，以及商品品質問題，折扣、贈品、發票問題，七天無理由退換貨，拍錯商品及退還郵費等。

提取 2011 年三月份退款率 Top10 的一級類目，我們可以看到：在這些類目中，既有標類產品，如手機、電腦、辦公設備；也有非標類產品，如運動鞋、珠寶、古董和彩妝等；同時也含有虛擬產品。因此，經營以上品類的賣家尤其要注意在售前環節加強管理，特別是銷售客服在銷售期間應該跟顧客說明產品尺碼等資訊，這樣可以降低退換貨的概率。

　　某些行業由於自身的獨特性，退款也有原因客觀存在的。比如陶瓷、燈飾等一些易碎的產品，由於物流、打包未能做好，就極有可能破損，然後導致退款。而這些賣家為了防止退款的發生，同時也為給買家有一個更好的購物體驗，會補寄破損件，並且將外包裝做得更加結實。

　　針對上述退款原因，我們分別以某女裝賣家和某運動鞋賣家為例。

　　在三月份的退款中，某女裝賣家各項退款的原因分佈如下：

　　去除了退款原因中的「其他」和「退回郵費」後，在剩餘的原因中，由於「拍錯商品」幾乎占到50%，說明賣家售前的引導工作還需要大力加強，在「與賣家協商一致退款」方面與全網的比例持平。該店鋪應該整頓一下自己的發貨時間，也可以考慮換一家快遞公司，因為目前所用的快遞並沒有很好地為店鋪服務，未收到貨物的退款率達到了14%。要想改變這樣的局面，建議賣家重新整理倉儲、整合打包人員，不然發貨、物流等問題依然不會有好轉。

　　另外我們對某四皇冠的運動鞋賣家的退款進行分析，可以發現：賣家缺貨成了最大的退款原因，這說明了賣家的後臺供應存在很大的問題，或許這位賣家忘記了自己的庫存，只讓客服接單，這樣對買家的再次購買也會造成一定的傷害。同時，還需要加強店鋪頁面的引導。也許這位四皇冠的賣家在前期也有備註說明缺貨，但有些買家沒看到或者沒問清楚就購買了商品，那樣也會提高退款率。

開店時間、信用等級與退款率的關係

　　根據數據可以看出，開店時長與退款率之間的關係是散亂的，說明開店的早晚與退款行為之間沒有必然的聯繫。但筆者也隨機探訪了幾個開店

時間長，且銷量評價都還不錯的賣家，他們的退款率是逐年下降的。因為他們已經有了一批屬於自己的忠實買家，這樣對降低退款率來說也是一件有益的事情。

從圖中可以發現，隨著信用等級的提升，退款率會有下降，說明賣家規模的增大提升了賣家的運營能力，從而減少了退款的可能性。vielot0716是 2010 年開店的一個小賣家，到 2011 年 5 月才「三心」，貨源不足、款式不多、顏色一般往往導致了買家的退款，儘管掌櫃的服務態度高於同等級的賣家，但是退款也是在所難免的。而隨著店鋪信譽的增加、銷售量的增加，賣家的退款率也隨之下降，賣家的供應鏈、銷售前端、售後都在逐步完善，買家的購物體驗好了之後，那麼退款率也會下降。

通過對退款率進行分析，差不多您也瞭解了淘寶網整個消費群體的退款原因。賣家要想降低退款率並不是神話，只是在於賣家能否完善自己的管理機制，尤其是倉儲、打包、物流、供應鏈等問題，當然巧妙的售前、售後服務，也能使退款率降低。家家有本難念的經，每個店鋪的退款原因應該按照實際情況來分析，抓住自己的軟肋，趕緊行動，去完善它。

（文｜采林）

你離類目平均轉化率有多遠

買家在你店裡逛了半天，卻什麼都沒買就離開了？好不容易做了直通車引來的流量，買家就是只點不買？吸引來了寶貝詳情頁，說服他們買下這件寶貝，才是王道！

寶貝購買轉化率＝該寶貝詳情頁的購買人數／該寶貝詳情頁的流覽人數。簡單來說，就是100個人看了這個寶貝，有幾個人買了？

我們想像買家的購物路徑，不管買家是先進到店鋪首頁，還是先進到店鋪的活動頁面，最終都是到了寶貝詳情頁，然後購買、付款。所以，臨門一腳能否射進，就看最後你的寶貝詳情有沒有說服消費者。

怎麼查看「寶貝購買轉化率」？

整店寶貝購買轉化率查看：通過「量子恒道→綜合報告」得到。

單個寶貝購買轉化率查看：需要分別查看單個寶貝的購買人數，以及單個寶貝詳情頁的流覽人數。前者可以通過銷售數據得到，後者可以通過「寶貝量子恒道→寶貝被訪數據→寶貝被訪排行」得到。

目前量子恒道只支援 Top 商品的查詢。

先說服他們買下「這件」才是王道

不少賣家常常走入一個誤區：為了提升買家的訪問深度，為了「逼」買家們多看些店內的商品，常常把一個寶貝詳情頁搞得花裡胡哨，塞滿了跟這個寶貝不相干的內容，買家們常常拉了好幾頁還看不到當前寶貝的細節照片。買家或是各種煩躁之下，憤然離去；或是被引導著看了好多個差

不多的商品，卻找不到一個「這件更適合」的理由，悻悻離開。

其實這個道理很簡單，小學語文老師就教過我們：與主題關係密切的要詳寫，與主題關係不密切的要略寫，與主題無關的不寫。永遠別忘記寶貝詳情頁的使命——先說服他們買下「這件」才是王道，其次才是讓他們買更多，買更貴，常來買。

這樣一想就很清楚了，描述當前這個寶貝的內容才是最重要的事，要寫在最最前面，用最最大的篇幅。這些內容往往包括以下幾項：

> **TIPS** 1. 整體效果圖，最好有模特或參照物的對比，以及在什麼情況下使用它更合適。
>
> 2. 一切參數：比如尺寸、面料等等一切理性數據。
>
> 3. 各種細節：越能真實表達質感越好，越細緻越好，但不是越多越好。注意不要使用過多照片來表達同一個點，不然只會讓你的寶貝詳情像二姨奶奶的裹腳布——又臭又長。
>
> 4. 或許再來點與這件寶貝相關的故事，營造一些小情調，這個視你的店鋪風格跟團隊能力而定。但我們見過的成功的店都有寶貝故事，有時候，我們也管那叫「品牌」。當然，如果精力有限，那就先說「清楚」，再說「漂亮」。
>
> 5. 如果你剛好說中了買家的心事，給了他一個「這個適合你」的理由，那麼恭喜你，成功了。比如：這條褲子尤其適合個子嬌小的女生，或是如果你還沒嘗試過蘿蔔褲，那麼這條一定很適合你。
>
> 6. 這件商品參加哪些店內優惠：用這塊內容做滿減，提升客單價，或是做搭配套裝的推薦，再合適不過了。

買家的心思你來猜

如何獲取「買家最想知道什麼」的資訊呢？簡單介紹三種方法。

方法一：嘗試換位思考

假如你是一個消費者，你最想通過這個寶貝詳情馬上瞭解到什麼？不是店鋪裡現在有哪些活動，也不是什麼東西比這件更好更漂亮，而是這件寶貝是怎麼樣的，它是我要買的「Mr. Right」嗎？它參加店裡的哪些優惠？如果覺得換位思考太主觀，那麼嘗試以下兩種方法：

方法二：深度訪談

約上幾個曾經買過東西的買家聊聊，注意不要拿公司員工替代哦，員工的意見往往會受工作關係的影響。筆者經歷過一次用戶研究專家做的嘗試訪談，流程如下：

1）把你的寶貝詳情中展示的內容羅列出來，比如尺寸、材料、做工、車線、保養、售後、物流等等，讓買家做重要性排序。這個過程相當於「說」。

2）讓買家演示他如何在你的店鋪內挑選商品，觀察他在寶貝詳情頁各部分的停留時間，拉動滾輪的速度。這個過程相當於「做」，期間不能打斷或者提問。

3）重複他「做」的動作，同時問他，為什麼這裡拉得特別快，那裡停留的時間特別長，最後哪塊內容促使他確認要買。

方法三：客服總結

一線客服最知道買家的想法，讓客服將買家們對這件商品最常問的問題記錄下來，就知道他們在關注什麼了。把這些寫進寶貝詳情，還可以大大降低客服的工作量哦。

好圖片提高轉化率

從 2011 年開始，淘寶好多衝動型消費的行業都開始做細節圖項目，行業的運營小二們通過數據分析與消費者研究，制定了行業的細節拍攝標準。

以女裝為例，淘寶 2010 年開始做細節實拍專案，圈了 120 家女裝店鋪重點監測，做細節實拍後的轉化率提升了 16%～ 20% 左右。

以下是一些行業的細節標準：

TIPS 1. 女裝：公告見「女裝細節實拍官方幫派」

款式細節：設計特別的要素，如領口、袖口、裙擺、褶皺、腰帶等等。

做工細節：走線、內襯拷邊、裡料等等。

面料細節：微距拍攝面料、顏色、面料紋路、面料花紋等。

輔料細節：拉鍊、紐扣、釘珠、蕾絲等等。

2. 箱包：公告見「淘寶箱包官方幫派」。

必須要在寶貝主圖多圖位置放置兩個選擇：

選擇 1 為商品正面圖（允許模特圖）、商品背面圖（或側面圖）、設計細節圖 1、設計細節圖 2、內袋圖；

選擇 2 為商品正面圖（允許模特圖）、商品背面圖、商品側面圖、設計細節圖、內袋圖。

設計細節圖包括以下幾項：

款式細節：設計特別的要素，如袋口、包扣、拉鍊、褶皺等等。

做工細節：走線、鉚釘、裡料等等。

面料細節：微距拍攝面料、顏色、面料紋路等。

輔料細節：拉鍊、包扣等等。

一级类目	宝贝购买转化率	一级类目	宝贝购买转化率	一级类目	宝贝购买转化率
女装 / 女士精品	5.92%	传统滋补品 / 其他保健营养品	6.49%	运动鞋 new	4.07%
女鞋	5.56%	家装主材	5.76%	网游装备 / 游戏币 / 帐号 / 代练	20.23%
男装	6.82%	厨房 / 餐饮用具	9.53%	珠宝 / 钻石 / 翡翠 / 黄金	2.40%
箱包皮具 / 热销女包 / 男包	5.06%	电脑硬件 / 显示器 / 电脑周边	6.95%	笔记本电脑	1.52%
童装 / 童鞋 / 亲子装	8.79%	ZIPPO / 瑞士军刀 / 眼镜	7.78%	生活电器	6.64%
女士内衣 / 男士内衣 / 家居服	8.36%	个人护理 / 保健 / 按摩器材	10.18%	五金 / 工具	9.16%
美体护肤 / 美体 / 精油	11.95%	日化 / 清洁 / 护理	13.48%	MP3/MP4/iPod/ 录音笔	5.02%
手机	2.77%	品牌手表 / 流行手表	4.38%	办公设备 / 耗材 / 相关服务	7.98%
3C 数码配件市场	10.35%	尿片 / 洗护 / 喂哺 / 推车床	14.18%	鲜花速递 / 花卉仿真 / 绿植园艺	7.78%
运动鞋	5.84%	儿童玩具 / 早教 / 童玩车	10.03%	平板电脑 /MID	0.91%
饰品 / 流行首饰 / 时尚饰品新	7.54%	成人用品 / 避孕 / 计生用品	5.37%	美发护发 / 假发	10.44%
网店 / 网络服务 / 个性定制 / 软件	10.78%	电子词典 / 电纸书 / 文化用品	10.78%	大家电	2.23%
服饰配件 / 皮带 / 帽子 / 围巾	8.11%	工艺饰品	5.63%	奶粉 / 辅食 / 营养品	13.90%
居家日用 / 收纳 / 礼品	10.49%	影音电器	6.29%	音乐 / 影视 / 明星 / 音像	7.61%
流行男鞋	5.93%	古董 / 邮币 / 字画 / 收藏	5.69%	闪存卡 /U 盘 / 存储 / 移动硬盘	10.32%
零食 / 坚果 / 茶叶 / 特产	11.61%	国货精品手机	2.45%	电玩 / 配件 / 游戏 / 攻略	5.60%
汽车 / 用品 / 配件 / 改装 / 摩托	6.78%	粮油 / 蔬果 / 干货 / 速食 / 水产	10.37%	演出 / 吃喝玩乐折扣券	9.58%
运动 / 瑜伽 / 健身 / 球迷用品	7.51%	孕产妇营养 / 用品 / 孕妇装	9.65%	手机号码 / 套餐 / 增值业务	12.15%
彩妆 / 香水 / 美妆工具	11.38%	布艺软饰	6.08%	商业 / 办公家具	3.35%
床上用品 / 靠垫 / 毛巾 / 布艺	7.76%	数码相机 / 单反相机 / 摄像机	2.50%	乐器 / 吉他 / 钢琴 / 配件	7.29%
玩具 / 娃娃 / 模型 / 动漫 / 桌游	6.84%	厨房电器	7.95%	酒店客栈 / 景点门票 / 度假旅游	6.25%
户外 / 登山 / 野营 / 旅行用品	6.80%	书籍 / 杂志 / 报纸	14.41%	品牌保健品	11.22%
运动服 / 运动包 / 颈环配件	5.72%	宠物 / 宠物食品及用品	9.75%	台式机 / 一体机 / 服务器	1.81%

圖 9-10 各類目寶貝購買轉化率比較

（文｜賽英）

237

第二部
玩轉淘寶七大引流利器

第一章
聚划算，到底
是天使還是魔鬼

第一章
聚划算，到底是天使還是魔鬼

一天成就一皇冠——解讀聚划算現象

大約從 2010 年 4 月開始，淘寶網江湖中就有了一個傳言：一天成就一個皇冠。

這個說法來源於一名參加聚划算的賣家在論壇上發的一個帖子。該帖子描述了他參加聚划算之後既興奮又糾結的經歷：他將一款原價 29.9 元的童裝以 9.9 元的價格用於參加聚划算，該童裝剎那間狂銷了 2 萬餘件，但與此同時，他的客服及發貨體系卻因訂單過多而徹底崩潰。

淘寶網 SNS（社會性服務網路）的相關負責人表示，這並不是一個極端案例。參加聚划算的基本條件就是能夠提供 1000 件以上的商品，而這些商品通常都會在活動推出後的幾個小時之內就被搶拍完畢。因此，聚划算的買家，常常會發現到了中午，聚划算裡的商品大多都已經下架。

2010 年 3 月底，聚划算平臺上線。當時，聚划算每天推出 4 個團，每個

團每天只推廣 3 件單品，每款單品的成團數量不少於 1000 件。每天更新 2 次，分別是早上 10 點和下午 2 點，每個團一天至少可以賣出 3000 件商品。聚划算的成團率始終非常高，商品無法成團的機率僅有 1%。根據調查顯示，參與團購的消費者 76% 為女性，月收入大約在 2000 ～ 4000 元之間，並且絕大多數擁有 3 ～ 5 年的工作經歷。因此，團購消費者是一群有時間和有消費能力的人群。

周末瘋狂購和秒殺的興起與終結

事實上，淘寶網每年都會打造一兩個具有品牌效應的拳頭型活動。曾經的周末瘋狂購和 2009 年紅極一時的秒殺都僅靠一輪活動就創造出上百萬銷售額，並在接下來一段較長的時間內影響了整個淘寶網的活動模式。周末瘋狂購自 2007 年開始成為淘寶網的主推活動，延續了 100 多期。活動的運營模式為：運營小二在掌櫃上報的商品中挑選出性價比高的商品，組成一個商品數量在 90~100 個的商品集合頁面，採用大量資源引入流量，引發購物狂潮。此外，周末瘋狂購申請了註冊商標，第一次將活動的名字品牌化，形成了固定的購買群體。但該活動對資源的依賴程度相當高，對促使買家持續購買商品的作用不大，這也是後來資源量減少活動效果就迅速衰退的主要原因。

2009 年，淘寶推出以一元手機為代表的各類超低價商品，由此引爆了秒殺活動的狂潮以及秒殺的活動效應。秒殺是一種將低價策略發揮到極致的運作方式，能夠在短時間內吸引到大量的眼球。但它自始至終都只是一種促銷手段，而不是一個品牌性的活動，活動的延續性也沒有保障。秒殺追求的是打破常規的低價。無論商品的品質如何，商品的價格都必須控制在 10 元以內，否則便不足以被稱為「秒殺」。換句話說，秒殺是虧本攢

流量，賣家為了降低推廣成本，勢必降低秒殺商品的品質。而買家對低品質的商品並不感冒，因此逐漸進入一種見「秒殺」就煩的境地。

2010 年，聚划算一出現便如星火燎原般蔓延，現今早已達到了當年那些活動的火爆程度。但是聚划算又似乎和以往的活動有所不同。如果說周末瘋狂購和秒殺還只是促銷手段的話，那麼聚划算則當之無愧地成為了一種淘寶網新興的行銷模式。

新興的聚划算模式

聚划算是淘寶網的團購活動。受美國 Groupon（美國團購網站）的影響，國內團購網站如雨後春筍，紛紛破土而出。淘寶網涉水團購已經很久了，但是直到聚划算上線才標誌著其真正開始聚集力量，將團購活動打造成為一個品牌活動。

聚划算的本質是團購活動，但如果僅僅做團購，聚划算就很可能走上「秒殺」的老路。而當引入了 SNS 以後，聚划算就蛻變成了一種行銷模式。

首先，聚划算對商品的選擇是有一定傾向的。為客戶推薦的商品都經過計算和匹配，使之儘量符合登入用戶的購買動機。其次，聚划算供用戶選擇的商品數量不多，用戶的注意力高度集中，想買就要快。這樣買家就不會迷失在選擇的迷宮之中，可以儘快作出購買決定。最後，SNS 的特點就是好友給好友推廣資訊。有了一個聚划算的忠實用戶以後，就會連帶將這個用戶的購買資訊傳遞給他周邊的朋友。同樣的，在一個團沒有滿團之前，這些用戶也會通過拉動周邊的朋友參團，以滿足團購的條件。如此的連帶效應，只有 SNS 的平臺才可以實現。

通過 SNS 的運用，活動的傳播效率得到極大的開發，購買轉化效果被極大地提高。聚划算的流量幾乎沒有浪費，只要每個團能獲得大約 10 萬的

流量，就可以完成整個團所有團購商品的銷售。因此，每當一個團的流量滿了以後，流量就會被導入到另外一個團中。而流量不夠的時候，又可以通過淘寶網資源引入小部分流量，這些流量又能帶進來更多的流量。SNS能迅速彌補流量不足問題，從而將成團失敗率控制在1%以下。

以往，一個活動幾十件商品都是由一個運營小二單獨執行的。因此，活動本身僅僅是商品挑選，商品品質無法保證。而聚划算採用團長負責制，一個運營小二只負責一個團，一個團僅三件商品。因此，在活動運營的過程中，團長還有時間和賣家洽談商品選擇、讓賣家寄商品樣品、指導活動準備工作、提高服務品質等。如此下來，聚划算推薦的商品有品質保障，其口碑自然也越來越好。當口碑的積累達到臨界點後，聚划算的流量便呈現出急劇爆發的趨勢。

以往的秒殺活動，最讓賣家糾結的就是不知道是否會虧本。造成這種情況最主要的原因在於，秒殺本身的形態使得它只能吸引人氣和消費能力不佳的用戶。這類用戶只是抱著撿便宜的心理，碰一碰運氣，秒到就走，不便宜不買。

聚划算則一直以來以「推薦某一類高性價比的商品」為主導形象，參加活動的商品不是一味只求低價，而是追求高性價比。吸引的買家也是一群真正想要購買某一類商品的人，他們在參加團購的時候，甚至會連帶購買店鋪裡的其他商品。

聚划算的技術含量

作為淘寶網主推的活動，聚划算推出了活動的獨立域名 ju.taobao.com。通過域名，客戶能時時刻刻登入活動頁面，這使得活動有了非常強的延續性。因此，活動對流量的需求並不是特別大。

除了獨立域名，聚划算的技術特徵還體現在如下方面：

首先，聚划算採用獨立的團購系統，主推單品的銷售金額並不會在前臺顯現出來，因此不影響主推商品的價格體系。

其次，聚划算縮短了整個交易流程，這使得賣家能夠用最簡單的路徑參與團購。之前的團購專案，賣家需要在買家拍下商品後在後臺修改價格，而從聚划算端口進入的買家可以直接以團購價格拍下，賣家無須修改價格，這樣就大大縮短了交易時間。

再次，聚划算可以在買家兩小時沒有付款的情況下主動關閉交易，一方面把機會留給真正需要商品的買家，更重要的是減少了賣家交易不成功的概率。

最後，聚划算的運營小二可以跟蹤整個團購的各項數據，因此在每次活動結束以後，都可以總結經驗，把下次團購做得更好。每個參加活動的賣家都會記錄成交資訊，優質的賣家在未來參加聚划算的機率會比普通商家高出許多。

而且，智慧化和人性化是聚划算的追求，具有針對性的開發還在持續進行中。自 2010 年 9 月起，聚划算的團購更加精準，在人群引入方面增加了買家的消費習慣等參數。組團也更多地根據細分人群的結果，以此增加團購成功率。

截至 2010 年年底，聚划算推出 32 個團，推廣單品每日增加到上百個，日均 UV（獨立訪客量）突破百萬，且平均每月團購成交額達到 1 億元。

電子商務區別於傳統商務的最主要特徵就是過剩的商品資訊和整體銷量的爆發性增長。死板的行銷並不適合電子商務的發展，雖然團購、低價都是傳統的行銷手段，但秒殺和聚划算卻是對傳統的延續和創新。下一個影響電子商務的活動形式將會是什麼呢？讓我們拭目以待。

（文｜姚斌 顏思思）

聚划算，不只是清庫存

2013 年 3 月 8 日「女王節」，天貓原創品牌長生鳥通過「7 年不分手」活動，在創造該店最高發貨量紀錄的同時，也一舉成為當日化妝品類目銷量第一。當天，長生鳥單個聚划算坑位獲得了 6 萬筆訂單，5 款新品一共達成了超過 10 萬筆交易。

值得稱讚的是，這次活動前後，該店鋪的銷售額並沒有絲毫震盪。這是因為長生鳥沒有將聚划算當作一個甩尾貨清庫存的管道，而是當作新品發佈的活動來運作，期間準備了整整一年，堪稱精細化運作的典型案例。

準備，歷時一年

「7 年不分手」活動的定位是新品發佈，不僅是為了衝銷量、當一次「女王節」銷量冠軍，也有提升品牌效應的目的。

銷量和品牌效應雙重要求的實現首先從選款開始。由於上聚划算的商品為新品，以往選擇爆款上聚划算的方式行不通了，也不會有大量的參考數據。考慮到化妝品受「有效期」因素影響，備貨風險很大，因此長生鳥選擇 C2B（消費者對企業。即先有消費者的需求，後有企業生產）訂製的方式準備新品，理論上可以大大降低銷量不佳的風險。

從 2012 年的 3 月底開始，長生鳥就開始為 2013 年的活動作準備，而2013 年的「女王節」就成為了被精心準備的對象。一般來說，化妝品的銷量有季節性指向，四季流行的商品不大一樣，因此「7 年不分手」的活動調研被分階段地佈局在各個時期。

在調研中，品牌方從年齡、收入、膚質等角度對目標群體進行了區分，共選擇了 1000 個樣本，以求儘量貼近和涵蓋所有顧客的購物特徵。最後，長生鳥選出了參加活動的 5 個新品款式：BB 霜、眼霜、珍珠粉、精

華乳、蠶絲面膜。另外，這次調研亦確認了活動新品的包裝和價格區間。例如，細節上顧客喜歡蠶絲面膜遠多於無紡布面膜；撕口式瓶子珍珠粉密封性更好，給人感覺更衛生等；而商品價格則在 30 ～ 150 元不等的 5 個區間內。

最終的銷售數據也印證了 C2B 策略的成功。最重要的是，備貨量和銷售量相差不大，沒有壓貨風險。活動期間 80%訂單來自新顧客，說明活動確實達到了吸收新顧客的目的。

從成本角度上，調研花費僅限於人工成本。而通過深度調查，品牌了解了顧客的職業構成、年齡、月收入、購買頻率和周期、使用品類、使用目的、購買原因等各種詳細資訊。這些資訊可以為其未來至少一整年的活動提供精確參考。

圍繞「女王節」這個活動主題，長生鳥打起了為顧客訂製明星款的主意，這也成為「7 年不分手」活動主打的行銷牌。

品牌方和電視劇《七年之癢》合作，為新品成功鍍金，大大提升了新品的聲望。同時，品牌方邀請了知名插畫師特別設計了印有卡通形象的外包裝和贈品，迎合年輕消費群體。

此外，由於該劇集合了各大衛視的當家主播，曝光度勢必不錯，考慮到劇集受眾也比較貼近消費群體，因此從贊助價值上來說，對接很成功。

說到贊助電視劇，其實投入並不大。當品牌方聽說《七年之癢》節目組正在諸暨拍攝，便主動上門尋求合作，還選擇了參演該劇的明星李金銘為品牌代言。因此從長遠來看，這筆投入更像長期的品牌宣傳，新品發佈只是搭了順風車而已。

最後，跨界除了提升品牌價值，也對新品銷售起了很大作用。該劇在 2013 年播出，而此時新品已累積大量的銷售評價和搜索權重，價格已恢復到正常水準，這無疑將帶來豐厚的後續銷售利潤，讓店鋪持續獲益。

蓄水，不是截流

參加過聚划算的很多賣家會感覺活動前後銷售額有很大的變動，所有的交易像被截走了一半。而這次「7年不分手」活動，最大的亮點在於活動前後沒有絲毫的銷量震盪，這是由於整個活動在定位上做到了以發佈新品為中心，在技巧上又做到了以做好蓄水為中心。

在農曆新年過後的2月21日到26日期間，長生鳥上線了一個名叫「標注愛的發源地」的小遊戲，即通過讓顧客標注和戀人初次相識的地方，預告「5款愛的精品」。趁著情人節的餘溫，該遊戲吸引了6萬名顧客參與，為「7年不分手」活動第一次成功預熱。

配合著「標注愛的發源地」活動，品牌上線了第二個遊戲「捕捉愛之珍珠」。該遊戲以10份價值3000元的旅行獎金誘惑消費者玩遊戲、拿優惠券，繼而收藏店鋪並關注新品首發。通過這個遊戲，店鋪在活動前夕一舉累積了4萬多次收藏。

同時，在前兩個遊戲的基礎上，品牌還在樂活＋平臺開展了「我的愛情保鮮秘訣」話題互動，在淘金幣頻道開展了任務箱子活動。店鋪以愛情為主題串聯活動，5款新品對應五大愛情宣言，持續吸引了淘內流量。

通過互動遊戲吸引到一些前期關注後，2月27日到3月4日期間，長生鳥再接再厲，於試用超市派發了多達20萬份的小樣。大量的小樣派發得到了試用平臺的支援，三天的頻道首焦使得活動的關注度再度攀升一個臺階。

由於品牌前期在淘寶旅行、樂活＋、試用超市成功吸引了顧客關注，因此在品牌方聯繫淘女郎平臺時，也同樣得到了支持，淘女郎回饋了品牌方40份試用報告。

將試用超市得到的試用報告用於刺激老顧客，將淘女郎試用報告用於

商品詳情頁說服新顧客，這樣的舉措消除了新老顧客的最後顧慮。同時，大量小樣的派發除了提升曝光率，在銷售額上也成功帶來了至少10%的訂單回流。

3月5日開始，活動進入最後的階段。品牌方開始在新浪微博和騰訊微博大力宣傳，比如在新浪微博舉行了「愛之初體驗大轉盤」活動，讓微博紅人和老顧客們帶動微博關注，成功升到微博活動首頁，而另一個「美眼達人砸金蛋」活動則成功地占據了熱度活動首頁第二的位置。微博活動吸引成交的可能性並不大，但是卻成功提高了活動的影響力，為最後的行銷衝刺賺足了眼球。

由於預熱期間頻繁在淘內淘外曝光，這期間活動吸引了聚划算平臺的關注，團購預告也開始為活動的 MiniSite（活動網站或會議網站。企業配合市場運作推出的小型網站）頁面導入流量。此時，品牌方開始大量投入淘寶首焦等付費資源，引入所有流量進入活動 MiniSite 頁面，最終讓所有流量進入了戰場。

舉行活動其實就是整合資源的過程，每次大促都會有很多賣家感慨沒有得到官方資源的支持。但話說回來，打鐵還需自身硬，只有賣家做了充足準備，官方才會有給予資源的可能。平臺也想要銷售額，沒理由不將有限的機會給予那些準備更充分的賣家。現在，從賣家的角度來看紅海淘寶網的行銷，精細化運營、資源整合能力已經成為豐收的起跑線。

（文｜趙軍）

1000元坑位如何一天賣出9000單

上聚劃算是種甜蜜的負擔。

倘若把成本加進寶貝價格中，價格並無優勢，該如何促使買家買單？倘若產品毛利很低，就必須用銷量來維持盈利，但如果銷售不佳，或退換率超過某個臨界點，最終便可能落得一倉庫的積壓貨。這些問題該如何解決？

2013 年 5 月 5 日的聚劃算，布衣傳說以 1000 元的價格拍下坑位，共賣了 9187 條牛仔褲。當天聚劃算流量 5 萬多，單品轉換率 14.90％，營業額 97 萬，整店轉換率 11.42％。

TIPS　**參與聚划算活動的牛仔褲 2013 年 4 月部分數據**

流覽量：16981　　拍下件數：842　　寶貝頁成交轉換率：5.27%

訪客數：12057　　拍下金額：149876 元

跳失率：62.11%　　支付寶成交量：658

2013 年 5 月 5 日布衣傳說店鋪經營狀況

流覽量：203926　　　平均訪問深度：1.95

訪客數：95801　　　　支付寶成交件數：12531

客單價：95.85 元　　　支付寶成交筆數：12293

成交用戶數：10133　　支付寶成交金額：971259.06 元

單品轉換率：14.90%　全店成交轉化率：10.58%

不妨來一起看看布衣傳說旗艦店掌櫃分享的成功經驗：

首先，如何修煉紮實的店鋪內功是掌櫃需要考慮的問題。

聚划算不單單是一場出銷量的活動，更應該是店鋪運營的一部分。所以，

在做聚划算團購活動之前，掌櫃必須確保自己店鋪的運營正常而且健康。

為什麼首先要提到店鋪內功？該項判斷的得出有賴於消費者的消費習慣和消費訴求。一般情況下，拋開產品本身，消費者更趨向於知名品牌或者購買過的店鋪。如果遇到口碑不好或之前購買過但用戶體驗很差的店鋪，消費者很可能便不會再購買該店鋪參加聚划算的寶貝。試想，如果客戶從聚划算進入了你的店鋪，這時候卻發現店鋪風格混亂、寶貝不相關、銷量很低、店鋪 DSR（賣家服務評級系統）很低，相信很多消費者都會選擇離開。因此，只有練好店鋪內功，參加聚划算才能更加得心應手。

其次，在挑選寶貝參加聚划算之前，必須以買家的心態來關注聚划算。如果經常關注聚划算，關注其他店鋪賣得好的寶貝的優點，保存圖片和文案，心裡便會對聚划算的寶貝有個初步的判斷。這樣自己參加聚划算時，就不會再選擇爛款、提供爛圖，也不會在搭配文案的時候失手。

複次要考慮的問題是選款。

選款很重要，不是說款式一定要好看，而是說款式一定要契合聚划算消費者的需要。那麼，參加聚划算的人群需要什麼樣的產品呢？參加聚划算的人群大多比較理性，因此商品必須首先具有高性價比和高品質感，低檔、低價貨和舊貨都不見得有市場。因此，一旦哪家店鋪把聚划算當作清舊貨庫存的入口，銷量便會奇差無比，根本達不到聚划算應當達到的效果。在挑選寶貝的時候，掌櫃必須依據數據以及買家評價選出自己店鋪的優勢產品。

對於選品，我的經驗是：最好選擇應季、用戶需求大的商品；店鋪本身就熱賣，轉換率高、用戶評價好、產品收藏多的寶貝也可以考慮；產品需易於包裝且不易損壞，如此一來便能降低損耗；SKU（最小存貨單位，有時亦指單品）顏色和尺碼多一些，便於更多人選擇；不要假貨，不要貼牌，更不能偷工減料，品質要和店鋪裡的商品一致甚至高於店鋪內的商品；價格不能過高，除非你的品牌有很大影響力；和店內商品有一定關聯，帶動

關聯銷售。

　　再次，優化引流圖也是必須要完成的工作。

　　不一定要在圖片上寫太多文字，圖片的說服力永遠是大於文字的，這就是所謂的「一張好圖勝過千言萬語」。圖 1-1 是布衣傳說在報名聚划算之前做的引流圖，比較粗糙，圖 1-2 則是聚划算團購活動當天使用的圖。

　　這款牛仔褲的賣點就是淺色、清爽、透氣、薄。5 月的時候，天氣已變熱，因此我們要盡可能最直接地表現出產品的優點和賣點。

　　對於引流圖，我建議是：一方面，圖片簡潔、清晰，突出賣點，精準定位目標用戶；另一方面，切勿盜用經常出現的熱圖。這是因為，圖片中包含多重色彩和太多文字會分散買家注意力，圖片清晰簡潔則更容易突出商品的品牌感，而盜用圖片會使寶貝產生很強的山寨感，影響消費者購買。提醒一下，寶貝的質檢標誌和閃電標誌會擋住部分圖片。

　　最後，整合行銷也是需要做到的點。

　　因為聚划算平臺本身就能帶來很大的流量，所以參加聚划算當天基本不用專門使用直通車或參加鑽展，整合資源行銷便能使聚划算平臺帶來的流量得到最大限度的使用：第一，大搞店鋪促銷活動，例如在參加聚划算當天開展單件包郵、滿減活動；第二，做好關聯行銷，找出關聯度最好的寶貝與之關聯搭配；第三，著手 SNS 行銷，上聚划算的前一個禮拜，開始在微博進行有獎轉發活動，所有的旺旺自動回覆今日聚划算的相關資訊；第四，一一通知老客戶，送優惠券，老客戶的 ROI（投入產出比），我們曾做到過 1:100。

　　除了以上之外，還要對店鋪進行整體優化，突出品牌感，並且優化寶貝詳情，突出品質感。同時，還要注意售後服務，入倉、發貨保證在 24 小時之內。

（文｜布衣傳說旗艦店）

圖 1-1 參加聚划算前的寶貝配圖

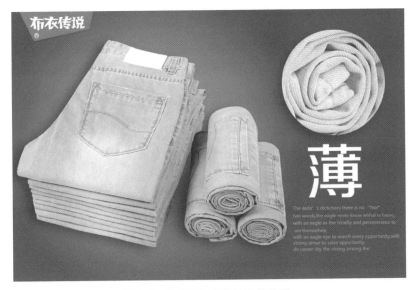

圖 1-2 參加聚划算時的寶貝配圖

拉手起跑線 —— 聚划算新規則解讀

增加流量帶動銷售額，宣傳品牌贏得知名度，這些都是商業推廣的永恒目的。聚划算作為淘內流量噴泉，一直都是所有賣家躍躍欲試的地方。2012 年，聚划算官方發佈了違約金機制，同時取消了 KA（即 KeyAccount，重要客戶、重點客戶）商家和專團機制，這對賣家來說是一個怎樣的信號？

違約金不是衝動的懲罰

很多賣家都想參與到團購平臺中來，每天大約有 3000 多件商品參與報名，而真正獲得機會的商品僅有 180 個。聚划算平臺每周會出現大約 20 個違約賣家，違約行為包括取消、延期、改期、退出參團以及發貨速度過慢等。這樣的行為一來浪費了聚划算的人力資源，影響團購規畫；二來浪費了有限的機會，損害其他賣家的利益；三來發貨太慢還會影響買家的購物體驗，降低團購熱情。而違約金機制將針對以上違約行為作出懲罰，懲罰方案包括 1000 元違約金、沒收競拍費、停止合作 3 個月、店鋪扣分 4 種具體措施。

為了防止違約，賣家需要做到以下兩點：第一，團購活動中，在繳納保證金、備貨、發貨以及質檢上很容易發生違約，所以賣家參團前務必先瞭解自己的商品數量、資金實力、人力資源狀況，然後再根據自己參團的商品數量準備好相應的保證金和商品；第二，賣家應該檢查自己的團隊是否有能力應付過多的詢單和發貨量，及時增加臨時客服、打包發貨人員以增強實力。

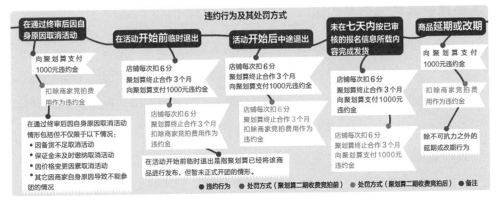

圖 1-3 聚划算違約行為及其處罰方式

> **TIPS** | **聚划算規則細讀**
>
> 1. 違約金的繳納方式：主動繳納，否則聚划算將終止合作，直至違約金繳清。
>
> 2. 價格變更：主要針對提高價格（不論多少），鼓勵在不變更商品和品質的前提下主動降低價格。
>
> 3. 在開始團購前退出：指團購商品在「即將開始」狀態時退出（我想團」頻道將會取消）。
>
> 4. 商品延期或者改期：指在二審確定排期後無法開展團購的情況（審核系統化之後，排期將在終審後確定）。
>
> 5. 因不可抗力延期或者改期的前提：賣家能提供合適的相關證明（自然災害、車禍等）。
>
> 6. 競拍費：比如有 9 位商家競爭某類目的 3 個團購位置，則需要採取競價途徑上團購，競價方式為荷蘭拍（一次拍賣多件相同物品，價高者得）。

申請參團成為圓桌會議

除了發佈違約金機制之外，聚划算官方還取消了 KA 商家。

先前，聚划算平臺的高級商家分為三類：A 類——阿里巴巴集團旗下子公司及聚划算創新業務合作夥伴、B 類——聚划算官方主動邀約的戰略合作夥伴、C 類（KA 商家）——以商城旗艦店、專賣店、電器專營店、集市皇冠店為主。

在取消 C 類商家之後，這批商家會被納入到統一體系中管理。而高級商家之中將僅存 A 類和 B 類，且只有被官方邀約才能出現新的高級商家，一般的賣家將不再獲得晉升機會。以上新規則會使商家團隊不再有那麼多的等級之分，參團標準簡單化。規則變動後，高級商家只占非常小一

	商城	集市	良無限	備註
商家星級	無	5 鑽及以上（特殊類目除外，詳見下圖）	5 鑽及以上（特殊類目除外，詳見下圖）	
開店時間	3 個月及以上	3 個月及以上	3 個月及以上	
商家好評率	無	98%及以上	98%及以上	
參與的消保服務	7 天無理由退換貨	消保	消保	
寶貝與描述相符	4.6 及以上	4.6 及以上	4.6 及以上	
商家的服務態度	4.6 及以上	4.6 及以上	4.6 及以上	
商家的發貨速度	4.6 及以上	4.6 及以上	4.6 及以上	
店鋪動態評分	300 以上	300 以上	300 以上	
實物交易比例	80%以上	80%以上	80%以上	虛擬卡卷除外
品牌授權	非品牌旗艦店出售品牌商品需提供品牌授權	非品牌旗艦店出售品牌商品需提供品牌授權	非品牌旗艦店出售品牌商品需提供品牌授權	

表 1-1 初級認證商家標準和參團流程

部分，曾經的 C 類商家將和普通初級賣家的寶貝處於同一水平在線，報名
資格也將處於同一起跑在線。這就使所有寶貝如同參與了盲選賽制，從而
保證了一定的公平性。

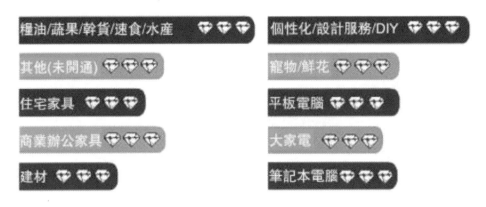

圖1-4　特殊類目星級（集市店鋪）要求

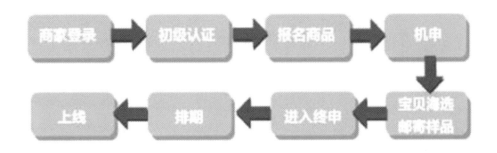

圖 1-5　聚划算參團流程

取消 C 類賣家後，A 類和 B 類賣家不受任何影響。原 KA 商家雖說失
去了一些特權，但在沒有義務束縛情況下，KA 賣家也可以更靈活和自由
地制定團購方案。而對於普通初級賣家，有沒有 KA 商家對他們來說影響
並不大，因為若想贏得更多參團機會，他們必須做的依然是提高商品誘惑
力、彌補自己和大賣家在運營及管理上的差距。

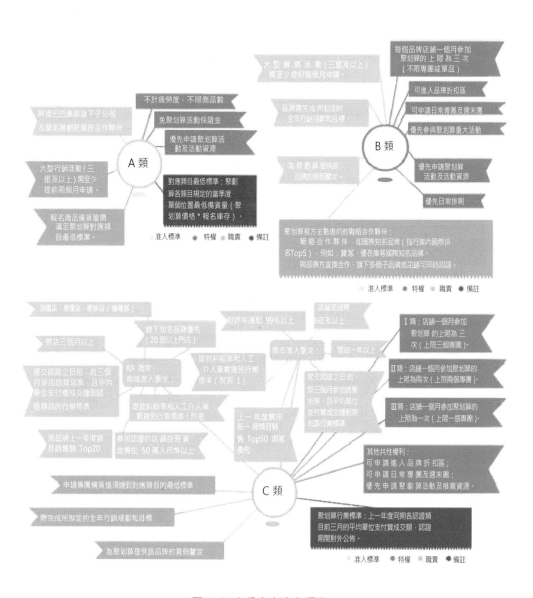

圖1-6　高級商家准入標準

專團模式隱退江湖

聚划算的第三項新規是取消專團模式。

在先前專團模式下，B類和C類Ⅰ級賣家最多可以每月參團3次9件商品，C類Ⅱ級賣家最多可以參團2次6件商品，C類Ⅲ級賣家最多可以參團1次3件商品，而普通賣家每月只能參團2次2件商品。不同賣家的團購次數和商品都不同，這反倒會局限聚划算的發展，不利於發揮團購的正面效應。例如，高級賣家會追求參團商品的數量，這便容易造成參團時備貨和發貨壓力較大，使自身處於混亂狀態。

以後除大型官方活動之外，專團機制將不會再出現，疲勞度限制則從每月兩次放寬成三次。這意味著，除A類賣家外，其他所有賣家每月最多只能參團三次三件商品。曾經的C類商家參團的寶貝數量將大大減少。A類商家由於不受疲勞度影響，且無商品數量限制，所以取消專團對A類商家來說沒有任何影響。原來的普通初級賣家則多出一次參團機會，這對其商品擁有足夠誘惑力的普通賣家來說是一大福音。取消專團說明以後賣家必須將更多的時間和精力投入在發貨、售後處理等工作上，以此提高顧客滿意度，實力不足、服務不好的賣家將逐漸遠離聚划算平臺。

TIPS | **專團和疲勞度**

1. 專團：一次參團同類目下的三件商品。

2. 疲勞度：這是一個時間限制機制，新規定限制商家每個月最多參加3次活動，每次參團的時間間隔需要在5個工作日以上，且上一個團購活動必須已圓滿結束。

公平買賣、競爭是市場的要求。減少人為因素干預，讓市場選擇優質的寶貝參團，這是聚划算的追求。新規則將使買家有更多機會能遇到優秀

的商品和賣家，而賣家將得到更多的經營主動權。參與團購時，賣家必須認識到團購的積極面，也必須達到團購對賣家的高要求。無論是團購前、團購中、團購結束後，賣家都應該以努力提升服務為目的，這樣才能最大化地享受團購樂趣。

（文｜趙軍）

聚划算真相

生於淘寶網平臺，讓「聚划算」這個項目生就一副「富二代」的氣質，底子厚實，家境優渥。先天的平臺優勢加上後天的努力，聚划算在誕生當年便一舉奪得國內團購網站成交額第一的好成績。往後看更長的時間，面對「團長」這把交椅，聚划算擺出了一副一屁股坐下去就不打算挪開的造型。

排名	網站	功能變數	開團日期	網站類型	交易額（億元）
1	淘寶聚划算	ju.taobao.com	2010.3	購物網站	5.2
2	把手網	lashou.com	2010.3	自主營式購物網站	2.6
3	美團網	meituan.com	2010.3	自主營式購物網站	1.4
4	滿座網	manzuo.com	2010.1	自主營式購物網站	1.2
5	糯米網	nuomi.com	2010.6	SNS 網站	1.0
6	大眾點評團	t.dianping.com	2010.7	生活服務類網站	0.9
7	QQ 團購	tuan.qq.com	2010.7	門戶網站	0.8
8	24 券網	24quan.com	2010.3	自主營式購物網站	0.6
9	團寶網	groupon.cn	2010.3	自主營式購物網站	0.5
10	58 團購	t.58.com	2010.6	生活服務類網站	0.3

資料來源：綜合公開資料、艾瑞諮詢行業訪談、艾瑞諮詢自有監測產品 iUserTracker、EcommercePlus 相關資料理所得。

表 1-2 2010 年中國團購網站交易額排名

聚划算的三大造型

當其他網站還在用打折吆喝、用便宜吶喊時，聚划算已然從團購 1.0 的泥潭中悄悄起身，伸出一條腿，奔向了團購 2.0。

從聚划算在 2010 年夏天推出團英國館種子到秋天團賓士車，我們就

可以看出一些端倪。聚划算的野心早已彰顯，撥開滿山遍野的商品，站在更高的雲端，從商品中尋找話題，成為話題製造機。

「你把自己放高一點，再高一點，到達一定高度後，會得到一種上帝的視線。」這樣的角度，不是每個人都有幸能找到的。然而聚划算似乎找到了某種 High 點，它的許多次出手，都具備了新聞媒體領域典型意義的「話題性、主題性、娛樂性」。

讓我們回顧一下聚划算在 2011 年推出的幾項活動，這幾項活動恰恰反映了聚划算所展現出的不同面貌。

例如，由杜蕾斯、岡本等頭牌計生品牌推出的團購夜場「天黑請閉眼」。夜間 10 點開團，時間與產品的結合產生了性感詭魅的化學反應。

再比如奧克斯空調推出的「萬人訂製空調」活動。該活動由消費者訂製空調顏色，並採用「團夠人數越多越便宜」的玩法，讓消費者拉動消費者。奧克斯空調廠家甚至為此專案暫停其他產品的生產達三天之久。同類項目還包括「設計師專場」等。

又如，一家位於遙遠新疆的土特產網店推出了「讓哈密瓜飛」的聚划算活動，當日銷售哈密瓜 1.5 萬個，合計約 20 噸重。由於發貨量過於龐大，該店鋪不得不動用當地 200 人的武警部隊。同類項目還包括「讓楊梅飛」、「讓王八飛」等。

從以上列舉的案例便可以看出，聚划算已展現出主題化、訂製化和本地化的特徵。從以上三種聚划算的全新面貌，我們亦可總結出聚划算的創新之處。

創新之一，從時間的維度，聚划算針對商品特性，分開了早場與晚場。舉例來說，白天團購的商品多為食品、運動產品等，而夜場推出的商品會更偏重私人化，例如睡衣、紅酒、蚊帳等。

創新之二，從產品的維度，聚划算力推當地語系化消費，重推「吃喝玩樂」，而不僅局限在賣貨上。

江湖傳言，上一次要花20萬？

對消費者來說，聚划算不過是每天提供 150 款商品，參加聚划算也不過是白天看一眼、晚上再看一眼的事兒。然而對於賣家，這意味著什麼？這意味著，如果能上一次聚划算，你就會從爆單品走向爆店鋪；如果你能上聚划算，你就會從門可羅雀走向人潮洶湧。

因為上一次聚划算能帶來巨大的利益，「走，上聚划算去！」成了一句嘹亮的口號，時時刻刻撩撥著賣家的心弦。在聚划算的報名規則沒有變化之前，每日報名的商家多達 2000 個。就如同「超級女聲」、「快樂男聲」一樣，倘若有賣家從這場遊戲中勝出，就能立刻吸金無數，成為萬人矚目的焦點。顯然，上聚划算已經成為眾多賣家心目中的彼岸，在那裡春暖花開、訂單漫天。

然而，從海選到勝出，在這條看不見的虛擬紅地毯之後是什麼呢？大家都報名了，憑什麼有的人能勝出，而 90% 甚至更多的賣家被擋在門外呢？其實，聚划算專案組有一套嚴密的數據系統，我們稱之為「機選」。在這個環節中，店鋪信用、動態評分、產品價格等都是權重指數，機器會自動過濾掉那些權重指數較低的店鋪。接下來便到了「人選」的環節。

早在 2011 年，江湖中便有「花 20 萬元，就能上聚划算」的傳言。對此，聚划算專案負責人予以否認。他表示，聚划算專案有若干團長小二和一支專職的審核小組，任何商家的商品都必須經過團長小二與審核小組一致審核通過才能參與聚划算，商家走關係的可能性基本為零。

在聚划算審核系統升級之後，每日報名參加聚划算的商家由 2000 家減少為 500 家，只是這個工作量依舊繁重。聚划算的 5 人審核小組每天必須審核 500 件商品，還有許多小商品由賣家直接郵寄到公司來審核，審核小組的成員時常被無數的包裹掩埋著。

團購本身是沒有前途的

2011 年，聚划算的幾個關鍵字分別是：物流（與物流寶合作，在全國建立 30 個倉庫，賣家可將商品先發至物流寶倉庫）、提升服務（24 小時發貨，擴大商品類目）、獨立域名和認證系統 2.0 版本。而在聚划算關鍵字當中，最為重要的則是賣家對團購本身的認識與接力能力。

正所謂「重利之下，必有勇夫」，團購已成為當下最時髦的一種網購形式。團購網站自 2010 年 3 月興起以來便數量暴增，但它們中的大多數卻還沉迷在「團便宜」的泥潭裡，並未找到適合自己的道路。

「團購本身是沒有前途的。」聚划算的負責人堅定地認為，將來的團購網站只會有兩種健康的模式：其一，是漸漸成為獨立的 B2C（商家對消費者，即商家直接面向消費者銷售產品和服務）平臺，例如拉手網；其二，是依託專業的服務來增值，例如大眾點評團。現有的大多數團購網站都還在賣打折商品，這樣的行為背後，是賣家資源的不斷透支。團購網站一味要求賣家打折、零利潤甚至虧本，這其中的健康轉化率有幾何？消費者對團購的態度堪比對待「一夜的情人」，根本記不住也不想記住，他們更關心的只是下一塊肥肉。

有不少賣家認為，大家都擠破了頭、挖空了心思上聚划算，其核心就在於：在其他網站，賣家只能傾銷商品；而依託大淘寶網超人氣的聚划算

平臺，優秀的賣家就能從爆單品走向爆店鋪。這就回到了聚划算重點強調的「賣家對團購的認識與接力能力」上。現今，大多數賣家還停留在對團購膚淺的理解上：因為買家組團，所以可以拿到更好的商家折扣，再用更多的商品、更低的折扣吸引更多的買家。可事情真的那麼簡單嗎？商品的關聯銷售、單品的轉化率等都是深刻的課題，只有把其吃透吃深的人，才能找到那串通往財富與榮譽的密碼。

我們一直在強調，一個真正優秀的商業模式就是「自己能夠複製自己，別人不能複製你」，究竟是否會有成功者，就看誰最終能真正理解商業模式的本質。商業模式的表現雖然千變萬化，但是優秀商業模式的設計卻是有規律可循的。

聚划算之於淘寶網，如同一個上進的富二代之於他的父輩：往主觀高調裡看，它格局天成，必成大業；但往客觀冷靜裡看，亦需步步為營，不懈創新。

聚划算之於「百團大戰」，如同一個領跑者之於追趕者：也許從成交額上來說，很難超越；但是追趕者可另闢蹊徑，拿下單項的冠軍。

聚划算之於賣家，如同一個大舞臺之於選秀者：這裡每天都能誕生無數的明星、新星，每天也都發生著為盛名所累、最終不知所蹤的情景劇。

而聚划算之於電子商務，未完待續⋯⋯

（文｜陳媛媛）

第二部
玩轉淘寶七大引流利器

第二章
爆款店鋪
該何去何從

爆款店鋪該何去何從

一個隕落爆款店主的自白

本文是一個淘寶三皇冠女裝店鋪掌櫃的自白書。在自白書中,掌櫃回顧了自己三年來以打造爆款為店鋪運營的基本技能,忽視提升店鋪核心競爭力,而導致店鋪最終沒能繼續下去的悲劇。

無心插柳,開創局面

2009 年 4 月,我註冊了淘寶女裝 C 店。最開始,我的店鋪模仿當時淘寶上有名的皇冠店鋪「1970 流行館」專賣 T 恤,堅持一個月後,只收穫了兩筆訂單。如何讓這一潭死水有起色呢?我日思夜想,無處下手。

「五一」之後,我將目光轉向武漢本地的女裝市場——漢正街中心商城。這裡的貨源來自武漢郊區的古田工廠,價格低廉。逛了幾天市場後,我

發現很大一部分商家都在做一種純色長裙，這種純色長裙銷售火爆，在價格便宜的檔口甚至出現各家爭相購買的情況。這批長裙鬆緊腰，顏色包括白、粉、青、淺藍、深藍、紫色6種，長度有66厘米、85厘米和100厘米三種。為了衝信譽，我將拿貨價為每條13元的純色長裙定價為每條19.9元，拍照時搭配店鋪的T恤，再配合兩件包郵活動，這樣T恤的銷量也被帶動起來。

為了吸引更多買家，我為6個顏色的長裙分別建立了各自的寶貝連結（那時，重複鋪貨還沒有被禁止），由於每個寶貝的上架周期是7天，每到快下架時分連結總會吸引來一批自然流量。我在每個分連結後附上總連結位址，提醒買家轉到總連結來購買，這樣總連結的寶貝在自然搜索時會排在前面。由於我店裡的長裙是當時全淘寶長裙類目裡賣得最便宜的，2009年夏天，這款長裙的月銷量便突破了1000條，整個夏季共賣了5000條，店鋪信譽僅靠一款單品就升到了5鑽。

埋頭鑽研明星單品

嘗到第一季的甜頭後，我總結經驗：鋪再多的貨也沒用，爆款才是關鍵。做成一款爆款可以提升該爆款的人氣排名和銷售量，帶動關聯產品的銷量，也可以增加店鋪收藏量，為店鋪吸引新的客戶，因此爆款實在是有諸多好處。

2009年冬天，經過不斷跑市場和網上測試，我選中了一款棉褲。這款棉褲的進價為每條25元，售價為每條49元，月銷量達1000件，整個冬天為我創造了5萬元的淨利潤。當時，店裡總共也就幾十款寶貝，其中爆款的分連結和總連結就有三個，其他的SKU都是圍繞著爆款、和爆款相搭配的。這個階段我開始測試直通車。當時，只要為每個點擊花費0.2～0.3

元，就可以在搜索結果中排到前幾頁的位置。每天花費 20 ～ 30 元錢，可以帶來幾十筆訂單。

通過 2009 年一年的摸索，我更加堅定了走爆款之路的決心，並在此基礎上把店鋪 SKU 畫分為跑量款和利潤款兩種。2010 年 4 月，店鋪一下子就爆了。我開始鋪貨，以裙為主，各種各樣的長裙、短裙、連衣裙，純色的、花朵的，純情風、波西米亞風，輔之少量爆款的 T 恤。每天發 100 多個包裹，買家中不乏小額批發商，更有來自香港和臺灣地區的買家。一個月後店鋪升冠，到季末店鋪升至兩冠。2010 年一整年，我埋頭鑽研淘寶網推廣管道，並沉澱下一套利用直通車並輔以淘寶客來快速系統打造爆款的方法，即每天早晚各花 2 小時，挨個調整爆款直通車的 200 個關鍵字和不斷測試、合理出價。

成也爆款，敗也爆款

進入 2011 年，直通車、淘寶客和鑽展的價格都翻了幾倍，要打造一個爆款並不像之前那麼容易。一味的低價策略也讓店鋪轉身溢價之路十分困難，店鋪裡只要單價上了 50 元的寶貝總是難有銷量。2011 年秋天，我進了一批屬於漢貨精品系列的西服外套，平均每件 50 元的拿貨價，我只加 20 ～ 30 元便往外賣，可客戶買去後卻並不滿意，認為價格太貴。這個秋天，店鋪不但沒有賺錢，反而賠進去不少。

2009 年及以前，羊群效應在買家的購物活動中起主導作用，那時的大多數買家還沒有形成明確的目標和想法。但是後來，這種情況漸漸發生了改變，只是我還偏執地認為，這個世界上沒有賣不出去的貨，只有沒膽量砸廣告才導致的錯失商機。賣什麼不重要，重要的是怎麼賣，捨不得孩子套不住狼。淘寶客的傭金從最初的 5% 升到 20%，直通車也漲到每天消耗

2000 元，我依舊源源不斷地往裡砸錢。最後，雖然總體算下來沒虧錢，可我早已身心俱疲，離自己最初的設想漸行漸遠，員工也看不到希望。受制於漢派服裝低價低質的基因，商品賣得越多，售後問題就越多。店裡專門請了位裁縫來做質檢，也仍然擺脫不了品質問題帶來的售後困擾。後來，由於供應鏈沒控制好，整個店鋪的好評率直線下降到98%，店鋪動態評分也下降到 4.5、4.4，收藏量增加得更緩慢了。

2011 年冬天，我打造出了自己賣家生涯最強大的一個爆款——一款冬季毛線短裙。這款毛線短裙的進價為每條 9～12 元，售價為每條 19.9 元，共 10 多種花色，兩條包郵。該款短裙的月銷量逼近 8000，爆款又帶來關聯銷售，接連帶出幾個銷量千件的小爆款，利滾利地為我在這個冬天賺到了淨利潤 20 萬元。然而，同比 2010 年冬天，我賺的錢少了，工作量卻翻了一番，我和 3 個員工每天都在超負荷地運作，在 11 月和 12 月平均每天發 300 個包裹。而那些多跑量賺的錢都貢獻給廣告了。

革了自己的命

細數一番，三年下來，除了爆款的打造經驗和武漢貨源的人脈，我一無所有：團隊沒有培養起來，會員管理一片空白，更沒有淘品牌的宏偉志向。不是沒有想過轉型，可走低價策略的店鋪想轉型溢價，真的十分困難。老顧客不買帳，以前積累的顧客群體完全沒用了。雖然是一家三皇冠的店鋪，但每個季節初期都像新店一樣舉步維艱。2012 年 2 月，我把店鋪關了。像我這樣過分依賴付費廣告、並無其他優勢的賣家，總有一天會走向窮途末路。

打造爆款在所有淘寶賣家的心中都不陌生，幾乎大家都曾經操作或者

參與過爆款產品。為了追求銷量，價格戰在女裝類目打得尤其激烈。一款產品如果有爆款跡象，隔天大家就都會上新，一樣的模特，一樣的圖片，更低的價格。有一段時間，我也去大批量訂製過店鋪的吊牌、包裝，但為了價格，沒多久就被打回了原形。畢竟，少做一個吊牌、一個包裝袋或少用一個飛機盒，我就能節省兩元錢，我就比同行更有價格優勢。

爆款是那個時候實力和能力的代表，但倘若陷入過分追求爆款的泥淖，忽略了商業的本質，就會像梅超風修煉《九陰真經》一樣，走火入魔，帶來不可預估的損失。這一點對草根賣家來說尤其適用。數據的刺激會使人盲目，使人只看到銷量、利潤，變得急功近利、利慾薰心。人們不再滿足一個月銷售千件，於是將全部身家都押在了爆款上。店鋪幾十種甚至上百種商品都賣不出去，只有一兩件爆款在大賣特賣。殊不知，只追求短期效應，高潮過後就是虛脫死亡。

回顧整個 2012 年，淘寶網頻繁地調整搜索規則：靜默關鍵字的搜索結果已經不是銷量為王了，而是綜合考慮店鋪各個維度的結果，據瞭解，共有 30 多項店鋪指標被納入考慮；同時，淘寶網開始扶持小而美店鋪，推崇規模小但品質高，且有自身獨特性的店鋪，這和爆款經濟已經八竿子打不著了。

（文｜吳蚊米）

爆款是怎樣煉成的

爆款的非典型定義

不知何時起，爆款在淘寶賣家心中已經不僅僅具有字面意思，它正成為區分菜鳥級賣家和骨灰級賣家的一條分水嶺。在一個新銷售季來臨，新手賣家還在糾結如何花錢為店鋪帶流量的時候，骨灰級賣家們就已經在精心挑選這一季所要重推的產品，做好充足的準備，傾盡全力去打造屬於自己店鋪的爆款。

所謂爆款，自然是指成交量非常大的單品。其通常表現為：該產品在同類目下銷量排名靠前，在相關關鍵字的熱賣寶貝搜索裡排在前幾頁，占整個店鋪總體交易量的50%以上，並能拉動店鋪整體交易額持續增長。簡而言之，爆款是一種現象，它不僅代表了某件單品的熱銷，還代表了其背後店鋪的崛起，乃至在銷售季和相關品類當中的銷售格局。

大賣家是普通賣家仰視的對象，但在他們初入淘寶網之時，也和現在的許多新手一樣，並沒有什麼特別的地方。然而，他們中的大多數都經歷了非常神奇的銷量猛增時期，這一時期的經歷使他們的店鋪徹底轉了運，也改變了他們的人生道路。「從某年某月開始，某店鋪的生意忽然好了起來……」相信這句話適用於大多數大賣家的淘寶網經歷。從此，這些賣家飛躍發展到了另外一個層次，之後便一路發展成為現在的大賣家。

一招爆款之所以能在江湖上掀起腥風血雨，主要原因在以下幾個方面。

首先是流量。除了廣告以外，買家能夠找到賣家的路徑無非是淘寶搜索、「猜你喜歡」等系統根據用戶流覽行為自動推薦的幾種方式。淘寶搜

索是大頭,其中熱賣排行占據了 30% 的流量。一旦進入熱賣排行的前幾頁,流量之大可想而知。而且,這些流量都是淘寶網中最具相關購買需求的精準流量,價值之高無法估量。無論是系統推薦還是熱賣搜索,甚至是修改了規則之後的自然排序,流量分佈都和商品好壞有關。越好的商品越能在流量分佈中占據曝光優勢。

那麼,系統如何來判斷一個商品的好壞呢?自然是通過數據來分析和判斷的,銷量、流量、轉化率、信譽、好評率等指標都是重要的參考標準。買的人多的商品自然是好商品,這是一個基本的判斷邏輯。

其次,消費者的從眾心理。相對於自賣自誇的廣告商品,消費者更願意相信群體的判斷。一款有很多人買且評價不錯的商品,會對買家產生巨大的吸引力。他們甚至在還沒有看到實物的前提下,也下意識地認為這是一件不錯的商品。

再次,產品本身也確實是一個好的商品。性價比高、能夠滿足大家期待的商品,不至於讓購買者失望。

滿足這幾個要素,商品就會在互聯網這個超級放大鏡的作用下,瞬間產生無與倫比的銷售反應,進入一種「銷售—關注—更多銷售」的良性循環,銷售量呈幾何級的速度增長,從而完成爆款的蛻變。

破解爆款的密碼

想發現爆款背後的秘密,買家的購買過程是一個很好的切入點。

消費行為學通常會把消費者個體的購買過程畫分成 5 個階段:搜索、評估、決策、購買、評價。就某個消費個體而言,其購買過程其實是一個不斷循環的過程,每次消費後作出的評價將會直接影響到下一次消費決策。

> **TIPS** 　五個購買階段
>
> 　　網購時，買家同樣也會經歷上述5個階段完成單筆交易。對任何一個
> 階段的推動，都將促使買家完成購買行為。傳統管道中容易被忽視的影響
> 因數，也許會對買家的網購行為產生決定性的影響。爆款，正是在網路特
> 定的購物環境下，通過淘寶網和淘寶賣家的共同推動，才發揮出了至關重
> 要的作用。
>
> 　　1. 搜索：消費者尋找感興趣的商品。
>
> 　　2. 評估：消費者收集產品資訊，評估該產品是否能夠滿足自己的
> 需要。
>
> 　　3. 決策：消費者衡量該產品所帶來的益處和需要為之花費的成本，
> 判斷是否購買。
>
> 　　4. 購買：消費者完成商品的交易行為。
>
> 　　5. 評價：消費者使用產品後根據使用體驗進行再次評估，評估結果
> 將影響下一次的消費行為。

　　細心的店主會發現一個奇怪的現象——在不做任何推廣的情況下，一
個寶貝一旦有了成交之後，就忽然變得「好賣」了，而且成交量越大的寶
貝就越容易再次成交。事實上，這種「越賣越好賣」的寶貝，就是爆款的
雛形。

　　之所以會出現產品「越賣越好賣」的現象，是由於買家在做購買決策
的過程中受到人人兼而有之的從眾心理的影響。

　　對從眾心理最通俗的解釋是「隨大流」，跟多數人保持行為上的一
致。這種現象也被生動地描述成「羊群效應」——在一個漫無目的四處遊
蕩的羊群中，頭羊往哪裡走，後面的羊就跟著往哪裡走。造成從眾心理的

原因，簡單說來就是相關資訊的缺失。

在網購環境下，能夠支撐買家作出消費決策的資訊非常有限。在淘寶網，賣家通過寶貝描述中的文字、圖片和視頻向買家展示寶貝資訊。而在整個購買決策的過程中，買家根本無法接觸到商品實物，傳統管道下形成的評價方式（如試穿、品嘗等）很難在網購中發揮作用。在這種情況下，買家無法收集到足夠的資訊來說明自己進行評估和判斷。再加上極少數無良商家「掛羊頭賣狗肉」，通過盜圖等方式欺騙買家，使買家在網購時更加缺乏安全感。因此，相比之下，買家更願意聽取第三方的意見，而不是盲目地相信賣家所提供的資訊。所以說，寶貝已有的成交量和好評會對買家購買過程中的「評估」和「決策」兩個階段產生正面影響，進而促成購買行為。

雖然在沒有任何外力作用的情況下，具有爆款潛質的優質寶貝也會在市場的自然選擇下浮現出來，但是市場孕育這樣一個爆款的雛形需要很長時間，所以打造爆款更加需要依靠淘寶網和賣家推廣的力量。相對而言，這種「越賣越好賣」的優質寶貝也同樣能得到淘寶網的青睞，獲得更多的流量。

例如，在新搜索排序的規則下，爆款和準爆款就占有明顯的優勢。淘寶搜索排序中的所有寶貝排序和人氣寶貝排序占總搜索量的90%以上，兩種搜索的使用率為7：3。在人氣寶貝排序中，寶貝成交量對排序結果影響較大。而在所有寶貝排序中，雖然交易模型是以PV（頁面流覽量）和轉化率作為直接判斷標準的，但是在不做任何推廣的情況下，PV相對穩定，成交量越高就意味著轉化率越高，因此成交量依然會對排序結果造成很大影響。除此之外，還有「按銷量從高到低」排序，在這種情況下，成交量直接決定了爆款將出現在買家最先看到的黃金位置。另外，淘寶網

運營部門會不定期舉辦促銷活動，轉化率依舊是小二們篩選寶貝的首要標準。爆款的成交量意味著它是一款受歡迎的產品，這足以說服小二們把參加促銷活動的資格分配給它。

在爆款的形成過程中，淘寶網扮演的是「催化劑」的角色。淘寶網通過對流量進行引導，將有潛質、受歡迎的寶貝展示出來，讓買家在購買過程的起點就能夠注意到爆款，從而降低搜索過程的難度，促成成交。

如何準備爆款

如果說網購環境下的從眾心理和淘寶網規則的制定都只是爆款形成的客觀條件，那麼爆款的挑選和推廣才是決定爆款成敗的關鍵因素。

挑選合適的寶貝是打造爆款的開端。如果寶貝本身沒有成為爆款的潛質，那麼為這件寶貝進行推廣就會造成資源的浪費，甚至會為店鋪帶來負面影響。

首先，調查瞭解市場前沿數據是打造爆款的必修功課。

不少中小賣家會選擇跟隨策略——他們會費盡心思找到爆款的貨源或者仿造爆款的款式，將大賣家費心經營起來的爆款移植到自己的店鋪中，但是這種行為成功的機率非常低。其原因在於，他們並沒有理解「成交量」這個詞在市場預測中的含義。「成交量」這個詞本身帶有很強的滯後性——成交量高意味著這款寶貝正處在產品生命周期中的「成熟期」，雖然當下銷售火爆，但也預示著這個寶貝即將進入「衰退期」，甚至已經走上了下坡路，不久的將來就會淡出市場。此外，正在熱銷的爆款已經積累了銷量和人氣，這些都是新上架的寶貝根本無法比擬的。處於劣勢的新寶貝，即使採用低價促銷或者重金推廣，也未必能與銷售正紅的

爆款抗衡。

淘寶網每周都會推出搜索詞彙排行榜，我們姑且可以認為搜索量大的詞反映了客戶當下購買意向的大勢，熱門搜索詞彙直接反映出買家正在關注、正打算購買的寶貝。用戶使用寶貝搜索功能時帶有很強的目的性，此時的買家往往已經形成了最初的購買意向或者具有明確的產品偏好，在這個基礎上，實現成交轉化的可能性非常大。大量買家正在搜索的產品，無疑就會是在未來將要熱賣的產品。因而在選擇爆款時，搜索詞彙上升榜會比熱門榜更具前瞻性、參考價值。如果一個優質寶貝包含搜索詞彙上升榜中提及的款式和元素，那麼它就很有可能成為爆款。

根據過去或當下的數據分析所得出的爆款產品，走完分析、進貨、上架出售的流程，便已經過了最主要的銷售時期，失去了在旺季爭奪的先天優勢，這不利於爆款的產生。只有分析到可能的爆款，事先準備，才會在競爭對手沒有反應過來之前搶占銷售先機，快一步積累到銷售量，更早進入熱賣單品，從而進入產生爆款的良性循環當中。

未來的真實數據是不可能有的，不過好在整個淘寶網市場都是滯後於時尚潮流的，我們可以從更前沿的市場現狀推測出未來可能在淘寶網流行的商品。如時尚刊物介紹的商品、國際知名品牌發佈的最新款產品、熱映電影和熱播電視節目中明星的裝扮都有可能在未來一段時間內迅速流行，許多國內品牌和眾多生產商都是參考這些產品來做商品研發的，所以上面這些商品也很可能成為淘寶網上即將流行的爆款，只要抓住機遇就能製造出受歡迎的爆款。

另外，國外購物網站的熱賣商品、專業的行業論壇資訊、時裝發佈會等都是相當不錯的參考。通過分析這些資訊來整體把握流行趨勢，保持對時尚的敏感，對於挖掘爆款非常有幫助。

其次，做好內功更是打造爆款不可或缺的。

數據只是一個參考，過分依賴數據並不能真正找到爆款。判斷一個寶貝是否具有成為爆款的潛質，只需要從兩個方面來考慮：首先，寶貝本身是一件性價比高的優質寶貝；其次，寶貝符合多數買家的審美取向，符合未來的時尚趨勢。因此，內功成為賣家另一個需要下苦工的方向，唯有內功強大的寶貝才有可能成為爆款。

一般說來，熱銷寶貝的價格處在所在類目的中下區間，較低而非最低的價格能夠吸引買家、提升轉化，又不至於讓買家產生「便宜沒好貨」的慣性思維。關鍵是讓買家覺得寶貝物有所值，對此，賣家需要把控好質量關。

「實踐是檢驗真理的唯一標準。」在時間和成本都允許的前提下，賣家可以對爆款做個小小的試驗，檢驗這個寶貝是否具有熱銷的基因，到底能不能受到買家的歡迎。賣家把預先選定的寶貝都上架，儘量確保導入到每個試驗品上的流量一致，這其中轉化率越高的寶貝，意味著越受買家歡迎。如此一來，哪個寶貝能成為爆款，就一目了然了。

通過數據分析找到有潛力的寶貝只是第一步，在這個寶貝正式推廣之前，必須先進行必要的優化。如果不能很好地展現寶貝，即使它能被多數買家發現，也很可能夭折在成為爆款的道路上。

既然是一個單品，並且要帶來大多數的流量，那麼這款產品必須要有一個好的寶貝描述。可以選擇採用單純的產品羅列的方式，也可以有策略地規畫這個頁面。但是對於消費者來說，這二者之間存在著很大的差別。因為他們看不到商品，所以就希望能看到更多的產品細節。因此，賣家需要挖掘盡可能多的賣點，因為每多一個賣點，就多一個買家為此埋單的理由。

主動推廣，讓爆款火爆起來

在打造爆款的過程中適時引入流量、推廣爆款，也是一件很講究的事。一般說來，賣家都是先將小部分流量導入不同寶貝，尋找到可能的爆款；再通過各種推廣手段導入大批流量，看寶貝是否被市場所接受；最後在銷量上升之後導入更多流量。銷售越是火爆，就越要導入更多的流量，切不可一滿足就減少流量。因而，我們可以將一個爆款的生命周期歸納為導入期、成長期、成熟期和衰退期4個階段。

導入期是寶貝剛上架的時期。買家需要一段時間來接受一個全新的寶貝，所以成交量往往不會很高。此時，賣家不需要在推廣上花費太多的費用，做好直通車保證最基本的流量就足夠了，關鍵是確保投放足夠精準。店鋪內也可以通過導航、掌櫃推薦、套餐搭配等方式把流量引導到新的寶貝頁面。把新產品推薦給老客戶，帶來第一批成交，是很明智的選擇。

判斷導入期推廣是否奏效的標準是轉化率，它對搜尋網頁面寶貝自然排序的貢獻非常大，初期的轉化率直接影響寶貝在接下來的幾個階段能否真正成長為爆款。在這個階段轉化率高，意味著之後的推廣中一旦引入了流量，就能立刻實現銷售轉化，讓推廣更加有效。所以賣家在導入期需要有足夠的耐心和細心，全面關注寶貝定價、寶貝描述、客服和售後等環節，盡可能將準爆款的轉化率做到最高。

成長期是寶貝的成交量和流量上升最快的階段，此時的推廣效果也最為顯著。在這個時期，店鋪的推廣力度可以逐步提高。可以選擇短時間內能夠提供較大流量的推廣方式，比如加大直通車的投放力度，又或者適當選擇鑽展、超級賣霸。同時也可以稍稍配合降價、秒殺、聚劃算等促銷活動來吸引買家。成長期的推廣，效率是關鍵，爆款到底能不能爆，就取決於成長期的運作。

在寶貝銷量達到一定程度以後，會被淘寶網系統判斷為熱銷寶貝，

同時也很可能被運營小二注意到。這時，該寶貝便會在淘寶網的外部環境中獲得較好的市場氛圍，這是爆款的成熟期。在這時候進行推廣會事半功倍，因此賣家需要在這個階段為爆款推送更多流量，同時引入促銷手段來盡可能多地引導客戶購買。互聯網的積聚效應一旦形成，促使爆款產生的主要條件便成熟了。如果能力允許的話，還可以考慮投放品牌廣告或者參加淘寶網系統組織的各種促銷活動。在成熟期需要把爆款頁面上的流量導向店鋪中處於導入期和成長期的其他寶貝，盡可能帶動關聯銷售，充分利用爆款帶來的流量。

淘寶網的發展速度是線下發展速度的 5 倍，因此爆款的生命周期也會比線下產品的生命周期短很多。在成熟期之後，寶貝的衰退期悄然而至。這時候賣家會發現爆款不像之前那麼好賣了，在直通車穩定投放的情況下，流量也有可能會出現下滑。這不是店鋪自身推廣不力造成的，只是因為當前的爆款過時了。繼續在這個爆款上做推廣，只會事倍功半。留住老客戶、想辦法做關聯銷售是這個爆款對店鋪最後的貢獻。當一個爆款的生命周期快要結束時，就有必要開始挖掘新的爆款了。

爆款的推廣需要把控節奏，做好導入期的精準、成長期的快速、成熟期的大流量、衰退期的關聯銷售，這就是成功的關鍵。

爆款的連帶效應

一個成功的爆款，給整個店鋪帶來的拉動效應會體現在以下兩個方面。首先，爆款將為店鋪帶來大批買家，爆款帶動的關聯銷售和二次購買為店鋪直接貢獻利潤。此外，口碑也同樣是爆款帶給店鋪的寶貴資源，保證爆款銷售時的服務品質，能說明店鋪在短期內提升好評率。

其次，一個成功的爆款往往能提升店鋪整體的轉化率和評分。雖然單一的爆款對店鋪整體評分的影響並不顯著，但是如果店鋪中同時擁有兩到三個爆款，那麼店鋪評分便會在這些寶貝的共同作用下提升，並最終對每一個寶貝的搜索排序都產生正面影響。

爆款是店鋪中的銷售主力，一個爆款的成功，往往會直接帶來一家店鋪的成功。成交量看似天文數字的爆款並非可望而不可即。

（文｜姚斌 謝宇）

超爆款仰賴的組合套裝

從月銷幾百件的普通款到月銷上萬的超爆款，這一過程絕非偶然。觀察真實的案例，一款普通的相冊曾使某店鋪在一淘直通車發展部舉行的「我是贏家」直通車點擊轉化競技賽中一舉奪得桂冠。剖析這一案例，我們可以發現，除了借助其他行銷手段外，根據不同成長階段調整不同的行銷組合和打法才是關鍵。

活動款：直通車＋淘金幣＋搭配套餐

爆款的形成得益於買家的從眾心理和馬太效應。因此，賣家們利用直通車和淘金幣活動，把活動帶來的銷售記錄展示給消費者，如此便可以提升點擊轉化率，打造爆款。

在活動的準備階段，賣家首先要確保直通車關鍵字品質得分都達到10分，達到要求之後，賣家便開始在店鋪內使用搭配套餐。使用搭配套餐，一方面是因為搭配套餐中的產品價格雖然是折扣價，但其銷售記錄依然顯示原價；另一方面，賣家可以通過店鋪內銷量較好的產品來拉動該款的銷量，輕鬆完成50件的銷量任務。而在做搭配套餐時，應該多選擇幾款供消費者選擇。

搭配套餐放在店鋪裡，買家看不到同樣也無助於銷量，而此時的直通車便成為了吸引眼球、拉動銷量的重點。為了帶動店鋪的搭配套餐銷量，這一階段的直通車關鍵字應重點突出套餐的優勢，如案例中的DIY相冊套餐、相冊套餐包郵等。而直通車圖片同樣要以超值套餐為賣點，讓利吸引客人，如案例中該店鋪的做法是在圖片上加上「搶！超值套餐」以此「吸睛」。

　　通過搭配套餐及直通車的投放，銷量開始穩步上升，完成 50 件的銷售量之後，便可以參加淘金幣活動了。結合淘金幣、直通車和搭配套餐，店鋪持續推動該商品的銷量轉化。3 天的淘金幣活動後，案例中的這款相冊由月銷 280 件的普通款產品成為了月銷 917 件的活動款產品。

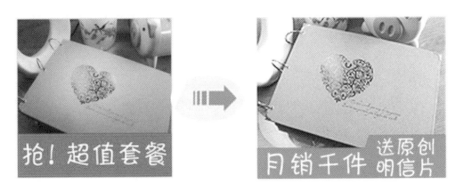

圖 2-1　案例店鋪 DIY 相冊直通車圖片

常規爆款：直通車＋搭配套餐＋突出銷量優勢

　　活動結束後，案例中相冊的價格便恢復到活動前的原價。雖然失去了價格優勢，但卻借助之前的活動奠定了一定的銷量基礎。

　　活動後價格提升，但該店鋪依然使用搭配套餐來吸引買家，產品的賣點依然是優惠的價格。在搭配套餐中，除了給出較大的優惠折扣之外，店鋪還使用贈品來吸引買家的眼球。當然，這個贈品不能過於簡單和平常，人無我有的贈品才能得到更多消費者的青睞。於是，該店鋪便利用自身擁有優秀設計師團隊的優勢，專門請設計師設計了店鋪專屬的原創明信片。當競爭對手感受到壓力，用降價搶奪市場時，賣家用差異化行銷來提供對手沒有的創意小禮品、小贈品將更容易獲得消費者的青睞。

　　直通車方面，該店鋪賣家在關鍵字中增加了一些類目熱詞──相冊、

DIY 相冊，在寶貝描述裡增加火爆銷售記錄，而直通車圖片則突出階段性的銷量優勢——「月銷千件，以及贈品資訊「送原創明信片」。

因此，在淘金幣活動結束後，通過加大直通車投放力度、贈品轉化等行銷方式，該店鋪已經打造了一款月銷量達 6000 件的常規爆款。

超爆款：直通車＋自然流量＋樹立行業標準

此時，免費的自然搜索流量也開始增加，這無疑進一步推動了銷售。

這個階段，可利用直通車繼續發揮銷量和爆款的優勢。首先，店鋪在直通車圖片上標註「月銷萬件」；而在直通車關鍵字的設置上，則大量增加關鍵字，對熱門詞大膽提高出價。

另一方面，賣家可順勢而為，建立行業價格標準，以此避免和對手打價格戰。「17.6 元的標準，你懂的！」「17.6 元以下的 DIY 相冊，親們就不要考慮啦！」這些標語在無形中確立了該款產品在同類產品中的地位，通過樹立同類產品品質和價格的標準，從而讓消費者信服和購買。

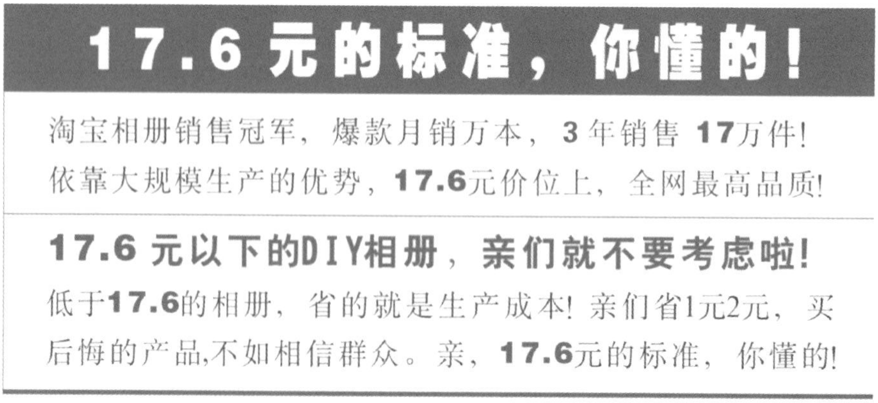

> # 17.6 元的标准，你懂的！
>
> 淘宝相册销售冠军，爆款月销万本，3 年销售 17 万件！
> 依靠大规模生产的优势，17.6 元价位上，全网最高品质！
>
> ## 17.6 元以下的DIY相册，亲们就不要考虑啦！
>
> 低于17.6的相册，省的就是生产成本！亲们省1元2元，买后悔的产品,不如相信群众。亲，17.6 元的标准，你懂的!

圖 2-2 賣家爲 DIY 相冊搭配的文字

　　突出的銷量、樹立的行業價格標準可以很好地征服消費者。在這個階段中，該款相冊的銷量衝破萬件的銷售大關，成為月銷量上萬的超級爆款。

　　無論是打造爆款，還是提升整個店鋪的運營水準，關鍵在於產品表現形式的精準和行銷資源的整合。產品精準的表現形式是店鋪推廣中的重點，其本質是對消費者的把握。整合的過程雖然看起來比較複雜，但其背後的運作方式其實非常簡單，無非是造勢和借勢兩種：整合所有可以用得上的力量，做差異化和精細化行銷，為商品造勢；在不同的階段充分借助不同的行銷資源，借勢而為，把組合的力量放大到極致。有了清晰簡單的思維，做好精細化和差異化，銷量自然就飛了起來。

TIPS 何時使用直通車？

　　1. 如果店鋪轉化率低於行業店鋪平均轉化率，那麼先練好店鋪內功，再開直通車。

　　2. 如果直通車點擊轉化率低於行業平均點轉率，那麼先把和直通車投放有關的維度全部做精準，再加大直通車投入。

（文｜童家聰）

一款胸罩的過關斬將

在 2012 年 10 月的《賣家》期刊中，曾刊登過一篇名叫《內衣大咖迷失天貓》的文章。文中敘述了一家傳統內衣企業在線上開設的店鋪，儘管背靠強大的工廠資源和資金支持，卻最終因缺乏電商經驗而不得不逐漸衰退的過程。彼時，該工廠嘗試過外包推廣，也嘗試過自建團隊，甚至到了病急亂投醫的境地，卻依舊落了個淨虧損 100 多萬元的下場。然而，時隔半年多，這家交由第三方管理的店鋪卻經歷了奇蹟般的起死回生，這背後究竟發生了什麼呢？

因為店鋪的基礎並不好，所以選一款評價不錯、顧客回頭率也不錯的產品至關重要。只有先做活一個品種，才能救活這家店鋪。店鋪率先選取了一款顧客評價不錯但轉化率很低的胸罩，可是店鋪又該如何挽救它的轉化率，使它成為徹頭徹尾的爆款呢？

第一階段：前期試探，優化內功

既然暫時無法提高轉化率，店鋪便希望能先提高月銷量，給寶貝建立更好的氣場，以此對轉化率的提高起側面推進作用。

由於寶貝的競爭力太弱，而直通車的競爭太激烈，寶貝上直通車就只有給人家做陪襯的份，月銷售量不太可能在短期內有顯著提高。而鑽展屬於「弱競爭管道」，面對的是衝動消費，鑽展顧客也不像直通車顧客那樣同時打開多個同類連結比較。所以，店鋪先嘗試了鑽展。

為了真實反映市場需求，店鋪採用了直白的文字方式進行測試，準確地鎖定了一批有需求的客戶。同時店鋪適時跟蹤測試效果，發現點擊進入

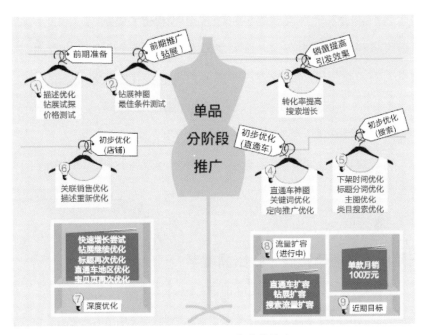

圖 2-3 胸罩單品分階段推廣

者雖然不多，但都實現了卓有成效的轉化。這就意味著，鑽展有機會成為這款產品最重要的推廣管道，説明產品快速提高銷量。

　　另外，在打造爆款的前期，店鋪還需要對這款產品進行一輪簡單的價格測試，運用不同價格來測試轉化率。經過測試，店鋪最終選擇了在當前水準下轉化率略好的價格：單件 39.9 元。這比原來的價格低很多，但又稍高於主要對手的同款產品。

第二階段：鑽展推廣，提升搜索量

　　在確認參加鑽展之後，店鋪繼而開始測試參加鑽展的最佳條件，包括圖片位置、人群定向、店鋪定向、時間點和地區定向等。

　　測試驗證了參加鑽展的最佳時間點是每天早上的 8 點～ 9 點。這個時

候，大店推廣還未來得及展開，可顧客早已坐在了電腦前，因此這段時間正是流量競爭最低的時候，鑽展點擊單價也最划算。之後，根據跟蹤投放 7 天的效果，確認這款寶貝的鑽展效果應該在當天轉化率的基礎上再乘以 140％，明確這個比例可以避免誤讀鑽展效果。

最佳條件找好後，店鋪就開始持續穩定地投放鑽展，投入呈階梯形增加。隨著寶貝頁上的月銷量數字逐步遞增，商品的轉化率也得到了明顯提高。

第三階段：直通車推廣，找出關鍵字

月銷量提高後，轉化率也隨之提升，寶貝遂具備了一些競爭力，可以開始進行直通車推廣。寶貝要上直通車，就必須先解決圖片問題。由於胸罩類的圖片已經高度視覺化，所以必須從創意入手，避開單純的照片視覺競爭。店鋪通過對比測試，最終選出了這張圖（圖 2-4）。

這張圖片與所有競爭對手的圖片在形式和顏色上有明顯差異，相當容易引起點擊，這時候還需再強化標題以避免誤點。採用這個圖片後，寶貝的點擊率大為提高，品質分全面提升。

接下來便是尋找直通車的起步關鍵字。店鋪先大量挖掘潛在關鍵字，然後查詢主要的幾個同款對手分別投放了這些關鍵字中的哪些以及排名位置，最後選擇共同投放的關鍵字作為起步關鍵字。這批詞

圖 2-4 單品胸罩直通車配圖

點擊率和轉化率都很不錯，之後再往計畫裡添加關鍵字，商品的品質分起點就比較高。

店鋪將關鍵字出價的 ROI 設置為三。由於轉化率已經提高，而且最初對直通車的流量規模沒有要求，這個 ROI 實現起來並不困難。人群特異性強的寶貝定向推廣比較容易做。因此，店鋪對這款寶貝建立了多個計畫，測試對該款寶貝在不同位置進行定向推廣的效果，最後決定只保留通投位置。店鋪初步測試性價比，確定了出價範圍後，在低競爭時段自動下調出價，降低平均的點擊成本。

既然寶貝轉化率的提升趨勢明顯，將這個寶貝做成流量款應該不是問題。於是，店鋪將這個寶貝的下架時間從競爭偏弱的時間，調整到了流量較大、競爭也較大的周三晚上 22 點 30 分。接著，便持續跟蹤標題分詞效率一周，替換了幾個低效分詞，使搜索流量又有了一定上升。

第四階段：深度優化

從 2013 年 5 月 3 日開始，經過對寶貝權重的評估，店鋪重新調整了標題。新標題對權重的利用比原來更充分，淘寶搜索和天貓搜索流量在第二天就有了顯著提高。在推廣成熟期，類目、屬性、下架時間等都已固定，因此搜索優化要依靠優化標題來實現，標題成為這一階段始終要關注的主線。另外，在寶貝的不同權重階段，能夠獲得優勢排名的主力關鍵字是不一樣的。因此，隨著銷量的增加，店鋪可以不定期重新評估權重，更換主力推廣關鍵字。

寶貝推廣的前期，店鋪已經對各地區的轉化能力積累了足夠數據，所以嘗試把原來的計畫改為只投放 UV 產能（每 UV 產生的銷售額）超過全

國平均的城市。

其實，這個計畫可以做得更加精細。高轉化地區可以提高出價，獲得更多流量，而低轉化地區如果降低出價，也會有不錯的流量補充，ROI也不差。

第五階段：流量擴容，控制ROI

流量擴容剛剛開始，店鋪就制定了近期目標，即在流量結構健康的前提下，單款月銷量過百萬。為了讓產品銷量再上一個臺階，店鋪決定繼續提高付費流量的投入，以帶動免費流量和直接流量，但是要根據免費流量和直接流量的規模來控制付費流量的比重。另外，無視付費廣告的直接ROI的降低，但要控制整體ROI的波動幅度，使其平均值始終在賣家可以承受的健康範圍之內。

直通車擴容主要通過降低直通車的目標ROI實現，於是目標ROI從3主動降低到了1.5。直通車的後續擴容方式有：增詞、調整匹配模式、拓展直通車站外推廣和店鋪推廣頁、增加投放低效地區等。

鑽展的最初擴容主要通過提高鑽展計畫的預算實現。鑽展計畫的預算逐漸提高後，雖然產品的圖片和定位沒有改變，但鑽展當天ROI從2逐漸降到了1.5，之後發現在相同投放規模下也出現了點擊率下降的情況，其原因不外乎以下三種：第一，原來的廣告圖片使用較久後出現了疲勞現象，此時便需要替換新圖片；第二，產品是窄眾的，廣告已經覆蓋了較大比例；第三，淡季影響或對手影響。針對點擊率下降的情況，鑽展的後續擴容準備可以從以下兩個方面著手：第一，逐漸增加原來沒有使用的廣告位；第二，拓展鑽展的站外推廣，也就是執行全網計畫。

作為定位為「大胸顯小」的窄眾寶貝，其搜索流量自然很快便會遇到天花板。因此要擴大搜索流量，一方面需要銷量權重持續提升，另一方面也需要不斷調整這款寶貝的賣點：弱化它的「大胸顯小」功能，強化它的「無鋼圈、舒適和健康」特點。如此一來，該款內衣的受眾面會擴大很多，也會有更多關鍵字成為合適的搜索對象。

寶貝權重夠了，就需要擴大戰場，爭奪更多的搜索流量，這是這款寶貝面臨的最重大的挑戰。雖然這個寶貝的銷售規模還小，2013 年 4 月的單款銷售額只有 50 萬元左右，但通過這個單品的突破，團隊已經從最初的彷徨中走了出來，逐漸建立起信心，工作一點點走上正軌。

通過此番過關斬將，這款胸罩已經初步做成了一個小爆款，在胸罩熱銷單品中排在 20 ～ 30 名，在無鋼圈胸罩、大碼胸罩等主要關鍵字搜索中長期處於第一二名的位置。

TIPS 　**如何提高 ROI**

　　1. 如果店鋪基礎不好，可以讓一個窄眾單品先突破，窄眾單品容易一馬當先取得良好銷量。

　　2. 可以通過提高銷量來營造寶貝的「氣場」。

　　3. 一般推廣人員最花時間的直通車調價、標題優化等操作，可以大部分交給軟體來完成，推廣人員應把大部分精力用於更核心的突破點策畫和節奏把握上。

（文｜何田）

不促銷照樣打造爆款

對於在淘寶江湖做運營的店掌櫃而言，有一個詞是不得不提的，那就是「爆款」。網路上關於爆款技巧大成、爆款打造大法的文章實在多如牛毛，且各有各道、各有各法，但這些爆款多半是圍繞「3折、5折、秒殺」等赤裸裸的打折手法實現的。在不打折、無促銷的前提下打造爆款莫非是不可能完成的任務？

選品：一眼看清潛力股

爆款選品一般有兩種方式。傳統的爆款選品一般都會由買手或設計師根據自己的經驗來判斷完成，這樣的操作在某種程度上，會使店鋪運營面臨巨大的風險。而另一種方式則是通過預售來判斷寶貝的潛力，這種方法風險較小，適合絕大部分店鋪操作。

通過對店鋪運營數據的持續觀察，發現了店鋪裡有一款寶貝在前期沒有經過任何推廣、上架後也只做了基本的關聯銷售的情況下，竟能保持每天 10 件左右的銷量，頁面 UV 也有 100，轉化率達到驚人的 10%。而且，買家在該寶貝頁面的平均停留時間明顯偏長，頁面跳出率也明顯偏低，用戶的評價極好。從這些數據來看，初步可以判斷該款單品符合大眾需要，具備成為爆款的強力因數。那麼接下來該做的就是適時優化寶貝，為其引流，來驗證這款寶貝能否熱賣。

TIPS | **潛力單品選擇原則**

1. 從市場角度出發，選擇應季的大眾化產品。
2. 保證在價格上有一定的優勢。

---

3. 將轉化率達到或超過2%的單品作為首選目標。

4. 庫存配備上遵循80/20或60/40法則，做好引爆後補貨的應急預案。

優化：讓轉化率放晴

通過數據分析初步鎖定潛力寶貝之後，就該進行寶貝的優化了。就上文所述的這款寶貝來說，店鋪首先進行了標題的優化，即根據數據魔方提供的數據，增加了新款春裝、格子襯衫、格子襯衣、襯衫男長袖等熱門襯衫類目搜索詞。

對單品頁面的優化首先體現在文案上。產品文案重點闡述了這款襯衫永不打折的原因以及高性價比的原因，突出產品自身賣點以及該產品與市面上普通產品的差異（包括產品所擁有的四大專利技術，以及此單品與普通商品水洗30次後的效果對比圖片）。

而在圖片的拍攝上，店鋪則根據產品賣點重點進行細節圖的拍攝及改進。另外，為打消顧客的購買疑慮，店鋪還新增加了幾張客戶體驗報告、客戶評價數據、第三方權威認證及產品品質報告的照片。這些都是為寶貝引爆後自然流量及轉化率的快速提升而服務的。

同時，店鋪還適當加大了產品備貨量，及時做出補貨的應急預案。

推廣：爆款助推器

「醜媳婦也要見公婆」，在對潛力寶貝進行了一番細緻包裝後，就該為其引入大流量了。為了讓潛力寶貝獲得最大量的有效曝光，直通車是必不可少的手段。

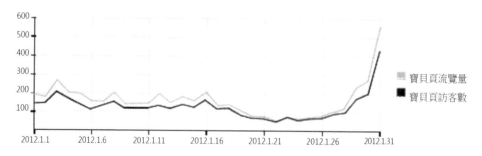

圖 2-5　案例商品推廣前（2012.1.1 ～ 2012.1.31）寶貝頁瀏覽量及訪客數走勢圖

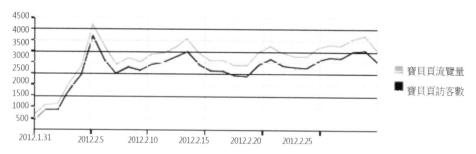

圖 2-6　案例商品推廣後（2012.2.1 ～ 2012.2.29）寶貝頁瀏覽量及訪客數走勢圖

　　直通車推廣一周後，店鋪為這款寶貝申報了淘寶網首頁熱賣單品活動。經過前期的培育，該單品的轉化率已經很高，因此這款寶貝很快便通過了淘寶網的審核，登上了淘寶網首頁熱賣單品的排行榜。

　　同時，在店鋪所有的醒目位置也都加上了有力的推介廣告。

　　伴隨這款寶貝的熱銷，淘寶客帶來的銷量也逐日提升，自然搜索流量在短時間內成倍增長。一款擁有高流量及高轉化率的爆款就這樣誕生了。

（文｜徐得紅）

別輕視爆款後遺症

　　做爆款能享受日銷千件的暢快淋漓，但在爆款的繁榮景象背後，也會有諸多受制於貨的困惑。夏娜，一個專營女裝的店鋪，平時通過聚划算、直通車等工具引流，又使寶貝與寶貝之間環環相扣地搭配起來，最終催生了不少爆款。但初做淘寶的夏娜並無太多經驗，一時間在物流及供應鏈等環節迷失了方向，導致店鋪的動態評分一直低於行業平均水準。

　　當爆款的銷量以翻番的速度倍增時，後面的供應鏈、物流、客服要緊跟腳步不掉隊。如今，夏娜正積極通過多種手段，治療店鋪的「爆款後遺症」。

快遞爆倉找分流

　　面對巨大的銷售量，首先讓夏娜頭痛的便是快遞業務。2011 年「雙十一」，夏娜上了分會場。店鋪日進斗金，客戶卻在苦等快遞，快遞公司的爆倉使得夏娜的商品被滯留了整整 5 天。第一次參加「雙十一」，夏娜就因為發貨不及時而引來了買家們的一片質疑之聲。

　　為了給消費者帶來最好的網購體驗，夏娜的快遞包裹統一用紙盒包裝。可就是這些紙盒，使得夏娜成為了快遞公司的「棄婦」。

　　在訂單四溢的「雙十一」，快遞公司追求的便是在最短的時間內處理更多的訂單。用快遞公司最大的卡車裝紙盒，一箱也只能裝 1700 個，而裝袋子卻能裝 5000 個。「雙十一」期間，夏娜一下子便發出了 18000 多個紙盒，這讓快遞公司做出了一個簡單的決定，那就是將夏娜家的快件「暫時擱置」。「因為我們家的快件全部用紙盒包裝，『雙十一』的時候快遞普遍爆倉，快遞公司選擇了暫緩處理我們的件，而我們又拿不回來，這造

成了很大的被動。」

吃一塹長一智，在物流環節掉過鏈子之後，夏娜遂同六家快遞公司一起合作。一家快遞走不動，至少可以考慮其他管道。「這樣快遞爆倉的後果就不會那麼嚴重了，『雙十二』的時候我們就是這樣用好幾家快遞公司發的貨。」

面料缺貨先預定

很多爆款都是一夜而紅，第一天賣 100 件，第二天就 700 件了。因為爆款的橫空出世往往不可預測，所以不能一次性備上好幾千件貨品，否則很容易就會「賺」上一倉庫的庫存。備貨不充足，訂單卻多如鵝毛大雪，商家只得把壓力丟給面料供應商。

同樣在「雙十一」期間，夏娜在面料的供應鏈上也捅了簍子。面料供應商對突如其來的熱賣單品備料不足，導致製衣工廠「巧媳婦難為無米之炊」。

隨後，在面料供應鏈上，夏娜也學了乖。每當新品推出之前，夏娜都要提前預定一批面料。「2012 年，很多面料我們都是提前訂好的，一般春天和夏天就開始準備一些秋天和冬天的常規面料了。雖然迫於資金的壓力，我們訂的不多，但為每款預備 150 件的面料是一定沒問題的。」如果有爆款出來，就會再進行補單，這樣給面料供應商的壓力就會相對減小，面料的品質也會更有保證。

招聘客服

從日銷量 3000 到日銷量 30 萬，夏娜並沒有用太長時間。訂單在漲，

售前、售後的客服數量卻沒有成正比遞增。因為客服分早晚班，所以相當於每班只有 8 個人來應對。「在『雙十一』的時候，基本上一個客服要對300 個消費者，他們最棘手的問題就是聊不過來。」在這樣的情況下，不僅會流失大量的潛在訂單，也容易出現客戶要求張冠李戴的情況。十一月份時，客服的招聘已經很難順利進行，由於當時正是淘寶網活動的高峰期，所以很難挖到好的客服，客服疲於應對的窘境持續了一個月後才因為流量的減少而得以緩解。

兵多將廣是店鋪運營的基礎。如今，夏娜的規模大了，流量也在不斷增多，勢必要開始招兵買馬。「目前，我們店在招聘儲備人才、管理人員，爭取所有工作人員二月份全部到位。可不能讓 2011 年 11 月的窘況再次上演。」

如果經營得當，打造爆款其實一點兒也不難。但面對這些賣瘋了的爆款，店鋪在面對供應鏈、人力、物流發貨等環節，卻是一點兒也不敢鬆懈。哪怕只是一個小小的環節不到位，也有可能會引發店鋪的惡性蝴蝶效應，輕則導致動態評分下降影響口碑，重則導致店鋪門可羅雀一蹶不振。因此，做爆款雖好，但操作需謹慎，爆款後遺症萬萬輕視不得。

（文｜劉輝）

消滅爆款

女裝永遠是電商各大類目中競爭最激烈的一個，隨著市場機制的演變，女裝賣家的推廣方式也發生了改變。

初創時代，賣家最常用的方法不外乎採用直通車打造爆款。這種一旦培育成功，流量和轉化率便源源而來的推廣方式一度被賣家奉為淘寶運營的不二法則。但隨著行業競爭的加劇，消費者消費觀念的轉變，這種粗暴的推廣方式終於暴露出自身的弊端。

首先，爆款需要在價格上有一定的優勢，如此便會犧牲客單價。其次，打造爆款一定要選款精準，一旦選款失誤就會造成庫存積壓，很容易拖垮商家的庫存體系和資金鏈。因此，不少賣家開始選用新的推廣方式，比如不把流量集中在一件商品上的「多爆款形式」；以及不刻意打造爆款，而根據消費者的選擇來對直通車等推廣方式進行有針對性的投放，並輔以關聯銷售等方式帶動全店各款銷量的「多款形式」。

淘寶網數據顯示，在女裝頭部商家中，多爆商家的數量和支付寶成交金額占17%的比例，而多款商家的數量和支付寶成交金額已占到70%以上。

當然，賣家們最關心的想必還是這些多款和多爆商家的具體操作模式，本文將主要對茵曼、OSA、韓都衣舍、納紋、妖精的口袋、莉家等Top100女裝商家的推廣方式進行總結，得出多款和多爆店鋪的推廣法則。

多款商家，隱形的後端支持

說白了，店鋪推廣就是如何引流，店鋪的推廣策略決定了流量的來源。我們先來分析一下多款商家是如何引流的。通過對多款商家進行抽樣

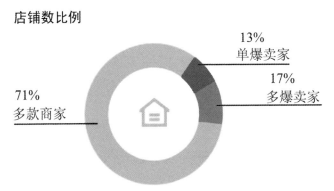

圖 2-7 多爆、多款店鋪及單爆店鋪數量比例

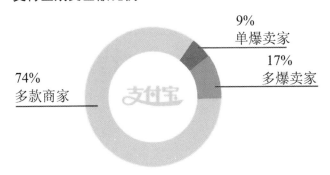

圖 2-8 多爆、多款店鋪及單爆店鋪支付寶成交金額比例

調查，我們發現，其店鋪流量大部分來源於以下三個管道，即主頁搜索、付費流量與自主訪問。此三種流量來源說明了多款商家在推廣時的運營策略，即通過鑽展和直通車來推廣新品，同時通過新品來吸引新客戶，並使得老客戶回流。但這僅是推廣最前端的表現方式。實際上，賣家從產品規畫初期就已經開始對當季的產品運營策略進行了監控。

傳統女裝企業的備貨周期大約有 6 ～ 8 個月，但這個周期並不能適應電商快速反應的機制。因此，許多傳統女裝企業上線後會出現不適應的

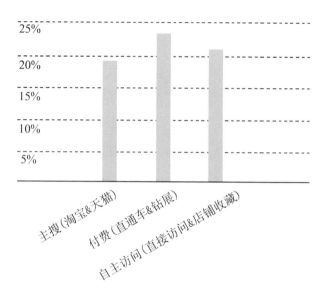

圖 2-9 多款店鋪的流量來源

情況，不是在賣過季的庫存，就是在賣自認為合適但市場卻未必接受的產品。而納紋則對傳統女裝的備貨機制進行了改良：提前半年準備面料，只生產部分有把握的產品，剩餘面料用於挖掘當季流行的款式，以便及時調整產品和快速返單。成熟的女裝供應體系強調備貨的計畫性，提前 3 ～ 6 個月做規畫，加強對設計、選款、打板、下單、面料採購等一系列流程的管理，如此對庫存的把握也就比較精準，例如莉家 2012 年的清倉次數便為零。

多款商家中的 Top 級賣家，以產品為中心，下設銷售部、運營部、市場部、視覺部、產品部、物流部、行政（人事財務）部、IT 部等諸多部門，公司的組織架構基本完善。大多數商家的組織架構設置以產品為中心，例如，納紋產品部的負責人與運營、推廣、設計等團隊保持密切溝通，連這些部門的辦公場地都被設置在一起。而老牌傳統布料生產商和以國際品牌 ODM（一家廠商根據另一家廠商的規格和要求，設計和生產產

品）業務為主的中大紡織新成立的電商團隊中，負責面料、設計、選款、下單、跟單的產品團隊甚至占了整個團隊的一半。

如此注重產品部，那麼產品部的核心又是什麼呢？

首要是產品的品質。在目前的女裝賣家中，有自有工廠的大多是傳統企業和從事女裝行業時間較久的賣家，這一部分在女裝賣家中所占比例並不大。大部分的產品還是來自代工廠的生產，而且旺季的時候，代工廠的生產比例還會進一步加大。商家在完成產品設計、選款、下單、打板、採購面料等一系列環節後，會將部分面料進行裁片後交給代工廠生產，工廠的作用只是加工這一環節。為了保證產品的品質和提高代工廠與品牌的配合度，商家會在各地設辦事處負責品質跟蹤。一般一個人負責幾個工廠，哪裡的貨出了問題，就找哪個負責人。為了提高對產品品質的信任度，產品將被分成免檢、抽檢、全檢三個類別，同時注重消費者的評論回饋——這些資訊將由運營部收集，並及時回饋給設計、供應鏈和生產部門。這就是為什麼在女裝商家的團隊中，生產部的人員配比比較高並且十分重要的原因。

另外，女裝商家也必須注重產品設計。企業不僅配備了很多優秀的設計人員，在實際選款的過程中，商家也會參考消費者的意見。比如，莉家每月上新 2 次，每次大約會上 30 款新品。設計團隊就必須先設計出 50 ～ 60 個新的款式，經由公司決策者、設計師、運營、推廣、客服等組成的產品評估小組進行測評打分，刪除得分最低的幾款。若評估小組不能對刪除某一款或某幾款產品達成統一意見，便將產品交由老客戶進行投票，剔除票數為零或者較少的款式。同時，老顧客的投票還將決定老顧客自身所享受的折扣力度，店鋪以此來提高會員的積極性（這種投票在 QQ 群裡進行，兩到三小時便有結果）。如此的測試方法能提高選款的準確性，有不少大賣家都會使用這種方法。

在女裝賣家中流傳著這麼一句話：「做不好上新的賣家不是好賣家。」可想而知，上新已經成為女裝賣家運營的一大關鍵。在上新時，賣家可以放大活動的行銷效果，不僅能招攬新客戶、維護老客戶，還能在短時間內測試出產品的市場接受度。此外，如果店鋪能注重新品之間的聯動性，做好關聯銷售，還能通過上新來盤活整間店鋪的銷售。女裝賣家常用的操作方法是，在保證品質和 SKU 的基礎上，對首次發佈的新款做限量發佈處理，造成消費者在上新當天的瘋狂購買，往往在上新當日就會出現某些產品在幾分鐘內售罄的情況，也有商家單日單款的銷量達到 1500 件，銷量超過 500 件的也有 3～5 款。

鑽展落地頁的呈現時刻保持著與年度計畫的一致，即根據制定好的年度計畫，落實到具體每一個月相對應的活動、具體時間節點，從而確定每個對應月份有多少主題活動，需要做多少落地頁面等具體問題，最終確定每次鑽展的策略和目標。以店鋪的一次上新活動為例：上新前，用鑽展做預熱，吸引 30% 的老客戶回流，70% 的新客戶收藏；上新時，用鑽展來加大引流力度，提高成交；上新後，對流覽、收藏、購買數據回饋好的產品進行直通車推廣，促進此款產品的銷售，進而帶動店內其他產品的銷量。上新期可以被視為女裝生命周期的成長期，是必須進行最大力度的推廣之時。而到了產品的成熟期或者衰退期，再根據動態庫存，配合鑽展、直通車進行引流。

返單是非常關鍵和嚴謹的一件事，女裝行業的利潤很大一部分會被庫存吃掉，因此賣家對返單的預判相當重要。首單過多或過少都沒有問題，最令人擔心的是返單，當返單下單之後，一旦供應商或代工廠拖拉、天氣變化、預估失誤，就會形成庫存。優秀的快返必須滿足兩個條件：其一，面料庫存充分或到倉及時；其二，儘量在上新當日就判斷出返單的產品和數量，越早越安全。

對於注重以多款形式進行推廣的女裝賣家，如何將年度產品銷售規畫與日常運營結合，如何控制好產品品質，如何選擇優秀的款式、再通過日常運營將產品順利銷售出去，如何將數據回饋給供應鏈、做到快速返單等一系列問題，是需要商家慎重考慮並進行精細化運營的關鍵。目前，能將以上做好的賣家並不多，這也是為什麼採用多款銷售模式的賣家數量雖如此之多，但真正能號稱自己已擺脫「爆款魔咒」的賣家依舊為數不多的原因。

多爆商家，車手大考驗

多爆商家與多款商家之間最大的區別就在於，多爆商傢具有推爆款的主動性。但在精細化運營的過程中，多爆商家與多款商家一樣，也需要注重以上幾點。

從多爆商家的運營角度出發，對多爆商家進行解讀。靠直通車打造多款爆款，首先需要優質產品的配合。而對女裝賣家來說，這恰恰是最難的問題，即如何從「快時尚」的產品結構中挖掘出可以重點打造的爆款產品。

「快時尚」產品結構具有以下三大特點。其一，快速。這是指快速地設計、選款，緊跟時尚潮流；其二，款式多。有的店鋪甚至擁有 3600 多款產品；其三，少量。這是指各種款式的銷售數量不多。

當然，這種類型的產品結構，多多少少會存在問題，比如：

1. 店鋪的工作人員每天都需要找新的關鍵字、優化關鍵字、優化圖片，每天重複同樣的工作，導致工作效率低下；

2. 對不斷湧現的新產品進行推廣，成本較高，ROI 卻相對較低；

3. 相比之下，爆款沒有搜索優勢；

4. 新品上新快，店鋪資源分散，對單款貨品的節奏把控不足。

那麼，該如何解決這些多爆女裝商家所面臨的共同問題呢？我們可以

參照韓都衣舍的經歷與經驗。

首先，確定解決思路，即在不改變原有產品結構的情況之下，開發獨立用於打造爆款的產品，韓都衣舍稱這類產品為「類目款」；其次，根據市場的競爭熱度和往年爆款運營的狀況來確定要做的品類，比如考慮做 T 恤，就要瞭解數據魔方內 T 恤的市場搜索曲線、收集往年爆款的數據；最後，根據自己品牌的定位、風格、核心元素來選款。綜合以上因素，最終確定備貨數量和快返方案。

直通車的投放，是多爆商家運營的重點，是其在推廣方式上有別於多款商家的地方。

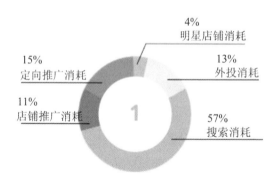

圖 2-10 多款商家的直通車投放占比

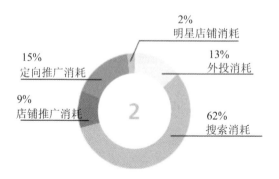

圖 2-11 多爆商家的直通車投放占比

通過以上兩張圖,可以得出:

1. 多爆商家和多款商家的投放重點都在關鍵字;

2. 其次是定向推廣,且兩者定向推廣的消耗相同;

3. 多爆商家的外投、店鋪推廣、明星店鋪的消耗低於多款商家在此項上的消耗;

4. 多爆商家的關鍵字消耗比多款商家高 5 個百分點。

由此證明,打造關鍵字是多爆商家的一個重要手段,定向推廣是多爆商家非常重要的補充手段。多爆商家強調付費推廣之後自然搜索流量的提升,相對而言不會過分強調付費推廣直接產生的 ROI。數據顯示,無論哪類商家,定向推廣的 ROI 都要比關鍵字的 ROI 高許多,部分 Top 級賣家定向推廣的消耗甚至達到日常推廣消耗的 80%,ROI 亦達到 1:2.5 以上。由此可見,定向推廣已成為女裝商家直通車推廣的重要手段。

> **TIPS** **定向推廣開啟步驟**
>
> 1. 創建獨立計畫,目的是為了方便查看、便於控制、方便流覽數據等;
>
> 2. 打造、選擇高品質分、高點擊率的關鍵字,為定向推廣的開啟做好鋪墊;
>
> 3. 選擇在下午 15 點或者晚上 23 點 30 分左右的時間提價入池,出價一般是熱詞的 1.5～2 倍;
>
> 4. 很多商家往往在提高價入池後又大幅度減價,這種做法並不可取。店鋪應該先選擇合適的、可以接受的價位入池,然後優化圖片、提高圖片點擊率,通過對數據的不斷觀察,最後小幅度降價,確保流量和轉化。

推廣要做好，僅僅掌握推廣工具的操作技術是不夠的，必須瞭解產品，清楚公司的運營策略和產品的生命週期。因此，推廣只是店鋪運營中順勢而為的最後一筆。女裝企業更多要靠產品來說話，無論是單品制勝，還是現在湧現的多爆和多款模式，最終都必須以賣家優質的產品體系為支撐。

（文　|　懷真）

第二部
玩轉淘寶七大引流利器

第三章
直通車兜風需謹慎

第三章
直通車兜風需謹慎

直通車，6年羽翼漸豐

2007 年到 2013 年之間，隔著 6 個春夏秋冬。

6 年時光是一個嗷嗷待哺的嬰兒長成能疾走快跑的孩童的光景。

6 年時光是一款默默無聞的工具長成家喻戶曉的運營平臺的光景。

6 年前，它的出現解決了淘寶賣家網路行銷的問題。到今天，它已經成為淘寶網上家喻戶曉的行銷工具。6 年來，直通車憑藉精準、競價、點擊付費等特點，從單一的行銷工具發展成為立體的推廣平臺，在賣家行銷推廣的過程中顯得越來越重要。每天登陸後臺，優化寶貝關鍵字、調整推廣時間、投放推廣計畫等一系列操作，已然成為賣家日常生活中的習慣。

探訪足跡·直通車成長歷程

直通車採用搜索競價模式，在淘寶網上以圖片和文字的形式展示寶貝，

幫賣家吸引流量和人氣。賣家針對競價詞自由定價,並且可以通過後臺數據直觀地看到商品在淘寶網的排名,最後按照商品展示時的實際點擊次數付費。這便是淘寶直通車運作的內核。

然而近幾年來,隨著客戶需求的變化和推廣方式的演變,直通車已經不再是單一的搜索行銷服務,而是涵蓋幾大功能特性的綜合性行銷解決方案,同時滿足著賣家日益多樣化的推廣需求。

2008 年 10 月,定向推廣誕生。這是立足於精準定位,用寶貝找人、用數十萬個興趣節點判斷意向買家的推廣功能。

2010 年 8 月,為了彌補單品推廣的劣勢,店鋪推廣功能應運而生,它可以為賣家提供更廣闊的推廣空間。

2010 年 9 月,明星店鋪被正式推出,其功能在於幫助賣家塑造品牌形象,滿足店鋪在不斷發展的過程中對品牌推廣的需求。

2011 年 2 月,為了拓展和補充站內推廣資源,站外投放功能也順勢而生。這個功能每天能覆蓋淘寶站外 40 億的優質流量。

時至今日,淘寶直通車已經成為集合多項功能的行銷推廣工具,並前所未有地融入到了賣家的生意環節中去。平均每家店鋪 50% 以上的流覽量都是由直通車推廣帶來的。

回望2012‧直通車跨年盤點

回首凝望,自 2007 年淘寶直通車誕生至今,已有 6 個年頭。如果把直通車的足跡壓縮成一枚標本,無論何時翻閱,它都將保持鮮活。時值直通車 6 周年之際,直通車部門順勢推出直通車跨年盤點活動,從直通車發展數據和賣家時光機等幾個維度,全方位地剖析了直通車的成長歷程。

　　賣家時光機從賣家的角度出發，把店鋪成長的每一個節點作為話題，用數據（主要為第一次做直通車的日子、店鋪成交最高的一天，以及賣家關注的直通車的日常運營數據）的形式再次呈現給賣家。

　　不僅如此，年終盤點還披露了直通車 2012 年的整體概況。首先，直通車的規模以每月 5% 的速度增長，直通車的參與群體已輻射全淘寶的中堅賣家。截至 2012 年 12 月底，直通車在天貓商家的覆蓋率達到 90% 以上，鑽級以上店鋪的覆蓋率近 80%，並且以上數據仍在以驚人的速度發展壯大。同時，50% 的賣家在直通車上建立起了 100 多萬個推廣計畫，設置 10 億個關鍵字，這使得直通車長期保持著充滿活力的狀態。

　　用戶方面，作為引流最多的賣家付費推廣模式，每家店鋪 50% 以上的流覽量均由直通車引入。對比 2011 年同期，直通車在 2012 年為賣家引入的流量增加了 70%，為賣家帶來的成交金額也增長了將近 2 倍。時至今日，平均每分鐘就有一個賣家加入直通車。比起未使用直通車的普通賣家，使用直通車賣家的寶貝詳情頁流覽次數及流覽人數平均提升了近 4 倍。另外，在鑽級以上店鋪中，90% 賣家的投入帶來了成交，近 60% 的天貓商家在直通車上的投入帶來了成交。

TIPS 　**各細分類目在使用直通車後的數據增長**

　　1. 女士內衣 / 男士內衣 / 家居服類目，店鋪及寶貝收藏數量與 2011 年相比均提升近 2 倍；

　　2. 3C 數碼配件類目，寶貝收藏量提升近 2 倍，展現量增加 1 倍以上；

　　3. 床上用品 / 布藝軟飾類目，店鋪點擊提升 1 倍以上，店鋪詳情流覽量提升 1 倍；

　　4. 童裝 / 童鞋 / 親子裝類賣家，寶貝關鍵字點擊量提升 2 倍。

梳理羽翼・五大核心產品

引流、提升點擊率、提升轉化率，是直通車推廣的關鍵點，影響著直通車推廣的效果。奧帝維拉鞋類專營店對直通車投放做了全方位的分析，發現只有做好產品及店鋪的展示，才能使產品和店鋪獲得免費流量，並節約推廣成本。利用數據，在整個女鞋行業競爭日趨激烈的情況下，奧帝維拉鞋類專賣店通過不斷的店鋪優化、產品升級，逐漸摸索出了一套整合性的行銷方案，最終使自身在整個行業中占有一席之地。

對寶貝標題進行優化，保持了定向點擊率的穩定性，讓朵拉寶貝旗艦店的推廣品質得到顯著提高。因為修改寶貝標題，廣告呈現出自身的精準性。這種做法很好地利用了定向推廣的特點：先通過測試選取優質寶貝，而後進行點擊率優化和寶貝標題優化，讓寶貝銷量大幅增長。

店鋪推廣功能，對賣家來說，主要有兩點優勢：一是提高大促期間的店鋪轉化，二是增加品牌曝光度，利於賣家品牌打造。例如一貝皇城旗艦店，其主營商品是童裝，在 2012 年「雙十一」大促前後便利用優惠券做鋪墊，快速提升品牌知名度。在日常推廣時，店鋪又在圖片和關鍵字上加入品牌資訊等元素，以達到在吸引流量的同時實現品牌推廣的功效。

而愛惠浦億家專賣店在使用明星店鋪功能的過程中，很好地結合了自己產品的優勢，將店鋪打造成了真正的明星店鋪。首先，店鋪在直通車圖片上進行雕琢，在明星店鋪創意圖中添加官方授權、品質、服務等字樣，讓消費者產生信賴感，從而提升點擊率。取得一定效果後，再在文字鏈和關鍵字中都添加上這些元素，效果也就因此而顯現出來了。

站外推廣功能可以幫助賣家在行銷推廣中獲取站外流量，梵琳達服飾在這方面就取得了很好的成績：首先，一定要選擇應季的款式，非應季的款式很難獲取消費者的共鳴；其次，雖然站外推廣不會對關鍵字進行品質

評分，但賣家仍要對關鍵字進行篩選；最後，對圖片效果進行流量測試，這樣站外推廣效果就會被放大。

直通車沒效果，是你車沒開好。不懂如何開車，投入再多也只是徒勞。

（文｜趙翬）

高人開車——直通車投放技巧

自淘寶誕生直通車以來，沒車的想開車，有車的想轉讓，只有極少數賣家能將直通車開得得心應手。當我們買不起首頁，砸不起鑽展，又沒精力忙門戶的時候，直通車就成為了賣家最有效的推廣工具之一。

三個必須熟悉的直通車設置

想要開車，當然得瞭解車的基本設置，開直通車和開車一樣，需要你首先知道直通車後臺的基本操作。賣家在「我的推廣計畫」中選擇某一個推廣計畫操作，進去就能看到管理頁面，其中有三個設置專案需要賣家熟知。

首先，你需要謹慎設置你的每日限額。

每日限額必須大於等於 30 元，而且如果每天設置了多次的話，以最後一次為準。倘若日消耗超過日限額時，你的車就下線了，第二天才會自動上架。

其次，需要正確設置直通車的投放平臺。

直通車的投放平臺包括站內和站外。站內的投放主要以「掌櫃熱賣」形式出現在頁面的右側和下方。但從 2010 年 8 月 20 日起，站內推廣多了一個「定向推廣」功能，可以出現在「我的淘寶頁面」的「熱賣單品」和「猜你喜歡」中。

比較難把握的是站外推廣。目前看來，比較優質的合作網站有搜狗問答、新浪愛問、韻達快遞、雅虎資訊、晉江原創等。設置城市的功能比較好，但是需要借助外力，一般來說可以結合量子恒道裡的「訪客地區」及數據魔方裡的「買家地域特徵」來判斷。如果你是剛開始開車的新手，

技術還不熟練，建議先在量子恒道裡查找自己的「既有地盤」，再進一步鞏固市場。設置時間也需要借助量子統計和數據魔方，比如數據魔方裡的「購買時段分析」。如果你沒有工具，那就只能利用系統推薦的分時模組。一般情況下，每天大約有 3 個高峰期，分別是上午 10 點，下午 15 ～ 16 點，晚上 21 ～ 23 點，在這些時間段可以重點投放。

最後，你必須對直通車的各項規則制度時時注意、處處留心。

很多賣家抱怨，自己店鋪裡的產品報名了 N 次都沒通過，他們對此百思不得其解。其實，真正的問題在於他們沒有仔細研究清楚直通車的規則制度就盲目地參加直通車活動。比如說，圖片上傳一向是賣家最容易違規的地方。一般而言，淘寶網對圖片的要求是純白底無浮水印，清晰美觀無明星。另外，實物圖也很重要，如果想要自己的寶貝成為人氣寶貝，那該寶貝就不僅需要具備價格優勢、創造越來越多的銷量，還需要上傳實物圖。

在這裡值得一提的是，不要為了追求銷量而去炒作購買記錄。淘寶網新規推出後，很多自以為炒作得心應手的賣家都吃了大苦頭。與此同時，賣家也要注意，店鋪在處罰期內是無權參加直通車活動的。

新手上路，開車支招

所謂直通車的站內推廣，簡單來說就是寶貝在淘寶網上的展現方式，也就是秀場。很多人認為直通車就是「右 8 下 5 的 13 點」，但這其實只是直通車的一種形式，秀場有很多地方可以展現你的寶貝。比如定向推廣和「已買到寶貝」頁面最下面出現的掌櫃熱賣就有 16 個展現位，這是系統根據當前購買寶貝的類目屬性自動推薦出來的上車寶貝。除此之外還有「競拍中的寶貝」、「猜你喜歡」、「旺旺每日焦點熱賣」，以及部分合

作網站的展位。另外，類目展現也是很大的一塊，買家按照類目層層點擊下來之後的 13 點位置是按照各個掌櫃的類目出價及分值來排序的。

至此，我們不禁要問一句，賣家究竟應該如何進行自我優化以「匹配」展位如此豐富的秀場呢？畢竟，只有依託秀場及賣家的雙向努力，才能真正推高產品、火爆店鋪。

賣家首先需要做的便是寶貝關鍵字優化，這是重中之重。

每上架一個寶貝都必須通過維度表分析，產品的維度分析表可以幫你將整個設置簡單化。比如寶貝標題 30 個字是否夠用、如何用好，寶貝詳情描述如何寫作等。產品維度表裡的單詞隨意搭配組合就成了關鍵字，只要稍稍列舉一下，就會發現合用的關鍵字其實非常多。

除此之外，下列選詞方式也不容忽視：1. 淘寶聯想（搜索框聯想推薦＋搜索列表頁「您是不是想找」；2. 類目關鍵字；3. 後臺推薦關鍵字；4. 淘寶小二總結的詞表；5. 量子恒道店鋪搜索關鍵字；6. 數據魔方熱門搜索特徵；7. 數據魔方熱賣產品關鍵字；8. 數據魔方關鍵字成交；9. 淘寶客使用的詞。

其次，關鍵字的品質上去了，又該如何定價呢？即使燒錢也勇往直前，還是蜻蜓點水式的露水情緣？其實，定價的關鍵要看單個訪客的價值。

所謂單個訪客價值，就是用一定時期的利潤除以這段時期的訪客數，也就是一個訪客可以給你帶來多少利潤。一般店鋪掌櫃可以根據一定時期內流覽量和純利潤的比值來確定一個訪客的價值，也就是一個訪客的大約成本。

其具體操作方法是：把默認出價或類目出價定位在訪客成本值上，其他的關鍵字圍繞在其左右浮動，只有個別優質的詞可以提價。

那麼，該如何判斷優質詞呢？直通車升級後有了品質得分的概念，系

統會自動判斷。得分分兩個維度——關鍵字的相關性和類目相關性，品質得分的高低取決於寶貝的屬性是否完整、正確和是否與寶貝標題相關，公式為：實際扣費＝下一名出價×下一名品質得分÷你的品質得分＋0.01元。

綜合排名規則中，品質得分將影響你的扣費。品質得分越高，你需要付出的費用就越低。扣費不會大於你設置的關鍵字（或類目）出價，當計算得出的金額大於出價時，按出價扣費。

最後，你還需要細緻你的多推廣計畫。

多推廣計畫簡單來說就是對自己店鋪裡的寶貝分級別、分地域地進行推廣。比如當長江以北已經進入秋季，長袖開始熱賣，而長江以南特別是珠江流域還在穿短袖和夾腳拖鞋時，服飾類的賣家就該苦惱了：我到底是應該選擇夏裝清倉還是主打長袖秋裝？這個時候你就可以利用多推廣計畫。

賣家可以把每個計畫比作一組車隊，放一輛車跑北方市場專門賣長袖秋裝，再放一輛車跑南方市場專門做夏裝清倉，再開一輛車縱橫熱門的江浙滬市場。總而言之，多推廣計畫就是將推廣分流，多管道有效地根據買家的需求進行產品分類推廣。

直通車經典案例回放

如果直通車是一個以「米」字為交點的圓心，直線與圓周的交點共有8個，分別是：關鍵字、推廣時段、推廣出價、行銷手段、類目、推廣地區、寶貝定價、圖片描述。

以某店鋪內的一款保健用品為例，這款拔罐器銷售近2萬件，是目前淘寶網同類產品銷量的第一名。

這款產品就是靠直通車開出來的，現在與大家分享一下賣家的開車經驗。

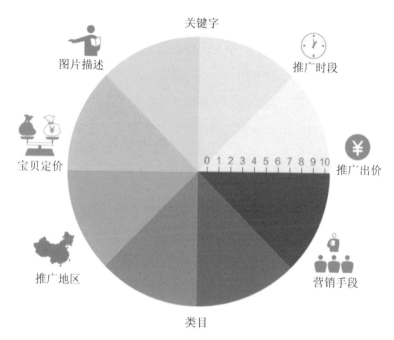

圖 3-1 影響直通車效果的關鍵因素

第一，做好寶貝圖片是重中之重。

光是這款拔罐器，賣家就使用了 21 張實拍圖片，從產品的各個角度向買家做了分析。另外，針對保健品的安全品質問題，賣家還附上了兩張質檢報告的實拍圖片。寶貝實拍圖和質檢報告實拍圖加起來一共 23 張圖片，賣家由此向買家真切地交待了產品的性能和品質。同時，因為產品的特殊性，其中有 6 張真人實拍的展示圖片，向買家展示產品的具體使用方法。在所有的同類產品中，不管是實拍圖，還是分解圖，細而全是獲取買家信任的第一要素。

圖片數量多且製作精美是做好直通車的基礎，否則即使有很多人搭上了你的直通車，也無法將流量轉化為銷量。

第二，還需要精細產品推廣時間，力求做到花最少的錢，實現最大化的效益。

在一天的時間裡，在不同的時間段出價的性價比是完全不同的。從精細化的時間中，可以分析出中午 11 點～ 12 點，下午 17 點～ 18 點，晚上 21 點～ 23 點是人流高峰期，也就是產品的最佳推廣時間。

第三，必須嚴格按照數據魔方裡面的買家分佈地區來進行直通車推廣。

現在大部分的淘寶賣家還是按省錢原則來投放直通車，但在推廣這款保健品時，賣家是嚴格針對不同地區的購買量來進行直通車的精準化投放的。以產品在福建省的投放情況來看，產品在漳州、龍岩、南平這三個地區沒有什麼銷路，產品基本上沒有人購買，所以對這三個城市，就應直接選擇不投放直通車，從而實現效益的最大化。

第四，直通車的點擊定價同樣很重要，而該定價基本上是由單個訪客的價值決定的。

因為由類目點進這款保健品的人比較多，所以產品投放的類目出價相對較高。類目平均點擊費用為 0.84 元，基本上在單個訪客價值附近就可以選擇出價不大於 0.84 元。因為產品出價價格不得高於你的訪客價值，因此只要把直通車的平均點擊單價控制在單個訪客價值之下，那麼你的產品就不會虧本。所以，在投放直通車之前一定要精確的計算出單個訪客的價值，然後再選擇是否投放。

第五，產品一定不能隨意去投放一個詞，因為對一家店鋪來說，有效投放才是最高境界。因此，在選擇關鍵字的時候，必須參考數據魔方裡的數據，選擇最恰當的關鍵字。產品大量使用詞的組合，那便降低了點擊單價，從而實現了高轉化率。

基於此款拔罐器的平均點擊單價低於店鋪的單個訪客價值，所以只要

客戶點了就不會虧本。而現在有大量的賣家，從來不去計算一家店的訪客值是多少，開始是亂投，投了一定時間以後就發現虧了，繼續投怕虧本、不投又怕沒流量，由此進入了兩難的境地。

第六，請做好同類產品的推薦。

有可能這個產品不是買家所需要的，但可以根據以往的銷售情況和買家的購物軌跡，把買家最有可能喜歡的產品放在此類產品下面。如果買家不喜歡這個，還可以有相關的產品供買家選擇，使店鋪盡可能地不流走一個 UV。

最後，產品的定價一定要合適。

買家買你的產品，不僅僅是因為買家看中了你的產品，價格因素才是關鍵。淘寶網上拔罐器的定價分佈在 25 ～ 35 元之間，而這款拔罐器則選擇了其中中等偏上的價格，這是買家可以接受的。因為當買家真正喜歡並信任你的產品時，一般不會因為價格稍高就拔腿離開。價格過高或過低，都會致使買家猶豫和擔憂，最終導致交易失敗。因此，合適的價格相當重要。

每個推廣工具都不是獨立存在的，會開車也要會行銷。也不一定要挖空心思做淘寶客、賣霸和鑽展，但是最起碼要會用店內工具，例如 VIP、滿就送、套餐、滿就減、限時折扣、包郵等。開車是一個系統工程，某個環節的疏漏都會引發「交通事故」，因此上路前，多練習很重要。

（文｜遠方的夢想）

直通車效果排名解析

自從品質得分出來之後,點擊率就成了賣家在直通車推廣時繞不過去的一道坎。可就算排在第一位、第二位,也不見得有多大效果,只不過平白無故地多花銀子而已。

究竟要如何破解點擊率的秘密?美國長期研究網站可用性的著名網站設計師雅各布·尼爾森(Jakob Nielsen)發表了一篇名叫《眼球軌跡的研究》(F-Shaped Pattern For Reading Web Content)的研究報告。相信這份報告可以幫助賣家們破解直通車排名靠前,點擊率卻依舊上不去的疑問。

該報告指出,大多數情況下流覽者打開網頁後都不由自主地以一種F形模式閱讀網頁,這種基本恒定的閱讀習慣使網頁中各項要素所獲得的關注熱度呈現出F形的發展態勢。

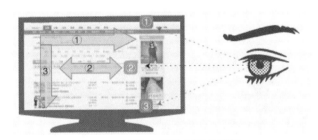

圖 3-2 瀏覽者瀏覽網頁的習慣

具體而言,F形的閱讀模式如下所示。

第一步:水平移動,流覽者首先在網頁最上部形成一個水平流覽軌跡。

第二步:目光下移,短範圍水平移動,掃描比上一步短的區域。

第三步:流覽者完成上兩步後,會將目光沿網頁左側垂直掃描。這一步的流覽速度較慢,也較有系統性、條理性。

淘寶網搜索的結果主要以圖片和標題的形式展示,因此占據好的排位至

關重要，我們可以通過模擬買家的搜索習慣來看看哪些位置是黃金位置。

首先，在搜索欄輸入連衣裙，結果出來後，能看到圖片的只有直通車第一、二名（現在有的大螢幕顯示器能看到第三名和第一排自然搜索的結果）。

第一、二名在這種情況下可謂獨領風騷，所以如果寶貝圖片跟關鍵字相關性好，排在第一頁第一、二名的話，點擊率是非常高的。當然，第一頁第一、二名的競價也非常高。

買東西都是貨比三家，兩張寶貝圖片顯然不能滿足買家的購買需求，所以買家會往下滾動滑鼠。大部分人會按照 F 形閱讀模式繼續流覽搜索結果，如此則依次看到自然搜索結果第一、二、三、四行和直通車第三、四、五、六名的位置。再往下，根據 F 形理論，很大一部分買家會忽略掉最右邊的直通車位置，所以直通車的第七、八名相對來講不是什麼好位置。

第一頁看得差不多了，準備翻頁的時候，多數買家會滾動到頁面的最

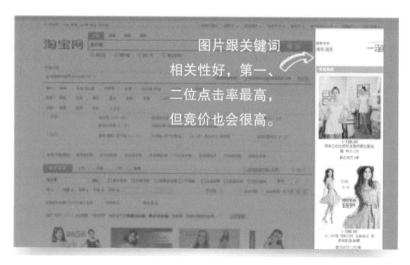

圖 3-3　直通車第一、二名展示圖

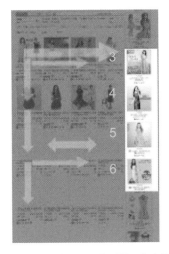

圖 3-4 直通車第三、四、五、六名展示圖

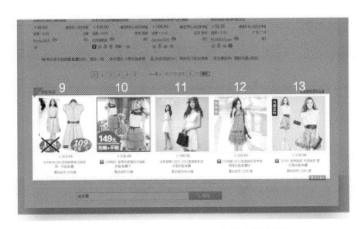

圖 3-5 直通車第九名到第十三名展示圖

底端，這個時候直通車的位置反而比較顯眼，所以第九到第十一名也是好位置。尤其是第九名，相對來講比第七、八名要好。

接著我們翻頁往後看，不知道大家有沒有注意到，翻頁後流覽器會自動往下滾動一格。所以非常不幸的事情發生了，第二頁的第一名根本看不

到，第二名只能看到一半，相反第三名是非常好的位置。只有當買家想重新輸入搜索關鍵字的時候，才會往上滾動，看到第二頁的第一、二名。

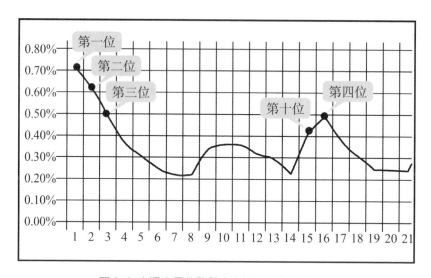

圖 3-6 直通車展位點擊率和排名變化趨勢圖

由以上點擊率跟排名變化趨勢圖分析，可以得出前兩頁最好的位置依次如下：1.第一、二、三、四、五、六名為第一梯隊；2.第九、十名為第二梯隊；3.第十一、十二、十三名為第三梯隊；4.第七、八名緊隨其後；5.接著的是第十六、十七名；6.第十八、十九名相對較為弱勢；7.之後是第十四、十五名；8.第二十二、二十三名；9.最後則是第二十、二十一、二十四、二十五、二十六名。

從第三頁開始，情況都與第二頁類似，每一頁的第一名都沒有很好的效果。在日常優化中，對關鍵字尤其是熱門詞調價的時候，把關鍵字放在上面的好位置，相信會為你帶來更多的點擊量。

（文｜貓月妖）

去站外兜兜風 —— 直通車站外新玩法

TIPS **淘寶直通車外投**

　　淘寶直通車外投（站外投放），是淘寶站內推廣資源的拓展和補充。與以往將推廣寶貝展現在外部網站上的形式不同，新版外投通過外部合作網站的購物搜索框、關鍵字、文字鏈、圖片廣告等，將買家吸引到搜索結果頁面，並根據搜索的關鍵字，匹配相應的直通車推廣寶貝在頁面焦點位置上展現。

　　開直通車，不僅有站內車道，還可以去站外車道兜兜風。打個比方，如果一周消耗車費 1000 元，全部投在站內可以換來 10 萬的展現量。可如果把這 1000 元車費在站內、站外分別投放，那麼總共收穫的展現量可能會是 10 萬的倍數。

　　如果把淘寶流量分為站內流量和站外流量，站外可獲取的人均流量多於站內；從賣家競爭指數來看，新興的站外推廣市場的競爭程度不足站內推廣市場競爭度的 1/50。站外引流對很多賣家來說並不新鮮，但淘寶合作網站頁面所帶來的搜索流量依舊值得期待。

站外怎麼投

　　站外推廣方面，大部分賣家擅長的是在博客、論壇發帖自帶小廣告之類的免費推廣。在和產品相關的站外論壇上發精華帖，自建網站或撰寫博客，以期提高被搜尋引擎收錄的概率。這些方法需要很長時間的積累，短期內很難看到效果，而且效果難以被具體監測。而付費在站外投放廣告，

在站外導航網站、門戶網站做推廣，則是一般中小賣家難以企及的推廣領域。直通車外投以淘寶聯盟的方式集合優質資源，則可以幫助賣家獲得更優質的流量。

站外推廣的預算無法有效控制，這也成了很多賣家放棄站外推廣的重要原因。直通車外投之後，這一問題得到根本性改善，用戶可以自主調整推廣寶貝在站外投放時的關鍵字出價。目前主要是通過百分比設置出價：賣家在設置投放價格的區域拖動百分比的滑條，推廣寶貝將會按照站內投放的價格×百分比作為站外投放的出價。出價的百分比區間在1%～200%之間，最低設置比例10%。

淘寶直通車外投主要採用流量引入的方式，在外部合作網站上利用通欄Banner（橫幅廣告）、文字鏈、搜索欄關鍵字等方式，將潛在買家吸引到淘客搜尋網頁面（s8.taobao.com）或熱賣淘寶頁面（re.taobao.com），向潛在買家展現符合其興趣及購買意願的直通車寶貝。潛在用戶從外部網站跳轉到特有集合頁面的形式，能夠過濾掉很多無購買意願的流量。

前期，直通車的投放平臺主要以114啦網址導航、傲遊今日、百貨網、上網百事通、火狐導航、北京購物搜索、推客中國、雅虎資訊內容頁、大拿網等導航平臺為主。2011年3月24日起，淘寶直通車又加大了與外部網站合作的力度，引入了更多優質的流量資源。淘寶與包含優酷、土豆、酷6等知名視頻網站，鳳凰網、中國教育在線等大型門戶網站在內的數十家淘外平臺達成流量合作，並推出專門展現直通車寶貝的熱賣淘寶頁面，將大量的外部潛在買家吸引到該集合頁面。這些優質媒體引來的流量也是品牌客戶很看重的。

相對於原來的淘客搜尋網頁面，新推出的熱賣淘寶頁面是專門針對直通車寶貝的集合展示頁面（即只有直通車的寶貝可以在熱賣淘寶頁面展

現）。它將根據推廣寶貝的關鍵字出價和品質得分進行排序，給優質的寶貝更多展現機會。外投賣家的推廣寶貝在淘客搜索和熱賣淘寶頁面都有機會得到展現。

值得注意的是，只有當潛在買家點擊淘客搜索和熱賣淘寶頁面上的寶貝時，才會產生扣費。

外投性價比

直通車站外引流，到底效果如何，還需要通過賣家的實戰案例和業內專家的考證來驗證。賣家榮飛旗艦店於 2011 年 2 月開始使用直通車站外推廣。以下將對該店鋪當月的店鋪數據進行分析，通過三個維度來衡量站外投放廣告的性價比。

對直通車站外推廣性價比的推斷，主要在三個維度上進行。

店鋪流量來源於寶貝資訊的曝光率，即展現量，這便是判斷的第一個維度。從店鋪 2011 年 2 月（2.1 ～ 2.28）的帳戶平臺數據可以看出，站內展現量為 169 萬，站外投放展現量為 45 萬，站內推廣展現量為站外推廣展現量的 3 倍。但由於站內推廣的直通車花費占總花費的 87.78%，站外投放的直通車花費只占到 12.21%，站內推廣花費是站外推廣的 7 倍。綜合考慮站內外推廣的投入值，不難發現，從展現量的維度來看，目前做站外投放的性價比非常高。

第二個參考維度則是平均點擊花費。站內平均點擊花費為 0.46 元，站外平均點擊花費僅為 0.28 元，站外投放的點擊幾乎為站內投放點擊費用的一半，站外投放的平均點擊花費拉低了店鋪整體的平均點擊費用。也就是說，花同樣多的油錢開車，站外投放可以贏得更多的點擊量。

推廣計畫	花費分佈	展現量	點擊量	點擊率	花費（元）	平均點擊費（元）
		2145050	9686	0.45%	¥4125.99	¥0.43
	站	1695154	7896	0.47%	¥3622.01	¥0.46
專用推廣計畫	關鍵字搜索	538933	4226	0.78%	¥1877.39	¥0.44
	類目搜索	981809	2978	0.30%	¥1525.37	¥0.51
	定向推廣	174412	692	0.40%	¥219.25	¥0.32
	站	449896	1790	0.40%	¥503.98	¥0.28
	淘寶聯盟	449896	1790	0.40%	¥503.98	¥0.28

表 3-1 帳戶平臺詳細報表

詳細	訪客數（UV）	百分比
淘寶站外其他	9113	13.36%
直接訪問	8068	11.83%
阿裡旺旺	612	0.90%
淘寶客	264	0.39%
穀歌網頁	33	0.05%
百度搜索	19	0.03%
穀歌購物	1	0.00%
騰訊搜索	1	0.00%

表 3-2 淘寶站外流量細分

詳細	訪客數（UV）	百分比
淘寶站內其他	15453	22.66%
寶貝搜索	14877	21.81%
未知來源	8907	13.06%
淘寶論壇	6852	10.05%
其他店鋪	1180	1.73%
店鋪收藏	863	1.27%
店鋪管理	739	1.08%
直通車	663	0.97%

表 3-3 淘寶站內流量細分

當然，點擊量也是一個重要的參考維度。站外投放的訪客占訪客總數的 13.36%，站外投放的直通車花費占總花費的 12.21%，點擊量的投入回報率超過 100%。

外投轉化率的難題與建議

諮詢一些使用直通車外投的賣家，他們一方面對外投的高投入產出比表示肯定，但另一方面也指出了外投的 Bug（問題），提出了解決 Bug 的建議。

首先，站外引來的客戶大都是不熟悉淘寶網或者網購的新手買家，賣家 zzjfb 就曾總結了一些可能是站外帶來流量的交易情況：有些買家，整個交易一句話也不說，直接拍下付款後消失；還有沒有支付寶認證的買家，拍了商品後建議銀行匯款。這些買家的訂單很多都不是通過支付寶交易的，如果賣家能多一份耐心，也許就贏得了一個潛在客戶。

至於如何提高轉化率，賣家 zzjfb 也給了一些建議：第一，要選擇有銷量基礎的產品去做外投，新客戶點擊後發現有很多人買，跟風購買的可能性就比較大；第二，儘量為外投產品單獨創建推廣計畫，避免跟站內投放產品的數據混在一起，影響效果監控。

而 Sem 網盟資深推廣達人逛蕩的貓也與賣家 zzjfb 持類似看法。

隨著淘寶商家數量的增長，淘寶網逐漸陷入僧多肉少的境地，如果想要保持活力，就需要不斷補充流量。直通車站外推廣另闢管道來導入流量，可以培養不熟悉網購的更多潛在用戶來淘寶網購物。從長遠看，這對於廣大賣家是有利的。

目前來看，點擊量高是一個既有優勢。如果商家想做品牌宣傳，那自

331

然點擊量越多越好。但最關注銷量的中小賣家，更關注購買轉化率。而目前這樣引流過來的用戶，其點擊轉化率一般不會很高。

通過淘外平臺進來的用戶，多半都是不知道淘寶，或者知道淘寶但沒有帳戶的人。他們屬於不成熟的網購用戶，網購心理還停留在觀望階段。即使他們進來後想要購物，看到那麼多的貨品，也很可能會以價格為導向來做選擇，受益的可能是貨品單價低的 C 店。流量導入之後，流量的轉化還面臨著一個障礙，就是購買和付款方式。這些網購新手要先註冊會員，然後再驗證。等真的驗證下來了，就未必還想買了。在這個過程中，很可能會流失用戶。

總體而言，跟站內推廣相比，直通車外投導入的用戶網購成熟度低，使得點擊到購買之間的轉化率受影響。當然，從培養潛在客戶的角度來看，通過站外投放來推廣商家的產品，是值得一試的。

（文｜榮飛小黑 吳慧敏）

謹防直通車惡意點擊

直通車惡意點擊似乎一直是很多直通車用戶最頭疼的事情之一。在一般人眼中，它是一種說來就來的病，臨床表現為：即時訪問數據個別關鍵詞點擊量飆升，且大多來自同一IP（個別市場擾亂者甚至採取多IP、多關鍵詞戰術）。病因則大多是同行眼紅、冤家報復等。

這裡有一個案例可以用來進一步分析惡意點擊可能採取的方式和發生惡意點擊的原因。

A是某細分類目下中型以上賣家，A賣家的店鋪已打造出一款爆款產品，正在做直通車推廣，部分熱詞搶占了前三的位置。B是A的同行，但B店鋪裡的產品沒有A店鋪裡的產品暢銷，B欲實施惡意點擊，那麼他可能會採取以下幾種類型的操作方法。

第一種類型：拿起滑鼠一頓猛點，直到手抽筋為止，也有賣家使用按鍵精靈。

第二種類型：點完一個詞，換一個詞點，再換一個詞點，再再換一個詞點，以此類推。

第三種類型：針對某個或若干個關鍵字，20分鐘點一次（同個IP在一個時間段針對同款同關鍵字的多次點擊只算作一個有效點擊，而這個所謂的時間段為20分鐘）。

大多數惡意點擊發生在上述類型的案例中，原因如下所示。

首先，大類目下的各個店鋪來自天南海北，不易引人眼紅，而細分類目多為地域性很強的類目，如海寧的皮草、嘉興的羊絨衫、中山的燈飾等。發財的人就在你身邊，你還坐得穩嗎？

其次，惡意點擊者也會偷懶，首頁前三找起來相當方便。更重要的一

點是前排熱詞在他們眼中是很貴的，對這類詞進行惡意點擊能帶給他們一種痛快的滿足感。綜上所述，排在前三的熱詞成為了惡點者的最愛。

再次，惡意點擊的對象不可能是那些沒有財力支撐關鍵字進首頁的小賣家，所以應該是中型以上賣家，至少在細分類目下，是實力不錯的店鋪。

然而，像以上這類的惡意點擊，通常都逃不過淘寶網官方的法眼，淘寶網官方有近 40 個參數來界定一個點擊的有效性。不過，這 40 個參數標準還無法透露，因此在這裡，只能介紹 3 個常規標準。

IP 地址：對於同一個 IP 位址在短時間內進行的連續點擊，只算一次點擊。

Cookies：電腦每訪問一個網頁的時候，都會在電腦的 Cookies 裡留下記錄，所以我們根據每台電腦的 Cookies 記錄買家點擊這個廣告的次數和頻率，並以此來判斷這個點擊是否有效。

物理位址：一台電腦只有一個物理位址，訪問廣告後就會記錄其物理位址，根據這個物理位址的訪問頻率也能判斷點擊是否有效。

淘寶直通車依靠專業的全天即時無效點擊過濾系統監控多項參數，並通過智能化的算法分析，即時過濾無效點擊，從而全方位保護直通車用戶的投放利益。

綜合以上兩塊內容，我們已經明確了案例背景，又掌握了官方防惡意點擊的機制，那就可以分析上面列舉的三種惡意點擊所造成的後果了。

第一種類型：不管 B 點多少次，也就扣 A 一個 CPC（每點擊成本）的錢。何況 B 眼中很貴的熱詞，可能會在 A 的高品質得分下大打折扣。因此，B 的惡意點擊幾乎沒有影響。

第二種類型：在這種情況下，B 其實幫 A 做了一輪關鍵字培養。保守估計，每個關鍵字 CTR（廣告點擊率）會因為 B 的惡意點擊而提升 0.01 個

百分點。不要小看這0.01%的提升，有經驗的朋友都知道CTR對品質得分的影響。更何況提升的是爆款的CTR，爆款會強勢延續這一點小小的提升所帶來的影響，將其無限放大，從而通過品質得分的提高，降低PPC（平均點擊費用）金額，輕易抵消掉B惡意點擊所扣除的費用。因此，我們基本可以說，B正在為A的爆款默默地添磚加瓦。

第三種類型：瞭解上述兩種後果後，你馬上會意識到，在第三種情況下，B就不是僅僅為A添磚加瓦了，B簡直就是助人為樂、當代活雷鋒、深藏功與名的典範。

綜上所述，對於類似A的淘寶賣家、直通車用戶來說，完全沒有必要擔心惡意點擊會給店鋪帶來經濟上的損失。淘寶網本身的防惡點機制以及現行的直通車玩法，都已充分保障了大家的投放權益。

給賣家的建議是，不要浪費時間去點擊競爭對手的廣告位；相反，最好的辦法應該是將其單品連結直接放入流覽器我的最愛，方便隨時打開。同時，經常搜索自己產品的主要關鍵字，觀察競爭對手的動態——主圖、排位、銷量、標題的變化，時時優化自己的寶貝。

TIPS CPC、CTR 和 PPC

1.CPC：英文 Cost Per Click 的縮寫，意思是指每次點擊所需要支付的費用。本文指點擊直通車推廣位一次，賣家需要向一淘直通車支付的費用（直通車採用的是競價排位，這個費用是賣家自主設置的點擊出價）。

2.CTR：英文 Click Through Rate 的縮寫，意思是廣告點擊率。

3.PPC：英文 Pay Per Click 的縮寫，意思是點擊付費廣告。

（文 ｜@ 止痛先生）

未來的直通車會是什麼樣

　　最近幾年，社會化行銷和無線推廣逐漸成為重要的行銷方式。從2007年開始，淘寶網和天貓商戶通過直通車推廣自己的主力商品，帶動了整體店鋪的快速成長。但消費者的習慣在不斷變化，媒體、行銷平臺和工具也在不斷變化，新的行銷方式層出不窮，如何適應並贏得先機成為了眾多賣家率先考慮的問題，而這也是直通車團隊一直在考慮的問題。

　　品質分作為影響直通車搜索排序的重要因素，在過去幾年中幫助了許多優質商戶把相關度高的寶貝以相對較低的點擊成本展示給搜索商品的消費者。和影響品質分的關鍵因素類似，點擊後的轉化能力也是衡量消費者體驗的重要維度。為了可以給消費者更好的體驗，促進消費者持續關注和信任推薦商品，直通車在2012年把轉化率加入到品質分的計算中。擁有高轉化能力的商家和商品，將會得到更高的品質得分，在直通車搜索排序的其他因素不變的情況下，會得到更多的展現機會。

　　定向推廣中的精準人群投放，是網路行銷最核心的優勢。通過鎖定興趣人群或使用重定向能力，商戶的投放效率可以得到很大提升。在淘寶網環境中，鑽石展位已經驗證了定向投放的效果，它的人群定向和店鋪定向功能會給商戶帶來更高的點擊（平均高達3.5倍）和更高的投入產出比（平均高達1.6倍）。依託於大淘寶消費者數據的廣度和深度，直通車在定向投放上也有很多值得深入挖掘的領域：未來的直通車除了提供人群定向、店鋪重定向之外，還會在消費者核心的搜索數據基礎上支援搜索關鍵字重定向，利用買家主動表現出興趣的數據來說明推送寶貝或者店鋪，效果將會更好。另外，利用各種定向能力，商戶可以選擇重點投放人群，在引入流量上也可以更加平滑，增加運營的可預測性。

除了自有媒介（如網站、店鋪）和付費推廣媒介（如直通車、鑽展）能幫助商戶推送資訊到達客戶之外，社會化媒介（如用戶微博、商戶微博）已逐漸成為行銷的一個重要管道。直通車作為純粹引入流量產生交易的工具，已不能適應新的形勢。付費推廣平臺需要和社會化行銷相結合，成為口碑行銷的催化劑，在新產品引入、活動推廣和品牌建設等業務關鍵期發揮積極作用。付費推廣只有和店鋪自有管道及用戶口碑行銷等其他管道配合形成一個行銷推廣的立體矩陣，才可以發揮付費推廣管道的最優效果。

跟隨這個趨勢，直通車將升級平臺，引入社會化行銷和互動的能力，貫穿創意，到達頁面等多個環節，提升遞延轉化能力。比如直通車在現有的推廣創意內容（商品圖片和商品描述）的基礎上添加社會化組件，讓推廣資訊不僅可流覽，還可互動，甚至收藏或直接購買。

未來的直通車希望每一個推廣資訊模組都可以成為購物內容。商戶有機會把自己的店鋪和寶貝延伸到全淘寶甚至全互聯網進行可互動的「櫥窗展示」。直通車將整合推廣商品、相關推薦、資訊，甚至是消費者的 SNS 信息，支持互動分享，成為新型的社會化購物環境。

現在，除了涵蓋淘寶網和天貓的核心流量，直通車也接入了一淘的搜索流量，同時通過淘寶聯盟和 Tanx 廣告交易所，大規模引入淘寶外部流量。利用淘寶的精準數據和動態出價的方法，直通車將幫助商戶以最小成本把寶貝推廣到更多的外部平臺上。

為滿足商戶更靈活地進行店鋪推廣的需求，直通車未來也將支援客戶按照點擊付費的方式進行圖片、文字投放，在淘寶站內的特定位置和全部淘寶外部平臺上支持商戶推廣，讓商戶更靈活地選擇投放標的。

（文｜超凡）

第二部
玩轉淘寶七大引流利器

第四章
搜索優化，
讓你的買家跑不了

第四章
搜索優化，讓你的買家跑不了

SEO全攻略

　　2010 年 7 月 6 日，淘寶搜索規則發生了根本性變化。隨著阿基米德（人氣寶貝）規律誕生，「淘寶 SEO」被榜上題名，大家開始關注淘寶搜索優化。但在兩年後的 2012 年 7 月 26 日，正當大家已經習慣並且適應人氣寶貝玩法的時候，淘寶搜索又開始削弱人氣寶貝的影響，從此人氣寶貝被打入「冷宮」。

　　2013 年，淘寶搜索再出新規，增加了掌櫃旺旺號直達店鋪首頁的功能（淘寶搜索 @ 掌櫃旺旺號），同時在搜索結果頁新增選購知識。搜索新規將帶來哪些影響，2013 年的淘寶 SEO 又該如何進行，本文將為諸位賣家詳細解讀。

> **TIPS** **淘寶 SEO**
>
> SEO 也叫搜尋引擎優化，是針對搜索規律進行優化的一種排名技術。淘寶 SEO 是指通過適應淘寶搜索排名規則，使寶貝獲得在淘寶搜索結果中優先展示的優化技術。淘寶 SEO 通過研究淘寶排名規則，把自己的寶貝優化成符合淘寶排名規則的寶貝，從而提高寶貝的排名位置，獲取更高流量。

這些年，淘寶經歷的搜索變更

這些年，淘寶搜索歷經了諸多變更，我們可以通過以下表格看到這些發生在淘寶搜索身上的變化。

時間	2010 年 7 月之前	2010 年 7 月～2012 年 7 月
變更內容	按照產品剩餘下架時間輪流排序	增加阿基米德定律
優化方法	增加產品＋關鍵字優化＋下架時間優化	打造爆款＋下架時間優化＋標題排名優化等
優化效果	簡單＋明顯	明顯＋空間大
優化缺點	有瓶頸	複雜＋難度大＋涉及範圍廣

表 4-1 淘寶搜索的歷史變更

到 2013 年，淘寶搜索再出新規，這次頒佈的新規則主要體現出淘寶搜索的以下變更。

變更一：淘寶搜索增加了掌櫃旺旺號直達店鋪首頁功能，即在淘寶網首頁上輸入「@＋旺旺名」便可以直達到店鋪首頁。

之前，賣家的旺旺名除了溝通以外沒有任何價值，而開通了該功能以後，旺旺名本身的價值得到很大程度的提升。和功能變數名稱一樣，一

個好記的旺旺名，對店鋪會有很大的幫助。對於一些旺旺名不太簡潔的賣家，此項功能帶來的幫助不太明顯，但也不會有負面作用。建議賣家趕緊註冊一個旺旺靚號，或者保護好品牌旺旺號，以防被他人搶占。

用戶通過在淘寶網首頁輸入 @ 旺旺名來直達店鋪首頁，操作方便快捷，用戶體驗更好。而對店鋪來說，這也使得店鋪的宣傳推廣更加簡單。當然，新的功能還需要賣家進行推廣引導，賣家不妨在包裝盒、包郵卡等可以做廣告的地方告訴用戶，在淘寶網首頁輸入 @ 旺旺名便可以直達店鋪。除了在包裝盒、包郵卡上進行說明外，還可以在淘寶網首頁和內頁製作說明引導的圖片。

變更二：搜索結果頁新增選購知識。

2012 年 2 月，淘寶搜索提出寶貝詳情頁品質會影響搜索排序，在此之前淘寶搜索的排序依據就只包含標題和類目屬性兩項。而這次的變化，將真正實現對詳情頁面的文字文本進行索引。此外，淘寶網也會加入反作弊的機制，杜絕惡意抄襲現象，這是賣家千萬要注意的地方。

見招拆招，優化淘寶SEO

淘寶網商品所面臨的競爭壓力之大，我們現在就以關鍵字「羽絨服」為例，做個簡單的計算。

2013 年 1 月 2 日當天，「羽絨服」的搜索量是 4948087 次，當前寶貝數為 6587748 件。白天將每 15 分鐘更新一次，晚上 7 點到 11 點半則是每 30 分鐘更新一次；一天 24 小時 1440 分鐘，搜索排序的結果大致需要被更新 85 次。

淘寶每頁將會為買家展示 4000 個產品，如果在更新之後，這 4000 個

產品被全部替換掉（實際情況是，有小部分產品因為權重比較高會持續展示，目前忽略這些產品），一天時間內將有340000個產品被展示，展現率為產品總量的5%左右，也就是說還有95%的產品是沒有機會被展示的。

　　繼續剖析這5%的產品。在被淘寶展示的100頁產品中，能真正被買家看到的最多只有前15頁的51000個產品。前5頁占據95%的流量，前3個豆腐塊產品占據30%的流量，直通車占據20%～30%的流量，白天和晚上占據98%流量，半夜基本沒有流量。據此，我們可以得出如下數據，即如果你的產品被排在前5頁的話：

　　1. 前15頁有51000個產品，51000÷15 ＝ 3400個，即前15頁每頁的產品為3400個，前5頁的產品即為3400×5 ＝ 17000個；

　　2. 在前5頁的流量中，前3個豆腐塊產品占據30%的流量，直通車占據20%～30%的流量，因此前5頁其他產品實際占到的流量為：100%－30%－25%（取20%～30%的中間值）＝ 45%；

　　3. 前5頁的實際搜索量＝ 4948087×45%，而前5頁產品每天更新85次，每次17000個產品，（4948087×45%）÷85÷17000 ＝ 1.5。

　　因此，在關鍵字「羽絨服」下所有排名前5頁的寶貝獲得的平均流量只有2個不到，其中還沒有除去銷量和信譽排名以及其他二級維度的流量。即使這種通過大致比例來統計的計算方式存在著這樣那樣的誤差，但同類寶貝之間面臨巨大競爭已經毋庸置疑。

維度攻堅，精準優化

　　在淘寶搜索框中搜索「羽絨服」，在搜索結果頁第一頁有品牌、選購熱點、風格、好店推薦、顏色，以及相關的類目和關鍵字。下面是所有排

名、人氣排名、銷量排名、價格排名這幾個主要流量入口。因此，賣家可以分別對這幾個流量入口進行分別優化。

所有寶貝排名目前是按照人氣＋剩餘下架時間進行排序，也就是說，那些快要下架的商品容易排到前面。但很多時候，賣家會發現就算產品離下架時間就剩下一分鐘了，卻還是沒有排名也沒有流量。這是因為你還沒有瞭解你的產品、關鍵字跟整個行業的對比，以及搜索的規則。這裡所說的規則包括：

1. 無論白天還是晚上，由默認排名所展示出來的前 10 頁產品基本都是有銷量的，最少的是 1 筆，零銷量的產品幾乎不會被展現出來。只有在半夜，零銷量的產品才會被正常排序；

2. 一個頁面上一家店鋪最多只能展示 2 個寶貝；

3. 相關性，類目屬性必須沒有問題；

4. 集市店鋪櫥窗推薦；

5. 當產品所在店鋪的店鋪權重（店鋪動態評分、好評率、退款速度）高時，該產品就可以出現在首頁，且店鋪權重越高，該產品出現在首頁的時間就越長。

瞭解這些規則之後，賣家就可以採取如下戰略進行優化了。

1. 店鋪權重必須做為長期重點優化的對象，店鋪一定要做好三個評分，提升轉化率，優化客戶體驗。

2. 標題裡的關鍵字一定是相關性最好的 —— 這裡的相關不只是字面相關，還要與淘寶官方數據顯示的結果相關 —— 總之，產品的關鍵字通過搜索結果查看展示後，最多的類目和屬性即優先類目屬性。

3. 優化產品上架時間。例如某店鋪共有 200 款產品，其中有 100 款產品擁有一般銷量（至少有 1 筆銷量），30 款產品擁有不錯的銷量，掌櫃需

要為這 3 種不同銷量的商品安排不同的上架時間：30 款銷量不錯的產品被安排在晚上 7 點 30 分～ 11 點 30 分之間平均上架；100 款銷量一般的產品被安排在白天 9 點到晚上 7 點之間平均上架（請根據行業流量高峰時間段判斷安排）；剩餘 70 款沒有銷量的產品被安排在半夜上架。整個店鋪的 200 款產品一般只有 130 款產品有機會被展示，其餘 70 款產品幾乎沒有被展示的機會。所以要想辦法消滅零銷量，爭取讓每個產品都有被展示的機會。

雖然現在人氣寶貝對默認排名無影響，但是由於客戶已養成查看人氣寶貝的習慣，所以還是有很大部分買家會通過人氣寶貝的維度查找寶貝，所以人氣寶貝的流量品質至今依舊很高。基於這點，賣家也一定要重視人氣寶貝的排名。

首先簡單說明影響人氣寶貝排名的重點因素：

1. 相關性；

2. 30 天銷量；

3. 賣家服務品質；

4. 商品品質和人氣；

5. 搜索流量的轉化率。

賣家可以根據重點因素進行優化。人氣寶貝是在其他權重一定的前提下，以銷量為核心進行的排序規則，所以優化人氣寶貝排名需要圍繞那些已經有了一定銷量的產品進行。

所謂排名優化，肯定要具體到關鍵字。例如你的產品有 500 筆銷量的時候，你要找到跟你的銷量最匹配的關鍵字，我們稱之為「目標關鍵字」。查找目標關鍵字的要求體現在如下方面：

1. 目標關鍵字具有相當強的相關性。這裡講的相關性包含兩個層面：其一是文本相關，具體是指關鍵字與產品本身的類目和屬性相關；其二是

優先類目的相關，具體是指每個關鍵字都會有最優先的類目和屬性。

2. 目標關鍵字必須是有搜索量的關鍵字，而且搜索量越高越好。

3. 排名人氣寶貝前兩頁。如果單品銷量達到了 500 筆的話，你所要查找的關鍵字必須排名在人氣寶貝的前兩頁。也就是說，你通過查找在人氣寶貝中排在前兩頁且銷量在 500 筆左右的寶貝來獲取目標關鍵字，只有這樣你的產品才有可能被排名到。

以上是在優化人氣寶貝排名方面需要被宣導的一種思路，即找到和產品本身情況匹配的關鍵字。還有一點要注意的是，不同階段（銷量）的目標關鍵字是不同的，同時，目標關鍵字是可以有好幾個的。

影響銷量排名的因素只有銷量一個，雖說相當單一容易掌握，但還是要注意產品不能違規，價格不能低於行業最低價。

銷量排名的優化思路跟人氣寶貝的優化思路很相似，二者都是根據產品的銷量找到在銷量排名上可以排在第一頁的關鍵字。

價格排名維度在價格上，所以關鍵字盡可能地選擇大詞，根據賣家自身的產品價格來調整。拿關鍵字「連衣裙」來分析，目前該類目分為以下 3 個價格段：34 ～ 95 元，這一部分在連衣裙總量中占比 31%；95 ～ 280 元，這一部分在連衣裙總量中占比 42%；280 ～ 620 元，這一部分在連衣裙總量中占比 17%。

如果產品剛好是在 280 元以上多一點的，那麼就需要稍微往下降，讓它維持在 95 ～ 280 元這個價格段，這個價格段對買家更有吸引力。

產品搜索名可以從四大維度的流量入口優化總結：

1. 時刻關注各大流量入口的變化和自己產品的排名情況；

2. 根據自己產品的情況不斷優化最優方案；

3. 所有寶貝選擇的關鍵字以大詞和產品類目屬性詞組成的關鍵字；

4. 人氣寶貝根據銷量查找目標關鍵字；

5. 銷量寶貝排名根據銷量查找最優關鍵字；

6. 價格排名根據行業數據情況調整價格。

根據淘寶搜索老大鬼腳七介紹，2013 年淘寶 SEO 的關鍵字是：專業、有趣。淘寶網會在搜索中重點投入個性化因素，更精確地預測用戶的偏好和需求；同時，通過搜索將更多的產品資訊傳達給用戶。賣家要做的，便是讓自己的店鋪名稱、店鋪描述、活動資訊、產品資訊更為簡潔和精準，方便用戶搜索。

（文｜八腳王）

搜索優化七法寶

　　淘寶搜索優化，是很多賣家獲取自然流量的必修學分。然而，在獲悉基本的搜索優化原理之後，對實踐中一些重要細節的忽視或錯誤理解使很多賣家都進入了一些搜索優化的誤區，不知不覺損耗掉了一些珍貴的流量。本文精心匯總了搜索優化過程中的七大竅門。只要能夠切實掌握這些竅門，店鋪自然流量的提升指日可待。

只爆單品不爆店

　　無論淘寶網怎麼淡化，銷量對搜索結果的影響仍然很大，畢竟銷量及評價量極大地影響著淘寶網整體的轉化率。但銷量對搜索的影響，已經發生了方式上的改變。過去，賣家們喜歡將全部行銷資源集中在少數爆款身上，但隨著下架時間和個性搜索條件對搜索結果的影響越來越大，這個模式已經不是最佳模式了。

　　首先應當做的，便是管理店鋪的銷量佈局。

　　店鋪應該適當分散行銷資源，創造更多的活躍動銷品種，使更多商品有不錯的累計銷量，而不是將全部資源集中在極少數爆款身上——這就是多個小爆款戰略。這種戰略致力於消滅零銷量品種，因為零銷量商品幾乎沒有權重，而有一個銷量的產品被搜索到的機會就多了很多。

　　另外，也可以嘗試增加 7 天銷量。短期銷量的權重大於長期銷量的權重，如果 7 天內無銷量，淘寶搜索便會受到較大的影響。因此，賣家不僅僅要重視 30 天的累計銷量，還要重視 7 天的短期銷量。在潛在顧客劇增的重大流量日，可以提前突擊 7 天銷量，提高短期銷量權重。

服務指標要抓牢

與此同時，服務指標也是搜索優化的重點。服務品質指標如回頭率、退貨率、店鋪動態評分是搜索權重的基礎，要是這些指標下降了，後果可能很嚴重。

要注意一些參數的矛盾關係。例如，退貨率是一個重要的搜索權重殺手，如果有不退貨就讓用戶滿意的辦法，儘量不要走退貨流程；但如果用戶不那麼滿意，又沒有走退貨流程，他就獲得了一個給你低分的機會。因此，賣家就處在時刻權衡利弊的處境當中。

在購物引導中，多下功夫做好文案、培養客服是相當有必要的，因為這些可以幫助用戶正確地選擇。用戶的錯誤選擇或者錯誤期望，都有可能會導致低評分或者高退貨率，從而間接通過搜索權重對店鋪進行懲罰。

馬雲提出的雙百萬計畫強調小而美，美的核心指標之一必然是高回頭率。從淘寶搜索部門可以使用的參數角度進行研究，我們基本可以得出，回頭率在搜索權重中的地位會持續上升。回頭率不僅僅是顧客終身價值或者 IP 總回報的問題，它已然成為淘寶搜索最重要的指標之一，同時也必然是搜索流量優化的核心問題。

下架時間做精細

下架時間權重已經重新成為全部寶貝動態排名的權重之王。接近下架的品種將得到臨時加權，且越接近下架權重越高。待到寶貝重新上架之後，這種臨時加權才被取消。根據沸騰網自查軟體「店鋪搜索優化體檢」的統計，80% 以上體檢過的店鋪在下架時間項目上不及格，低分得主甚至包括日流量 10 萬 UV 的女裝大店。由此可見，下架時間方面存在的問題遠

遠超出大家的預料。如果賣家使用了只強調平均下上架的管理軟體，多半會損失很多搜索權重。這些軟體理念不當，會促使賣家把店鋪最重要的寶貝放在訪客很少的時間下架。而下架優化最重要的就是將重點品種在重點時間段均勻下架。

重點品種，一般指銷量權重最大的品種，例如有 100 個寶貝，賣得最好的那 30 個寶貝就是重點品種。它們應該在最重要的時間段下架，而不能被分配到凌晨、上班之前、下班時間等垃圾時間段。低銷量的品種沒必要擠在重點時間，它們可以被安排在低價值、低競爭的次要時間均勻下架。

那麼，究竟什麼是重要的時間段呢？就普遍情況來說，周一到周三的轉化率高，周四開始轉化率將有所下降。每天 9 點～ 11 點，15 點～ 17 點，20 點～ 22 點是三個轉化高峰段，周末特殊。不過，不同類目又呈現出不同的特點（例如家居類目周末的轉化率就很高，因為家居產品的購買往往需要家庭集體討論決定），每個店鋪的情況也不同，不能一概而論。

但是，由於在熱門時段中總有兩個因素極為活躍，即訪問類目的顧客總數和在此時間下架的寶貝數量，二者數量激增且後者的增幅遠遠超過前者。因此，對銷量不佳的店鋪而言，在熱門時間下架貨物其實是不利的。因此，每個店首先要選擇好自己的重點時間段。一般而言，選擇本店的下架重點時間，可以採取以下兩種策略：

1. 如果銷量不佳，可以在競爭較弱、流量也不差的時間下架；

2. 如果銷量不錯，可以在人氣最旺的時間段下架。

具體哪個時間段最合適自己的重點品種，可以用軟體監測同等品種的排名變化曲線後再選擇，不要隨意決定。

很多店鋪只按自己習慣或行銷需要埋頭上新，上新後並沒有再重新調整下架時間，下架時間沒有最優化。正確的做法是：按照原來的習慣上

新，但在重要時間段記得將重要寶貝均勻下架再立即上架。或者用可靠的軟體管理，按照銷量的重要性自動重新調整下架時間佈局。

類目屬性不取巧

將同樣的商品放在相容的不同類目，對關鍵字排名的影響不大，但卻有利於獲得潛在的類目流量機會。目前，搜索對類目的設定還比較寬容，因此從流量的角度看，倘若有些寶貝既可以放在這個類目、也可以放在那個類目，那就應該儘量往熱門類目放，而不是放在精確匹配的類目中。

另一方面，直通車也是選擇寶貝類目時不可忽略的一點。因為關鍵字的品質分受所選類目影響很大，選擇不同的類目會極大地影響直通車可以選擇的關鍵字。因此，選擇類目要結合搜索和直通車的雙重因素綜合考慮。

顧客搜索行為的多樣性，給屬性帶來潛在的長尾搜索價值。例如直接搜索連衣裙，頁面中將會跳出 300 多萬個相互競爭的寶貝，但如果顧客在搜索條件處又勾選了風格為優雅、元素為顯瘦兩個複選框，那麼參與競爭的寶貝就只剩下了 2 萬件。直通車展現也跟顧客勾選的屬性密切相關，屬性是否完整會影響直通車的長尾效益。因此，屬性應儘量填完整，並最好有人複查，因為填寫屬性的過程很容易出錯（跟滑鼠操作有關，有時滾動鼠標滑輪只是為了拉動網頁，卻容易不小心改變了屬性值而沒有意識到）。如果對一些重點寶貝的屬性進行檢查，經常能發現錯誤，類似無鋼圈胸罩選成有鋼圈胸罩的錯誤並不少見。對搜索和直通車來說，錯誤的屬性選擇，就有可能帶來較大的損失。

同類目選擇一樣，寶貝屬性也存在利益最大化問題。有些寶貝的屬性，選這個也正確，選那個也正確，那就最好不要隨意選擇。選擇搜索時

被顧客勾選較多的、或者搜索結果中寶貝數量少的屬性值，可能會得到額外的回報。

標題也需新陳代謝

多數賣家確定標題後，並沒有持續進行優化。這與賣家過去缺乏標題效果跟蹤工具有關。現在有一些綜合優化軟體可以監測每個分詞的日均流量和直通車的轉化效率，賣家可以依據這些軟體所得出的數據找出低效分詞並加以替換。

流量大的重點寶貝是值得一個個分詞去追究效率的。因為這樣的寶貝並不會很多，他們的流量每增加 10%、20%，對於店鋪的影響都不小。

更重要的是，優化標題並不需要付出太多代價。在現有權重下，僅僅通過標題替換就能增加流量，這是一個典型的以時間換金錢的淘寶遊戲。把低效率的分詞替換掉，並進行不斷測試，從理論上說，這將有助於持續提高標題帶來的效益。有時，這種效益會很可觀，因為找到一個正確的分詞，就有可能讓流量獲得大幅提升，這樣的例子並不少見。

沒有轉化力的搜索流量，從長遠看來是有害的。目前已經可以利用直通車的轉化數據來評估流量品質，流量高而轉化率低的分詞，可能不值得保留在標題中。

在男裝外貿店就經常見到以下情況：標題的生動性、誘惑性很「給力」，但自然流量的價值卻很低。這種標題其實比較適合面對老顧客，對新顧客流量的獲取卻相當不利。但換一個角度來思考，一個中規中矩的 SEO 化的標題，生動性很差，不利於顧客體驗，其實也會影響顧客的轉化率和回頭率。

因此，標題不可不優化，但不能頻繁優化，一般一周進行一次局部分詞替換為宜，變化的幅度也不要太大。

對於熱賣的寶貝，就別輕易更改，免得橫生枝節。爆款標題的分詞優化，最好在賣爆之前就調整完成。

對於低銷量品種，不一定要爭奪熱詞。從以下兩個角度入手調整標題，可能更為可靠：

1. 選擇能夠構造出較多長尾詞的分詞，增加長尾流量機會。

分詞的影響力並不是它自己單獨造成的。一個分詞是否能對轉化率起作用，在於它與其他分詞共同組合而成的搜索詞能否為寶貝帶來流量。長尾構造能力強的分詞，可能會帶來更多的機會，可以用一個叫「詞頻」的參數代表這種能力。

2. 選擇高搜索、低競爭的機會詞。

用相關推薦詞、系統推薦熱詞進行搜索，可能會發現一些涉及寶貝數較少、可搜索量卻不少的詞，這就是機會詞。帶參數的關鍵字、未被普遍跟進的飆升詞和系統推薦詞都是常見的機會詞。找到這些機會詞，在標題中使用它們，就能使你的寶貝最大可能地躍入買家的眼簾，即使是低銷量品種也不用怕。

在相同時間內，相同關鍵字，一個店一般最多只有兩個寶貝可以上第一頁，其他頁面也有類似約束。因此，避免關鍵字內耗便成為了店鋪搜索優化的重要工作。

假設某一店鋪有 3 款連衣裙的銷量都在 100 筆左右，下架時間比較靠近，大家的標題又都包含「2012 新款」的字樣，這就表示出現了關鍵字內耗，有一個寶貝的曝光機會已經被浪費了。如果它不使用「2012 新款」而改用其他關鍵字，則可能會獲得更多的曝光機會。對於動銷品種較多的店

鋪，消除內耗衝突可以立竿見影地提高搜索流量。

　　以前，人們即使意識到關鍵字內耗，也很難人工分析。直到有專門的分析工具推出，關鍵字內耗才得以成為店鋪搜索優化的重要工作。對於小類目，在可用詞本身就不多的情況下，僅僅通過修改標題將難以避免內耗衝突，可結合合理佈局下架時間來立體式地解決。

切勿忽視點擊率

　　一般說的搜索優化意在爭取展現量，而不是真正的流量。相同的展現，提高 30% 的點擊率，自然流量當場就能上升 30%，是不是很值得重視？提高寶貝的點擊率，不但可以多快好省地提高自然流量，而且可能會提高搜索權重。

　　那麼，又該如何提高店鋪自然搜索的點擊率呢？

　　首先，要強調圖片的優化。不僅開好直通車需要優化圖片，想獲得理想的自然搜索流量也要優化圖片，所有動銷寶貝的主圖（未必是非直通車圖）都需要優化。我們可以借助直通車圖的輪播測試來優化主圖；對於沒有開車的有流量品種，也要利用直通車優化主圖。

　　另外，不同的標題順序也可能會帶來不同的點擊率。一般情況下，標題的頭 8 個字對顧客影響最大，對顧客吸引力最大的字眼應該移到最前面，例如促銷或創意，以及對寶貝優勢所作的描述。

別流失搜索補丁

　　圖 4-1 中的搜索選項，每一個都代表著一種額外的曝光角度：推薦的價格範圍、免郵費、折扣促銷、貨到付款等。這些曝光角度需要賣家主動

去迎合，賣家要儘量讓每一個動銷寶貝都有機會進入折扣促銷頁面。以免
運費為例，這不僅僅有助於提高轉化率，而且可以增加被搜索到的機會。
因此，如果有可能，應該儘量免運費。

圖 4-1 淘寶搜索選項

　　你可以從搜索端獲取多少流量？多數賣家都會在標題關鍵字優化、
下架時間優化、櫥窗推薦上面做工作，但由於認識存在誤區、工具也不到
位，許多店鋪沒把這三項工作真正做對做好，損失大量權重和機會而不自
知。對照上文自查，你或許就會發現自己店鋪在類目和屬性優化、點擊率
優化、搜索選項優化等方面的潛力，甚至恍然大悟，原來店鋪的搜索流量
還有這麼大的增長空間。

（文｜何田）

老子曰搜索優化

淘寶網上的店鋪總數和寶貝總數高速增長。每個掌櫃都希望自己的店鋪被更多人看見，期盼自己的寶貝都有被展現的機會，渴望每天都有新的客戶進來。然而，淘寶網早已經遮罩了百度的網路蜘蛛，對淘寶賣家來說，淘寶搜索成為了淘寶店鋪新客戶的主要來源。如何做搜索優化？為了提升搜索排名，爭取更多的流量，很多賣家挖空心思去學習技巧，但效果卻並不明顯，而且被降權的風險也很大。本文將結合以前和賣家溝通培訓的內容，從道家的角度，來解釋淘寶搜索優化。

道可道，非常道

《老子》第一章講：如果道能夠說出來的話，就不是真正的道了。很多東西需要靠積累，只有積累到一定程度才會悟出其中的道理。

淘寶價值觀的第一條是：客戶第一。而賣家的客戶只有一個，那就是買家，也就是消費者。從本質上講，賣家在為消費者服務，服務好的賣家會留住現有的消費者，帶來更多的消費者，從而為自身帶來更多收益。因此，把消費者服務好至關重要，淘寶搜索也是如此。

一切從消費者的體驗出發，正是搜索優化的「道」。只有服務好了消費者，才是正道。

上善若水，順勢而為

《老子》第八章講：最高境界的善行就像水的品性一樣，澤被萬物而不爭名利，最善於順勢的莫過於水了。

關於順勢，有兩個層面的解釋。

第一層面是策略。每個公司都會推行一些運營策略，大家要緊跟公司策略，順勢而為方能事半功倍。淘寶搜索在很早以前就已經說要增加服務品質分，要對作弊賣家進行處罰，但很多人對此置若罔聞，等到真正實現的時候就後悔了。搜索是淘寶網的搜索，大部分淘寶網運營的策略都會反映到搜索排序因素中來。

第二個層面是戰略，而這方面是很容易被忽視的。

淘寶網在宣揚什麼？大淘寶。馬雲在宣揚什麼？新商業文明。如果你能讓你的店鋪和這個大趨勢結合起來，你覺得會是什麼狀況？

舉個例子來說。你是否願意分享，願意幫助那些中小賣家，願意承擔更多一些責任？筆者在北京遇到「小水眼鏡」，就問她：你有沒有想過2010年只賺50萬，把另外的50萬拿來支持邊遠山區的學生或者災區的人們？你有沒有想過把這50萬拿出來幫助更多的中小賣家呢？你有沒有想過去拉動同行業的發展？她有很好的資源，有很好的經驗，她應該可以幫到別的賣家。

我不是讓大家都去做這些，只是想讓大家通過這個例子想想：如果「小水眼鏡」真的這麼做了，她的影響力會是什麼樣的？淘寶網會不會給予她更多的支持？

有人說，我是小賣家，做不了這些事情。新商業文明的特徵是「開放、透明、分享、責任」，每個階段都有每個階段能做的事情。

還有個例子，麥包包現在做得不錯，他們有個做法值得大家借鑒。麥包包的老方說：「麥包包的戰略就是緊跟阿里巴巴，僅此一條。阿里巴巴推什麼，我們就加入什麼；淘寶網推什麼，我們就做什麼。現在，淘寶網的武俠文化、創業文化，麥包包都在借鑒。」

這麼做有一個好處：只要阿里巴巴不犯錯，他們就永遠是安全的；如果阿里巴巴犯錯，小公司也能很快掉頭，風險不大。更重要的是，這樣一來，你就不用花時間來琢磨到底如何決策了。

大道甚夷，而人好徑

《老子》第五十三章講：大道非常平坦，但世人喜歡探索其他小路。這就像我們從小就知道「書山有路勤為徑，學海無涯苦作舟」，但卻還是經常去尋找成功的捷徑一樣。

很多賣家，為了提升在搜索中的排名，做了很多投機取巧的工作，甚至包括一些作弊方式。例如嫁接商品（在同一個寶貝 ID 上更換商品）、廣告商品（用低價策略，吸引流量後點擊到其他頁面購買）、堆砌關鍵字（在標題中故意寫很多關鍵字）、炒作銷量等，不勝枚舉。針對這些作弊的行為，淘寶網將予以降權處罰。

在一些工具還不太完善的情況下，很多人問這樣會不會被降權，那樣會不會被降權，其實判斷原則很簡單，還是圍繞「道」來進行的：如果你的行為是在欺騙買家，那麼你的商品便很有可能被降權，即使現在沒有，以後也難逃噩運；如果你的行為是正常經營，那麼你店鋪裡的商品便不會遭到降權處理。

舉個很有意思的例子。有個 ID 為「大 J 小 v 美衣量販」的賣家，以前總是尋找各種理由拒絕客戶的退貨要求。後來，為了提高店鋪服務品質，這家店鋪開始儘量滿足每一位客戶的退貨要求。結果呢，這家店鋪的退款率反而下降了，客戶的評價也提升了。

從本質上講，只要你把客戶服務好了，客戶就會更加信任你，回頭

客會更多，也會介紹更多的客戶來。現在，網路購物的人群只占網民的少數，還有很多人從來不在網上購物，但倘若有一天他們也開始在網上買東西，到時候他們會聽誰的？肯定是聽目前這些購物專家的。因此，把現在這些人服務好是必須的。

再說一個數位，淘寶上實物交易的平均客戶轉化率約為 1%。如果你的店鋪每天能獲取 200PV，你要想辦法讓你的店鋪至少成交兩單。如果你有 200 個 PV，一單都沒有成交，你成天想要更多的流量又能怎麼樣呢？這時候不應該抱怨，反而應該思考，到底如何才能讓自己有成交量。無論流量多少，一定要好好把握。先把自己已有的流量把握好，才有能力去迎接更多的流量。如果你有 200PV，每天能獲得超過兩筆訂單，淘寶為什麼不給你更多的流量呢？所以，把你現有的客戶服務好才是根本。

大直若屈，大巧若拙

《老子》第四十五章講：最正直的人外表反似委曲隨和，最聰明的人外表看上去很笨拙。很多看上去很笨的辦法，卻是最好的辦法。

從客戶的角度出發，你可以去做很多看上去很笨拙的事情：對客戶更加熱情，尊重客戶，發貨更快，推薦最合適客戶的商品，保證貨品品質，標題描述寫得更加規範易懂……這些雖然看上去跟搜索沒有關係，而且有點笨，但做好了，客戶體驗好了，搜索優化自然也就做好了。

如果沒有思路，不妨多去看看那些成功的大賣家是如何做的。一個大賣家之所以能成為大賣家，肯定不是因為人家有運氣或有資源，一定還有很多其他值得去借鑒的因素。Nalashop 想必很多人都知道，在 Nalashop 店鋪的首頁右側就有個很有特點的區域：納米真人秀。上面有買的照片。

如果我看到有買家把自己的照片都放上去了，你覺得我會不會以後經常去呢？我會不會把我更多的朋友也推薦過去呢？

　　一切從消費者的體驗出發，就是搜索優化的「道」。只有服務好消費者，才是正道。

（文｜鬼腳七）

自然搜索十戒

在淘寶網中，不少賣家為了在搜索上獲得更好的排名和更多的展現機會，採用了作弊手段。

過去幾年，淘寶網的發展非常迅速，但是針對作弊賣家的處罰卻始終沒有跟上發展的腳步。這些賣家通過不正當的方式獲得了不少利益，他們甚至把這些作弊手段當作自己多年運營店鋪的經驗。而那些原本誠信的賣家也因為看見這些不法賣家不僅沒有受到制裁，反而因此獲得了長期穩定的利潤，也紛紛在自己的店鋪運營中複製這些作弊手段。由此便產生了破窗效應，這對淘寶網的發展和賣家自身的成長都造成了很大的不良影響。

作弊最大的受益者是這些作弊的賣家，最大的受害者是淘寶網的買家，其次是那些誠信的賣家。然而，作弊越多，買家體驗越不好，買家也就會越來越少。因此，長遠看來，作弊對所有賣家都會有影響，包括那些作弊賣家。正因如此，淘寶網也越來越重視作弊的行為，並對這些作弊賣家進行了嚴厲的處罰。賣家一旦作弊，就會被搜尋引擎降權，甚至直接過濾不予展現。那種靠作弊得到流量的「好日子」從此一去不返了。

什麼是搜索作弊行為？我們認為，凡是為了提高搜索排名而故意採取欺騙搜尋引擎和消費者來獲得流量和點擊的行為，都屬於作弊範疇。淘寶網公開了三類搜索作弊行為：第一類的畫分是依託相關性因素，比如標題濫用關鍵字、錯放類目和屬性、重複鋪貨和重複開店；第二類的畫分是依託銷量因素，如虛假交易和換寶貝；最後一個類別則是依託價格因素，包括價格不符、廣告商品、郵費不符、SKU 作弊、標題等描述不一致。

其中，賣家被降權多因價格因素。因為不少賣家為了獲得更多的展現機會，採用了以低廉價格去吸引買家的方式。然而，淘寶網為了令買家有

更好的使用體驗，由以前的比價更多地轉到了服務品質的對比方面。另一方面，淘寶網本身也不鼓勵賣家以低價作為誘餌引誘買家。因此，以低價作為吸引買家手段的賣家就正好撞在了淘寶網反 SEO 作弊的槍口上。

下面提供兩種賣家因價格因素被降權的情況。

首先，廣告商品是最常見的價格作弊方式。廣告商品包括：以一口價或拍賣方式發佈已經出售或者僅供欣賞的商品；發佈自己或者別人的生活照、實體店鋪的店面圖片或者介紹、品牌故事、行業知識，或者純粹貼圖供人欣賞的商品。簡單來說，所有不以出售作為目的的商品都是耍流氓，它們當然是淘寶網重點打擊的對象。

以下案例便是採用廣告形式發佈的商品，店家欲利用低價吸引流量，之後再將流量導去別的店，由此對買家構成欺騙。

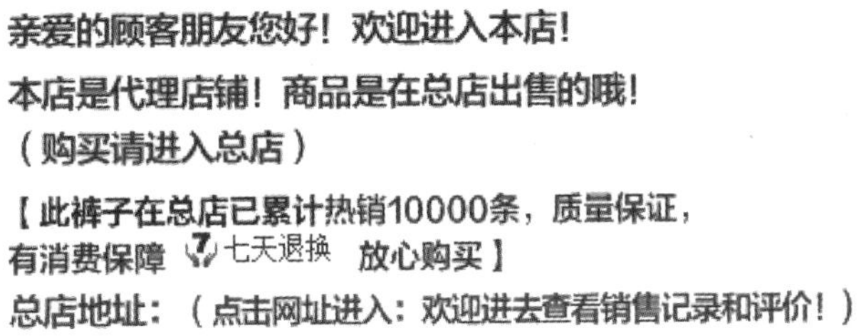

亲爱的顾客朋友您好！欢迎进入本店！

本店是代理店铺！商品是在总店出售的哦！

（购买请进入总店）

【此裤子在总店已累计热销10000条，质量保证，有消费保障 七天退换 放心购买】

总店地址：（点击网址进入：欢迎进去查看销售记录和评价！）

图 4-2 以廣告商品形式作弊的案例

案例二也是廣告商品作弊方式的典型，即以低價提供無意義的商品，擾亂正常的搜索。

其次，價格郵費不符也是一種常見的價格作弊方式。凡是發佈商品的一口價很低，郵費不符合市場規律或所屬行業標準的（包含但不僅限於如下情況：雪紡吊帶衫，一口價 1 元，平郵 100 元），均被淘寶搜索判定為價格郵費不符商品。

圖 4-3 以低價商品擾亂正常搜索的案例

　　有不少人對價格郵費不符這條規則比較疑惑。在搜索論壇上，不少因觸犯這條戒律被降權的賣家都百思不得其解。

　　其實，賣家最容易犯的毛病，就是使用了「最小購買單位為一支」或「一口價為一支」等字眼，而這些字眼恰恰就是被淘寶系統認定為價格不符的源頭。也就是說，在一口價的基礎上，描述中還存在其他規格的價格，就會被系統認定為低價引流，價格與實際不符。只要在標題中出現「起賣」、「起售」、「起訂」這樣的詞，就有低價引流的嫌疑，也就是價格與實際不符了。

　　還有就是，商品的描述裡也不能出現「批發」、「原價（多少）」、「批發價（多少）」、「市場價（多少）」、「僅售（多少）」等字眼。

　　所以賣家如果在寶貝描述中添加了「最小購買單位」、「基本購買單位」、「最少拍多少」、「一口價為（多少）的價格」、「標價為（多少）的價格」、「多少起賣」、「起訂」、「原價」、「市場價」、「批發價」、「批發」等字眼的話，都會造成你的寶貝被判定為「價格郵費不符」。

　　因此，當系統判定價格與郵費不符的時候，賣家首先考慮的不是東西

太便宜了或者郵費定高了，而是要仔細地檢查描述中有沒有不符合規定的字或者詞。系統是機械式的，沒有那麼智慧，只要你的商品描述中出現了違規的詞，你的商品就會被降權。

很多人會問自己的某些做法是否是作弊行為，其實，這裡有一個很簡單的評判標準：該行為的出發點是什麼？是為了欺騙消費者，欺騙搜索引擎，還是為了提高用戶體驗，更好地服務客戶？如此，當下即可明瞭。

（文｜李嘉銘）

淘寶
成功大解密

第二部
玩轉淘寶七大引流利器

第一章
互動時代
如何玩轉SNS

第五章
互動時代如何玩轉SNS

淘寶站內搞定SNS

由於消費者無法對商品有直觀的瞭解，電子商務的購物場景遠比線下的購物場景要複雜得多。而與之相對應的是，消費者在網上購物時的參考資訊亦更為豐富，這些參考資訊包括產品規格、廣告、使用報告等，最為重要的是其他消費者的評價和推薦。

另外，消費者與賣家的關係在淘寶 SNS 產品中也和在實體購物場景中有所不同：在實體購物場景中，兩者是明確的買賣關係，他們之間很難建立對彼此的信任；而在 SNS 場景中，消費者不知道發佈資訊或圖片的用戶是什麼身份，沒有購物場景中明確的買賣關係，這就對建立信任感帶來了很多益處。

也正因為如此，淘寶網非常重視建設自身的社交屬性。淘寶網希望可以

在賣家與買家之間、買家與買家之間建立一個互動平臺，使用戶評價、用戶推薦成為更直觀的購物決策參考資訊，也從而使消費者能放心、快捷地買到滿意的商品。

給淘寶賣家SNS的一些Tips

無論是對大型賣家還是對中小型賣家來說，SNS化的淘寶都具有相當高的商業價值。SNS化的淘寶能使大型賣家熱銷的商品獲得更多被消費者推薦的機會，而中小賣家則更是淘寶SNS化的受益人——這些中小賣家無力進行大規模的推廣，一般會採用與消費者「交朋友」的方式贏取消費者的信任，進而增加訂單數。不過，在淘寶SNS產品出現之前，賣家想要與消費者交朋友就只能通過淘外的平臺進行，或者抓住每一個與消費者進行旺旺對話的機會。前者的不利之處在於，賣家不得不在兩個不同的平臺之間遷移消費者，而在這個遷移過程中往往會流失一部分用戶；後者則較為被動，如果商品或者店鋪沒有被消費者發現，那又何來聊天的人呢？而淘寶推出的SNS產品卻能一次性解決以上兩個問題：消費者切換平臺的行為顯得更為自然，同時亦為賣家提供了一對多「交朋友」的可能。

社會化網路的好處在於，當用戶在某個平臺上的點擊量積累到一定階段，點擊資訊就會最終描繪出這個客戶的相關屬性，比如購物偏好、生活習慣等。如果社會化網路更為開放，收集到的資訊更多，甚至可以推算出客戶的收入水準、年齡等私人資訊。賣家可以根據這些資訊為消費者提供更加個性化的商品推薦及其他服務。

不過，與直通車、淘寶客、鑽石展位等可以精確計算投入、產出的推廣方式相比，賣家投入到SNS的精力在一開始是無法通過銷售額量化的。

首先，SNS 行銷是一種長期性的行為，需要通過很長一段時間的資訊分享、互動才會顯示出自身的價值。與此同時，為了與客戶建立互相信任的關係，賣家還需要花費大量精力。賣家需要同客戶進行交流，也需要持續分享圖片、文字，這些都會花費賣家不少精力。因此，進行 SNS 行銷，需要賣家能耐得住寂寞，並且根據社交平臺的特點投入一定的精力。

此外，SNS 行銷也並不是用發佈資訊、回覆客戶評論就能概括的。賣家要做好 SNS 行銷，首先就需要對每個社交產品、社交平臺的用戶習慣有一定瞭解，最直接的方式便是觀察社交平臺上最能吸引用戶的資訊是什麼，然後尋找相類似的高品質資訊進行分享。

除此之外，賣家還應該進一步根據自身的需要選擇合適的 SNS 方式。就目前而言，有兩種不同的電商社交方式：其一為微博式，即資訊按時間的先後順序進行展示，資訊內容包含文字、圖片、視頻等多種元素；其二為圖片社交式，資訊傳達以圖片為主要方式，追求視覺衝擊力。圖片導購類的社交產品，會對同類圖片進行自動歸類，並將用戶對圖片的喜好程度作為決定圖片排序的重要因素。因此，發佈與店鋪商品、風格合拍的圖片在這種社交平臺上顯得尤為重要。而微博式的社交產品覆蓋面較廣、包含資訊眾多，所以賣家在注重資訊品質的同時，也需要合理安排發佈微博的時間。

多項SNS組件協同作戰

SNS 賣家服務中心包含了多個產品。這些產品包括淘金幣、店鋪動態、店鋪動態廣場、SNS 組件等，其中既有行銷平臺，又有店鋪資訊發佈管道，還有深入店鋪的用戶互動按鈕。這些產品雖然不在同一個平臺上，

產品	作用	出現位置
淘金幣	淘寶促銷平臺,集中展示淘金幣優惠產品、活動。	淘金幣平臺
店鋪動態	向收藏過店鋪或寶貝的消費者展示店鋪動態資訊,包括上新、優惠、活動等資訊。	買家後臺
店鋪動態廣場	集中展示賣家的店鋪動態資訊:淘金幣優惠、上新、店鋪優惠券等。	獨立頁面
SNS 組件	當消費者收藏了某店鋪或某寶貝,這些店鋪的動態資訊將會展現在消費者的店鋪動態中。	店鋪頁面、寶貝詳情頁

表 5-1 「SNS 賣家服務中心」整合的產品

但卻協同搭建起了一個功能齊備的 SNS 網路。

　　SNS 組件可以在店鋪或商品頁面佈置幾個按鈕以供消費者點擊,消費者點擊之後便會收藏或分享商品,也可以收藏整個店鋪。之後,賣家報名淘金幣活動、商品的淘金幣價、產品上新、限時折扣、搭配套餐、滿就送、優惠券與幫派活動等 7 類動態消息就會自動生成,並即時推送給收藏了店鋪或商品的買家,買家後臺的店鋪動態會即時更新這些資訊。消費者只需要點擊系統自動發佈的動態資訊,就可以直接進入店內的商品詳情頁面、優惠券領取頁面或幫派活動頁面。消費者也可以對店鋪動態進行評論、轉發。

　　SNS 認證賣家的商品淘金幣價、上新、優惠券與幫派活動這幾類動態資訊能即時進入動態廣場展示。想要資訊在店鋪動態廣場發佈的商家必須通過淘金幣後臺系統的認證。而在認證通過之後,這些商家便會自動成為

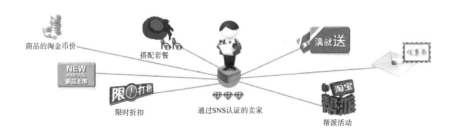

圖 5-1 SNS 認證賣家的「福利」

SNS 認證賣家。

話題秀可以讓賣家發佈一個話題，吸引消費者評論。「喜歡」按鈕可以讓消費者在不需要輸入文字的前提下表達自己的態度。「分享」按鈕顧名思義是將寶貝分享給其他消費者，甚至是分享到其他社交平臺上，讓消費者幫你增加商品的展示量。

只要店鋪是旺鋪店或商城店就能夠直接使用 SNS 元件，即便不是 SNS 認證賣家也沒有關係。這些組件，單獨看起來意義不大，實際上卻為賣家收集消費者態度提供了很大的幫助。

圖 5-2 淘寶 SNS 組件協同作戰圖譜

然而，由於買家後臺的店鋪動態資訊完全按照時間的先後順序進行排序，那麼，如何讓資訊在合適的時間出現在用戶面前，便成為了玩轉 SNS 過程中最為重要的一環。

因為買家在後臺的時間是有限的，因此賣家發佈的資訊一定要適量且精準。如果賣家把一次性上架的 20 款新產品全部發佈為店鋪動態訊息，那麼無疑將對消費者產生干擾。因此，有條件手動編輯店鋪動態消息的賣家（三鑽以上賣家及通過 SNS 認證的賣家）可以選擇僅將力推的款式作為動態資訊發佈出去。此外，限時打折、滿就送、優惠券等優惠資訊是必須

要發佈的。

　　另外，產品上新、優惠資訊的發佈時間點也是需要把握的，這些資訊都適合在買家購物的高峰時段發佈。不論是有時間限定的促銷活動，還是店鋪的常規優惠，都可以做循環發佈，爭取讓更多的消費者看到資訊。對有時間限定的促銷活動，應該加上優惠時間段，甚至是倒計時，刺激消費者下單。而對常規優惠資訊則必須選擇不同的購物高峰期發佈，比如今天是在早上 9 點，明天可以改為中午 12 點，後天則改為下午 14 點。常規優惠資訊要夾在主推商品、套餐資訊中，以免給消費者帶來「審美疲勞」。

　　具體的資訊發佈頻率要看收藏店鋪的人數和消費者的等級。如果店鋪大部分的消費者信譽等級較低，那就表示他們停留在淘寶網的時間就比較短，購買次數也比較少，收藏的店鋪也就比較少，因此賣家發佈資訊的數量就可以略微少一些，發佈頻率也可以低一些。而如果店鋪大部分的消費者信譽等級較高，就說明這批買家在淘寶網花費的時間較多，店鋪動態訊息的發佈也可以頻繁點，以免自己店鋪的資訊被消費者忽略。

圖片導購產品的資訊點

　　如果說，淘金幣、店鋪動態廣場等產品意在為消費者傳達較為明確的資訊，即商品在打折、店鋪在活動，那麼 2012 年以來淘寶推出的類 Pinterest（全球最大的圖片社交分享網站）圖片導購產品（在這類網站中，最為人所知的當數美麗說和蘑菇街）則無疑隱晦了自身的訴求。

　　在廣義的圖片導購社區中，用戶的身份隨時都在切換：買家既可以是圖片的分享者，也可以是已被分享的圖片的受眾。對賣家而言，買家身份的模糊無疑能帶來極大的好處，它可以減輕很多買家在流覽時對推廣資訊

的反感。

賣家可以在商品圖片中進行以文字為主的互動，這種圖片和文字的互動能進一步強化買家對商品和店鋪的信任。雖然這些文字根據不同社區的特點會有不同變化，但它們大致的「玩法」是一樣的，即以精美的圖片為賣點吸引用戶關注，且不能是廣告圖片再以點評文字為互動方式。按照頑兔社區的圖片規範，用戶上傳的圖片必須要美觀清晰，沒有浮水印，不變形不模糊，沒有包郵、促銷、價格等商業性的文字。不得不說的是，在社區場景之下，用戶因自身身份的隨時轉換，就更易採信圖片之下的互動資訊。而如果是在線下購物場景中，消費者很容易對商家的保證和建議產生天然的質疑。

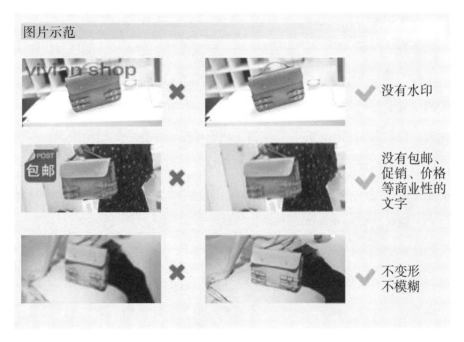

图 5-3　圖片示例

　　上傳的圖片最好是能夠引發評論和點擊的商品圖，而平鋪的衣服圖就不會受到太大的關注。此外，一些圖片社交網站允許輸入描述性文字和標籤，前者用於介紹圖片，後者便於用戶快速篩選圖片。而店鋪連結、店鋪宣傳之類的文字最好不要出現在圖片描述當中，文字內容也要符合圖片內容，以免引起用戶反感。

　　一般情況下，用戶在使用這些圖片社交產品的過程中，都具有自建圖片集合的功能。這個功能既便於分享者集中展示圖片，也便於普通用戶在手機中查看自己看中的美圖。這項功能在各個社區的名稱都不同，有的叫相冊，有的則叫圖集。有的賣家為了突出產品，會在一個相冊裡添加一個商品的多張細節圖。但賣家們請萬萬牢記，這可不是商品詳情頁，這是以美圖來吸引用戶點擊的社交產品。當一部分用戶對圖片表示出更大的熱情之後，圖片就會被更多的用戶發現。換言之，一張精美的圖片將是一個良性循環的開端。

　　除了圖片，圖片社交社區的另一大內容便是互動。互動大致可以分為兩類：一類是點擊表示欣賞或不喜歡態度的按鈕，如「讚」、「頂」、「喜歡」等；另一類則是文字互動。

　　表明態度的點擊數量一多，就很容易辨別出某個社區，或者某個頻

道用戶的偏好。如果能發佈類似風格的圖片，那獲得用戶青睞的可能性就更大了。

作為一個隱藏起賣家身份的分享者，沒有必要頻繁去頂自己發佈的圖片。另外，重複發佈一張圖片，基本上也屬於不受社區歡迎的行為。

與點擊態度按鈕相比，圖片社區對賣家文字互動能力的要求更高。藏起來的賣家最好發表一條能引起討論的評論，比如，針對衣服的圖片，就可以討論如何搭配；而對食物圖片，則不妨分享一下食品的味道。在與其他用戶進行文字互動的時候，討論的重點最好停留在圖片的基礎之上。

（文｜王日天 傅永恆）

旺旺的小圈子

旺旺是賣家最常用的工具，也是賣家用來接觸買家的第一工具，怎麼用旺旺提高轉化率，增加客戶的黏性，一直是賣家在淘寶上的求生技能之一。在旺旺新添加了店鋪群的功能之後，賣家就能夠從店鋪首頁把客戶直接引入自己的店鋪群，從而更好地進行顧客的維護及開發。

如果說之前旺旺提供給買賣雙方的是一種如銀行櫃檯般的一對一服務的話，這次旺旺提供給賣家的則是能使賣家更具自主性的全新服務形式。利用群的方法，賣家可以將買家圈起來，賣家與買家之間的交流也從一對一形式轉變成了多對多的形式。這可以令買賣雙方有更多的交流機會，同時也令賣家有更多機會去接觸買家，最終達成雙方良性的互動。

搭建賣家自己的行銷平臺

對於賣家而言，旺旺推出的店鋪群主要有三個功能：其一，店鋪群是賣家的自主行銷平臺，也是賣家用來管理關係買家的產品；其二，賣家可以通過店鋪群快速聚合店鋪粉絲，傳播促銷資訊及店鋪動態，實現買賣互動、用戶口碑傳播等行銷效果；其三，買家能通過店鋪群及時、快速地獲取店鋪最新動態，實現買家之間的互動。

將有興趣的買家引入群中，相當於把買家們圈了起來。而當普通的群升級為店鋪群後，該群便可以自動展示店鋪的促銷資訊，讓被圈住的買家們自由地篩選折扣、優惠券、滿就送、搭配減價等資訊。此時的群也就變成了賣家個人的小市場。

既然店鋪群有如此多的好處，那麼賣家又該如何建立一個店鋪群呢？

首先，賣家需要在旺旺裡建立一個自己的群，並設置好群的名字和定位。當群建好後，就可以將群升級為店鋪群了。這需要賣家在自己旺旺的群名單上按兩下該群的名字進入該群，再在右則的資訊欄中點擊「升級為店鋪群」的按鈕。在成立群後，賣家可以為自己的店鋪群設置一個生動而鮮明的頭像。一個好的群頭像就像公司的商標一樣，可以為店鋪吸引更多買家的注意，也可以增強買家入群的欲望。同時，填寫群標籤的時候要小心認真，這與填寫寶貝類別類似，準確的標籤可以精準地鎖定寶貝真正的消費群體，讓賣家的促銷更加得心應手。

圖 5-4 邀請客戶加入旺旺店鋪群

當建立了店鋪群後，賣家當然得先把自己的老客戶接進群裡，這樣一來方便管理老客戶，二來也可以多一個再次宣傳自己店鋪的機會。在群的右側可以找到邀請朋友加入的按鍵，點進入然後選擇需要邀請的朋友即可。

同時，賣家可以像現在將自己的旺旺掛上店鋪首頁一樣，將店鋪群按鈕放置在店鋪主頁、公告、客服區等位置，引導用戶關注和加入店鋪群。

快速傳播店鋪最新動態

建立店鋪群並引入諸多買家之後，店鋪掌櫃面臨的下一個嚴峻問題便是如何才能將這些已經加入店鋪群的買家留下來。賣家管理群的能力當然是一個留下買家的顯著要點，而店鋪群自動抓取店鋪動態的新功能更是把買家留下來的重要推手。此外，店鋪群的該項功能，也可以大大降低賣家管理推廣管道的成本。

賣家可以透過店鋪群發佈其最新的店鋪動態：

1. 在店鋪群中發放優惠券，讓買家買得更實惠；

2. 群成員之間的相互交流，會使買家瞭解店鋪搭配套餐的真實情況，以此加強買家的購買欲；

3. 店鋪的限時秒殺活動，會在店鋪群活動欄的第一位置給予展現；

4. 買家進入店鋪群之後，可以清晰明瞭地看到店鋪正在舉行的滿就送活動。

此外，也可以利用店鋪群右側的資訊欄，對店鋪群的流量進行引導。例如，店鋪群中的店鋪活動頁面有一個方便群友進入店鋪的按鈕，可以將那些對寶貝感興趣的群成員直接引導進賣家的淘寶店中。又比如，賣家可以在店鋪公告頁面添加文字描述和幫派連結。

網店離不開流量，流量離不開強有力的廣告支持，店鋪群給了賣家投放廣告的空間，也給了賣家和顧客更多交流的機會。買家會情不自禁到店裡領取優惠券，這樣他們就無形中成為了店鋪的潛在客戶；而限時秒殺、

滿就送等活動，又能極大地促進買家的購買欲，使這批潛在客戶變成真正的買家甚至熟客。同時，基於旺旺作為一個 IM 軟體（即時通信軟體）的特性，賣家不僅得到了一個寶貝資訊快速傳播的機會，而且在推廣計畫施行前也多了一個可以先行試水的地方，以免優惠活動產生大漏洞。

店鋪群的管理

在店鋪群的試用過程中，有買家因旺旺反應時間過長而未能成功地進入。因此，作為一個專為電子商務而設的 IM 軟體，旺旺還有不少需要改善的地方。

旺旺多了店鋪群功能，加強了每一家店鋪的 SNS 屬性，令賣家們多了一個免費行銷的工具；但多了店鋪群的功能，也意味著店鋪必須面臨更多的挑戰，掌櫃必須解決更多問題。因為在店鋪群誕生之後，原來對店鋪不滿的客戶就找到了一個可以發洩的視窗。如果賣家處理不好這些意見，旺旺的店鋪群功能就有可能給賣家帶來巨大的傷害，甚至更甚於買家給寶貝打個差評所帶來的影響。因此，店鋪群的存在對賣家公關技巧及危機公關能力的要求尤其高。而另一方面，買家及遊客不斷進進出出也會影響群裡的聊天品質，降低其他買家對店鋪群的黏性。

（文｜睿小子）

淘寶的SNS迷局

但凡說起淘寶的 SNS 化，圈內人總會意味深長地來一句：「馬雲的 SNS 夢啊！」2012 年年底，阿里巴巴入股新浪微博的傳聞鬧得沸沸揚揚，淘寶的 SNS 夢亦被解讀為這一事件最大的心理動機。

2011 年 2 月 25 日，馬雲在 2011 年度淘寶年會上重點強調「淘寶必須 SNS 化，我們本來就是一個最強大的 SNS」。此後，每一個使淘寶進一步實現 SNS 化的相關動作都被放在業內的聚光燈下仔細品評。然而在此後的兩年中，雖然淘寶系社交化產品紮堆兒出現，令人眼花繚亂，但若論社會化電商，卻花香四溢在淘外，淘寶的 SNS 更一度被冠以「迷局」的稱號。

2011 年以前的淘寶，主打硬廣、搜索廣告等「流量入口」的傳統廣告模式，數百萬商家的展示通道有限。對於日漸生態化的電商平臺而言，這種砸錢獲取流量（雖然成本遠低於淘外）模式下的長尾效應優勢面臨收縮。無論是天貓曾經嘗試的「千人千面」試驗──根據不同消費者的消費記錄，提供更為個性化的登錄頁面與商品推薦，還是 2012 年淘寶「雙十二」讓賣家主導行銷推送個性化活動會場的舉措，都是希望將權力和資源歸還給賣家，使商家之間以及商家和消費者之間實現自發的互動。

必須說，在兩年的摸索之後，經過 SNS 類產品的屢敗屢戰，阿里巴巴總算在方向上達成了新的共識：淘寶不可能生造出一個大而全的 SNS 產品，而應該把自己視作一個能夠產生大量 UGC 內容（用戶原創內容）的平臺；阿里巴巴要做的是搭建買賣雙方關係的溝通平臺，為買賣雙方的溝通交流提供工具。雖然淘寶 SNS 化的最終目標依舊是促成購買行為的發生，但淘寶 SNS 化本身就是淘寶對自身商業模式的一次重新塑造。

2012 年年末，隨著「麥麥」和「後院」兩大 SNS 產品相繼推出，淘寶 SNS 的大幕被再次拉開。

麥麥：賣家請抱團兒

早在 2009 年，淘寶就開始佈局 SNS 類產品。同年 4 月上線的淘江湖被寄予厚望，它被打造成一個「真實的好友交互平臺」；隨後，淘寶又在同年 6 月推出了淘幫派，希望能依託淘江湖應用再造一個社區。2011 年以來，陸續上線的產品有類似微博的掌櫃說、導購社區哇哦、愛逛街、淘寶圈子以及頑兔社區，還包括後來的移動端社交應用湖畔、來往等，名目眾多，繼往開來。屢戰屢敗之後，淘寶總算實踐出一個真理：移植自非電商的 SNS 基因——包括淘江湖——很難在淘寶內部存活下來，反而是淘江湖裡的一個小應用淘金幣，卻能長成參天大樹，因為它離交易足夠近。

於是，阿里巴巴不得不轉換方向：既然生造一個單純基於熟人關係的社區行不通，那麼為什麼不做自己擅長的事呢？比如，做一個基於交易、參與交易、促進交易的互動平臺。麥麥的運營負責人風鈴也給出了相同的看法：如果要做關係平臺，淘寶擅長的其實不是單純的社交網路 SNS，而是基於商業關係的社交化網路 BNS（商業性網路服務）。

從 2012 年 5 月開始，淘寶商家事業部開始深挖賣家成長的痛點，希望找到一種「批量幫助賣家共同成長」的方式。他們發現，現有的 TP 市場（淘拍檔，是淘寶的第三方合作夥伴）、供銷平臺、阿里金融、培訓、線下俱樂部等各種幫商家成長的方式只能從一個點實現一部分的幫扶，而如果借助一種網狀關聯式結構，讓商家幫商家，則可以將上述各種幫扶串起來，實現資訊和資源的共用，讓賣家批量成長。

方向確定後，就該思考如何落實的問題了。對此，BNS 團隊探索了各種方式，甚至一度想過做一個類似知乎的知識問答網路，後因其缺少對商家的核心驅動力而放棄。

經過調研發現，商家聯合在一起做事情的意願很強烈。以家居類目為例，在家居一站式服務中，在 A 家買窗簾，在 B 家買地板……品類的互補

和協同變得很有必要。且有不少商家已經自發進行了很多嘗試，比如聯合行銷，幾個商家一起購買流量、進行跨店換購活動、互發優惠券、分享攝影服務。又比如，在產業鏈上下游進行各環節的配合，一起進貨以降低成本、共用最後100米配送資源等。然而限於商家人脈，商家之間的協作始終很難執行，而淘寶恰有資源幫助其拓展，商家間的商業互動關係或可在淘寶的支持下成功搭建。

基於這項考慮，麥麥的方向最終敲定：搭建可信任的電商關係網，實現各種商業協作。說得通俗一點，麥麥就是一個商家協作平臺，平臺上的商家可實現自主聯合行銷。具體而言：商家可在麥麥上發起聯合行銷，並根據自己的要求（如類目、銷售額等）篩選出參與聯合行銷的賣家夥伴，與夥伴一起在線籌備、提報商品、選擇活動模版、設置跨店滿減優惠，完成聯合推廣（如賣家自主申請淘寶鑽展、首焦等資源）。達成合作的雙方需要在線簽訂協定。最終，針對活動結果，平臺會給予賣家數據回饋，解決賣家抱團行銷的剛需。

在相當長的時間內，類目運營引導著賣家做活動，但現在更多是提供平臺讓賣家自己主導創意，自己決定怎麼玩兒，麥麥所做的正是還權給賣家。麥麥的產品經理星子認為，這其實是在撬動淘寶一直以來以小二為主導的運營模式。經過長期積澱之後，麥麥甚至會逐步變革淘寶的經營方式。

TIPS 麥麥怎麼玩？

1. 誰可以玩？

目前只有淘寶賣家可以入駐麥麥，他們可以在麥麥中扮演兩種角色：一個是發起協作（許可權正逐步開放，截至2013年3月已有1.7萬個種子賣家），一個是參與協作（只要有賣家ID即可）。

2. 怎麼樣快速加入麥麥？

前期為了培養氛圍，麥麥通過邀約制篩選了一批種子賣家。這些賣家的特點是：一部分流量來自淘寶站內，同時也可以自動引一些站外流量，相對而言成交比較活躍。簡而言之，他們有做SNS的交易基礎和特性。

麥麥正在逐步降低賣家的加入門檻。現在主要由淘寶網、天貓各個類目輸送一些合適的商家進去。

當然，通過聯合行銷來聚集商家並不是麥麥的全部。在不久的將來，麥麥想要進一步變身成為全產業鏈的電商協作平臺。它希望透過數據，整理出一套邏輯，告訴某兩個或某幾個商家：其實，你們可以在一起。

「比如同在一個商盟，一起參加過某個培訓，或者運營層面的優勢互補，地域性的天然便利……把這些關係挖出來之後，給有可能合作的商家提示：其實你們有合作的基礎。」星子認為，麥麥接下來的重點就是挖掘出商家之間的某個協作場景，把之前的弱關係變成一種強關係。前期進行簡單的行銷層面的合作，後期逐步挖掘出客服、運營、供應鏈等各個職能角色。誰擅長做活動策畫，誰擅長引流，誰擅長資源整合，誰來負責供應鏈的上游，誰又來負責下游，讓角色和角色之間發生關聯，誰都可以作為協作平臺的發起方和參與方。

麥麥團隊背靠淘寶整個商家事業部，有大淘寶的底層行銷平臺和統一數據平臺支撐。「我們甚至希望，以後的新鋪、旺鋪裡可以有跨店交易的入口。」除了旺鋪，麥麥入口還可能出現在賣家中心等商家常去的工作場景。也許，只有當賣家在經營的過程中只要產生了協同合作的訴求都習慣性地找麥麥時，才能最終啟動商業協作的活力。

後院：圈牢忠實買家

淘寶網是個交易平臺，並不容易形成買家對店鋪的黏性，一般情況下，交易結束就意味著雙方關係的終止。但如果買賣雙方基於一定的聯繫而形成「關係」並最終沉澱下來，一來可以提高買家的用戶體驗，二來也利於賣家開展互動行銷。

反觀現在的淘寶網，在買家購物的整個過程中，買家和賣家產生關係的主要通道僅僅局限於旺旺。此外，雖說淘寶幫派在淘寶 SNS 探索中意義重大、作用匪淺，但買家尋得幫派入口的時間成本過高，加之幫派大多已淪為商家促銷的公告板，上邊填滿了各種垃圾廣告資訊，導致買家用戶體驗很差，根本不願多待在論壇和掌櫃互動，賣家也隨之失去了沉澱長期客戶的平臺。

因此，2012 年 12 月適時出現的「後院」，讓買家在購得所需商品之餘有更多的聲音可以被商家聽到，同時也幫助賣家圈牢忠實用戶，便於促成買家的二次購買。

被定位為賣家沉澱用戶關係平臺的後院，將和在 2012 年增加了新功能的淘寶旺鋪，共同致力於促進賣家和買家在淘寶網上本就缺乏的互動。賣家可以在後院上發起活動和雜誌小報（不建議發表店鋪打折資訊，建議發佈賣家所營品類的貨品呈現）以接近買家，而買家則可以通過回應賣家發起的活動來獲得諸如淘金幣、店鋪優惠券、禮品和買家經驗值等獎勵。例如，一個經營化妝品的掌櫃通過後院與買家分享護膚秘笈、換季皮膚小貼士等，買家就能通過掌櫃的分享獲得化妝品的使用常識，如此一來二往，買家便產生對店鋪的黏度和忠實度。此外，通過微博和豆瓣而引入的新用戶，也會成為商家的潛在客戶。說通俗些，就是建立商家自身品牌的豆瓣小站或是蘑菇街。

雖說淘寶網早先的 SNS 嘗試是為了讓 1 億多淘寶買家玩得舒服，但一

味強調增加新功能，非但不能提高用戶滿意度，還沉澱不了忠實用戶。歸根究底，想要淘寶賣家賴上平臺，淘寶網就必須瞭解買家除了購物的需求之外還想獲得哪方面的服務。淘寶網需要更好地溝通賣家和買家。

因此，究竟如何讓買家喜歡上後院，後院真的想好了嗎？

從需求調研中發現，無論淘寶網怎麼去嘗試 SNS，淘寶網中的買家最關注的還是以下兩點：第一，買家不希望被鋪天蓋地的促銷資訊騷擾；第二，買家希望獲得實實在在的幫助和互動，比如貨品分享，這樣更利於和商家發生「關係」。

為此，後院對買家留言許可權做了限制，只有購買過商家貨品的買家才有許可權發表留言和分享心得。至於一般買家，仍可通過後院首頁與商家互動，比如點擊「喜歡」、「分享」或「轉發」，關注即時店鋪動態。此外，創造活動和制定玩法的權力在商家手上，商家可以通過發表原創文章的形式來吸引買家的留言和關注，從而達到快速積累粉絲的目的。

在淘寶網的後流量時代，商家進行再多新嘗試也不為過。在買家需求朝著多元化發展、小而美賣家備受追捧、平臺流量呈現碎片化分佈的大環境下，誰能在碎片化流量的行銷中殺出一條路，就有可能在本輪市場中成為個中翹楚。至於用戶圈子的沉澱成功與否，就要看商家的內功了。

TIPS 後院的秘密

1. 誰的後院？

目前只有賣家可以入駐後院，並僅限於已經使用旺鋪 2012 版本的賣家；同時，入駐後院的賣家必須喜歡分享故事，喜歡和買家嘮嗑、交朋友，希望能瞭解買家。

2. 怎麼樣快速加入後院？

> 截至 2013 年 3 月，已篩選出 500 家商家開通後院。這些商家主要集中在和女性相關的類目，如服飾鞋包、母嬰、美容護膚等。商家可以通過曬照片、投票、發店鋪小報等方式，快速集聚粉絲。

弱關係的質變

淘寶網為什麼一定要實現 SNS 化？透過馬雲助理李俊凌的隻言片語即可理解淘寶 SNS 探索的初衷：「淘寶最早是一個 Marketplace（市場、集市），其最核心的導購入口是類目。經過四五年努力，搜索已成為淘寶另一個非常重要的導購入口。但是，如果淘寶想要在未來三四年間完成大部分商品跟流覽的互動，就很可能需要通過 SNS 機制去完成。因此，或許淘寶未來總流量將呈現如下格局：1/3 的流量來源於類目，1/3 的流量來源於搜索，1/3 的流量來源於 SNS 社區化的互動。」

就具體業務而言，淘寶網將實現賣家之間的互動（麥麥），賣家和買家之間的互動（後院），買家和買家之間的互動（主要是淘江湖）。目前，阿里巴巴的內部調整正試圖將推進這種互動關係的主體由小二轉換為賣家，通過一本書玩轉淘寶七大引流利器激發賣家自身旺盛的生命力，來改善客戶黏性。換言之，之前的購物關係一直被詬病為一種弱關係，而淘寶網迫切地希望改善這種弱關係，增加用戶黏性。

但阿里巴巴的目標從來不曾改變，阿里巴巴一直試圖通過建立互動機制，給賣家和買家提供最好的工具和平臺，最終促使完成購買行為。終極目的，還是希望通過社交網路，讓具備不同特色的賣家找到跟買家互動的管道，增強店鋪的用戶黏性。說明實現交易雖然不是情感式社區的強項，但無疑最能達成交易平臺用戶的心理訴求。

（文│吳慧敏 王少靈）

新浪微博裡淘流量

在流量越來越金貴並且碎片化的今天，中小賣家必須學會從多種管道抓住流量，為店鋪積攢人氣。而擁有超過 5 億註冊用戶的新浪微博，自然是一個不可錯過的流量來源。要想抓住這一管道，運營好店鋪官方微博，賣家需要從基礎工作做起，聚好粉絲，做好推廣，狠抓流量。

正式的微博運營工作可以簡單地被分為微博建設、微博運營兩個階段。

第一階段：微博建設

一個好的店鋪微博從取名到設計都是很講究的。以下我們將從子微博分佈、微博名稱、微博認證、微博標籤、常用微博工具、尋找合適的微博專員等方面，講述究竟如何才能建設一個優秀的店鋪微博。

一般而言，賣家需要建立一個微博群組，該群組中的不同微博會按照功能和定位的不同選取不同的名稱，繼而滲透不同的粉絲領域，整個群組在內容和資訊方面相互彌補，在傳播的時候相互照應，從而形成共鳴。對於淘寶賣家而言，最有效的微博組合方式便是蒲公英式和雙子星式。蒲公英式是依照市場、地理、產品、人群的不同而設置若干個微博子帳號，讓這些子帳號各自承擔著相應的傳播任務；而雙子星式則更適合賣家，只需要官方微博和企業影響力最大的人（一般是總裁或者創始人）的個人微博相呼應形成配合即可。

微博註冊需要注意三點：其一，為微博取名字的時候，品牌名一定要放在前面，且漢字部分放在前面，之後才是類目或者英文名，而子帳號的昵稱則要儘量做到個性化；其二，爭取獲得企業認證或個人認證，如果不

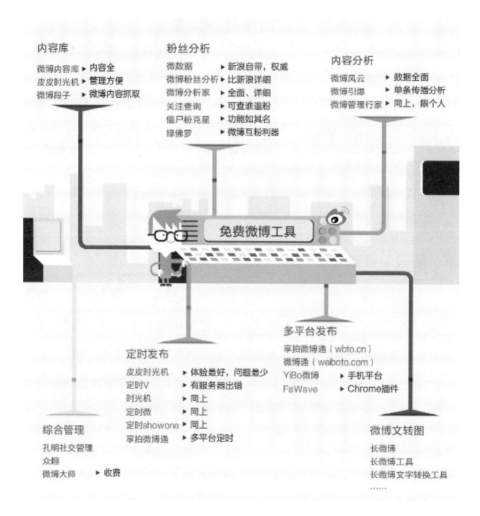

圖 5-5 免費微博工具

能獲得認證，那麼至少要成為新浪微博 VIP，這些標識可以大大提高微博的權威性，從而更好地裝點微博門面；其三，選擇標籤的時候要儘量聯繫自己的品牌定位，讓標籤能和目標客戶群、粉絲群的特點相吻合。至於微博頁面，大家可以根據自己店鋪的定位進行相應的美化。

另外，熟悉微博常用工具也是做好微博運營的重要準備工作之一。常

用的微博工具有自帶的，也有需要購買的，主要包括內容庫（如微博內容庫、皮皮時光機、微博段子等）、粉絲分析（如微數據、微博粉絲分析、微博分析家、關注查詢等）、內容分析（如微博風雲、微博引爆點等）、綜合管理、定時發佈、多平臺發佈、微博文轉圖等。這些工具既能提供內容，擇取內容發佈，也可以進行數據分析。將這些工具結合起來使用，不僅可對微博進行粉絲和內容的管理，亦可分析得出粉絲品質、互動情況、微博傳播範圍等日常運營數據，是微博運營的必備「武器」。

想要運營好一個官方微博，微博專員至少要有策畫能力、寫作能力、圖片編輯能力、溝通能力以及推廣能力，他的工作內容主要包括以下幾點：

1. 找素材，素材包括文字、圖片、視頻、聲音，找的素材要與微博定位、店鋪定位、品牌定位相吻合；2. 寫微博，即挑選合適的素材，並將其組織成優質內容，發佈微博；3. 發微博時，微博專員必須選擇合適的帳號和合適的時間；4. 推廣，可選擇私信名人、草根大號的方式，也可以在網站發帖，或在相關性強的 QQ 群內進行推廣；5. 對於潛在的顧客，應該積極評論他們的微博，並培養他們對店鋪微博乃至對店鋪的信任感；6. 與粉絲互動溝通，比如接受粉絲的諮詢，並解答疑問；7. 策畫微博活動，並讓活動微博得到最大限度地轉發，引導粉絲曬照片、講心得。

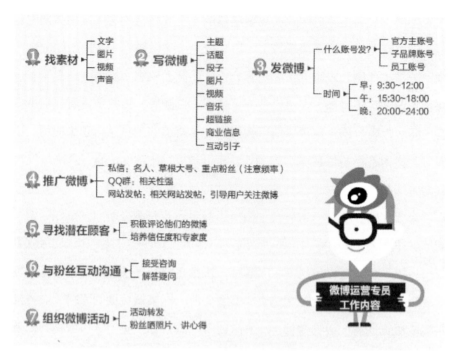

圖 5-6 微博專員工作內容一覽

第二階段：微博運營

在微博的初步建設工作完成之後，接下來就是如何運營了。

在微博的運營中，微博內容是最重要的。正是微博內容決定了微博價值，從而間接地展現了品牌形象。

微博內容首先要有營養，即對受眾有價值。如果賣家做的是化妝品，那麼它需要在一些美容技巧、化妝品運用、天氣季節適應性，甚至在服裝搭配方面都能給予粉絲群體一些指導性的意見。發佈有營養的微博，可以從傳遞產品知識、品牌文化以及曬品牌大型活動三方面入手。例如，阿芙精油的微博常常會發佈說明產品功效的「精油貼士」，並同時給粉絲進行

使用指導；「雙十一」期間，茵曼在其官方微博同步直播工作情況，曬倉庫包裹、客服部工作繁忙等情況，也獲得了不少關注。

另外，在填充微博內容的時候，也可以加入一些通用性的內容，例如笑話、美圖、美文等，這樣能使微博顯得更加豐滿。通用內容的選擇上要遵循四個原則：一是對胃口，例如18～25歲的女性會喜歡與星座相關的內容；二是有營養，即發佈對粉絲群體有切實幫助的微博，如生活常識；三是夠創意，微博的內容要出乎人們意料，例如加多寶的廣告；四是必須控制在一定的比例之內，須知微博運營依舊是以宣傳品牌與產品為主要目的。

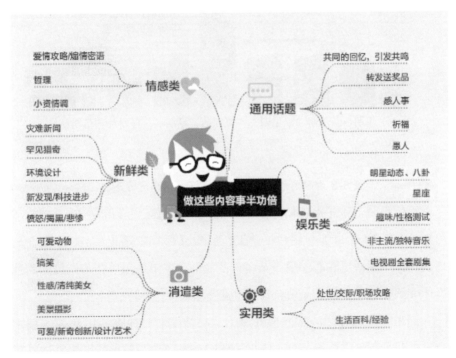

圖 5-7 合理的微博內容

做好微博的日常維護和運作，除了發佈良好的內容外，還需要做很多微博互動。這就需要微博專員做好即時回應，如果有粉絲評論或轉發都要

及時跟進，使粉絲逐步獲得認同感。只有這樣，才能培養出一個活躍的微博粉絲群體。此外，主動地 @ 粉絲，尤其是關鍵粉絲，這也是至關重要的，這樣可以引起粉絲的注意，從而使粉絲加入到微博討論的話題中來。

此外，把控合理的微博發佈時間點亦同樣重要。

從圖 5-8 可知，用戶在周一到周三期間不夠活躍，因此建議企業在周四進行更多的行銷活動。用戶在周四對網購類微博的互動熱情尤為高漲，可能是受到即將到來的周末的刺激。

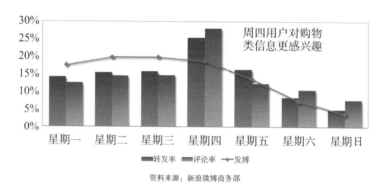

資料來源：新浪微博商務部

圖 5-8 網購類企業帳號發佈內容及反饋情況日分佈

工作日時，中午發佈的網購資訊能夠得到買家更多的關注。從圖 5-9 可知，上午 10～11 點，用戶忙於工作無暇留意網購資訊；而在下午 13～15 點期間，用戶更關心網購企業發佈的資訊。中午是用戶在工作日期間進行休閒娛樂的時間，店鋪發佈微博也要緊扣該時間段進行。

周末中午和夜間的微博運營潛力均有待開發。從圖 5-10 可知，周末時，午間的互動高峰提前到 12～13 點；凌晨 12 點，買家的網購熱情被再次點燃，其回饋量也與午間相當。因此，企業應把握這兩個時段。但在這兩個高峰期間，大多企業微博帳號都很少發佈內容，因此這兩個時段的微博運營潛力有待開發。

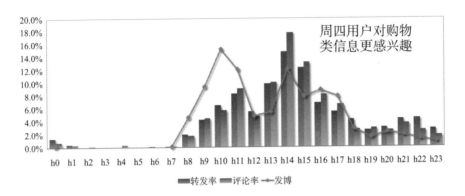

圖 5-9 網購企業微博發佈內容及反饋情況時間分佈（工作日）

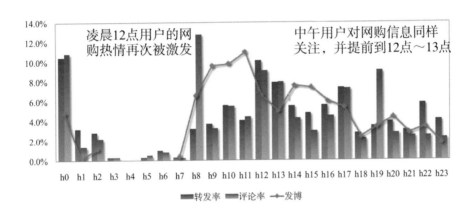

圖 5-10 網購企業微博發佈內容及反饋情況時間分佈（周末）

接下來，就是我們微博運營操作的關鍵 5 步：布點、連線、成面、引爆、監控。

首先，安排資訊發佈點。一方面可從微博群組中選擇合適的帳號發佈微博，一般選擇微博粉絲群和目標人群接近的發佈點。另一方面，微博可採用高度擬人化的形式，表達具有高度代入感的資訊內容。微博的性質是行銷，因此微博中的行銷元素可選擇隱形和顯性兩種不同方式。不過值得

注意的是，微博中的行銷內容不宜超過總內容的 10%。

其次，應在群組中的不同微博間相互呼應，擴大影響。資訊發佈後，一眾微博將在適當的時間內相互轉發、評論，吸引粉絲團加入討論，加大影響力。

複次，煽動粉絲形成輿論覆蓋面。煽動粉絲最有效的方式就要數微博活動了。一般而言，轉發有禮、評論有禮是最好的手段。

再次，最大化行銷影響力。社會化行銷的關鍵在於大量資訊相互交疊，形成熱點，進而增大影響力。這個時候，可以考慮和一些微博草根大號及達人號進行合作，共同引爆微博影響力。

最後，注重微博的監控與導向。由於參與者人數眾多，因此微博在營銷活動後期可能會出現偏離，因此需要即時監控，進行輿論導向工作。

TIPS 你的官方微博給力嗎？

官方微博是否給力，一般可以從轉發、評論及二級粉絲（即粉絲的粉絲數）兩方面來判斷。

第一步先判斷粉絲品質。一般粉絲數在 0～150 以内的都等同於僵屍粉，擁有 150～1000 個粉絲則是比較活躍的微博控，粉絲數在 1000～10000 之間的是一些具有影響力的人，大於 10000 的則算是微博名人了。僵屍粉數量太多會影響微博的影響力。另外，除了粉絲數量，還要看官方微博與粉絲微博的內容是否具有吸引力，常發吸引力大的內容，微博就會憑藉自身的活躍度吸引更多的粉絲。綜上所述，一定要合理判斷粉絲，千萬別被表面的粉絲數欺騙了。

第二步應評估微博影響力，也就是轉發及評論數。數量的多少則根據微博內容的不同而有所變化。結合上文提到的二級粉絲，我們可

以知道，如果有 10 條來自 500 個二級粉的轉發，相當於你的微博被 5000 人流覽過。換算一下，淘寶商品要獲得 5000 的 UV 需要付出多大的努力？因此，微博的影響力是很關鍵的。

（文｜方開米）

微信朋友圈電商實操指南

以 Nancy 美睫的老闆娘 Nancy 為例（個人微信號：Nancy163163），依據美瞳業的發展和她個人的經驗來看，只要配備兩個人，便可維護 200 個微信朋友圈客戶，獲得 80 ～ 100 萬元的月流水金額。這使我們不得不相信，微信朋友圈的商業價值已經逐步彰顯，而此文便是對筆者個人和 Nancy 美睫微信朋友圈行銷經驗的總結。

可靠的朋友圈

首先，我們來分析一下微博、淘寶和微信朋友圈的幾個不同點，來看為什麼微信朋友圈更適合做 SNS 行銷。

1. 最大區別：微博可以轉發，而微信朋友圈沒有轉發功能。這帶來的好處就是，朋友圈沒有大量的冗餘資訊，基本全部是原創資訊。

2. 單向溝通：大家可以看到微博上所有人的評論、轉發資訊，而在微信朋友圈裡卻看不到別人的留言，大家都是單向溝通。這種不透明的溝通體系為賣家帶來了利潤空間。

3. 無縫切換單聊：微信是專業的綜合 IM 工具，比點擊網頁啟動旺旺和登陸微博發私信都方便。現在淘寶做網頁版旺旺，實際上也從側面證明了旺旺只是功能性 IM 且註定無法成為綜合 IM 工具的事實。

4. 最大優勢：微信朋友圈人店合一，可以積累客戶，這是淘內及其他 SNS 工具無法做到的。

5. 微信不是電商工具，完全基於感情消費。

微信公眾平臺雖然被寄予厚望，但它存在發送限制，而且容易打擾用

戶，因此很難實現自身的商業價值。朋友圈分享卻不會打擾用戶，用戶可以不必被動流覽，進而主動瞭解店鋪及商品資訊。與此同時，微信朋友圈記錄了店主的生活，店主和買家之間更容易產生人性化交流，更容易對彼此產生信任感。

朋友圈實操指南

如何拓展客戶，是令諸多賣家頭痛的一個問題，但這個問題其實並不複雜。

Nancy 也是碰巧發現微信朋友圈的商機的。Nancy 觀察到，在培訓和拜訪客戶時，大家都會加彼此微信，這樣就在無意之間積累了很多客戶。後來，Nancy 又發現，即使是一些很無意的分享，也會有人通過微信來詢問。於是，Nancy 開始專心在微信朋友圈做分享，後來業務越來越好，超乎自己的想像，於是便自己成立了公司。

Nancy 說，因為之前跟客戶溝通的時間成本很高，一天也溝通不了幾個客戶；可在朋友圈發資訊，能讓所有人都能看到，而且拍照發朋友圈的成本很低，甚至都不需要修圖，所以就誤打誤撞地做了起來。

開淘寶店的朋友可以用微信把自己的熟客管理起來，不要用公眾平臺，就用私人帳號，然後用朋友圈進行直接溝通宣傳與管理，最後引流到店鋪，實現成交。

然而，經營微信朋友圈並非對所有賣家都有效，不少行業的賣家並不能通過微信朋友圈來獲得店鋪流量，提高店鋪轉化率。筆者認為，專業化程度比較高，市場相對小眾，無大量同類產品與之競爭和管道個性化的高毛利產品更適合通過微信朋友圈來做行銷。考慮到微信操作人的個人特

點，最好其中還有培訓服務的部分，如此便可加強交易中的人性化要素，從而建立壁壘。

Nancy 美睫是一間美容店鋪，店鋪的每樣產品都是個人品牌訂製，包含了掌櫃 Nancy 在美睫行業十年的個人經驗和技法，這樣就保證了產品的獨家性，也使得 Nancy 由此逐步建立了自己店鋪的護城河。當然，Nancy 的經驗也可以引申到美甲、美容等領域。這裡的客戶同樣包括 B（經銷商）和 C（買家）兩者，而經銷商帶來了絕大多數的銷售額。

功能性消費產品也是一個比較被看好的領域，比如經營無添加天然豬肉的店鋪，也同樣可以使用這種方法。只要維持幾百個客戶，年銷售量便可以過幾萬斤（人均 75 斤），獲得幾十萬元毛利。同時，其品牌建立後，還會有很多人讓其代養糧食豬，這便使其他經營的傳統養豬生意逐漸形成輕資產的類金融服務模式（豬都是別人出錢養的）。

同時，有產品研發優勢的商家也可以用微信朋友圈來管理客戶和發佈新品，吸引客戶來批發選購。但是，由於受到朋友圈有效用戶規模的影響，客單價一定要盡可能高。

目前看來，朋友圈可以用來管理和溝通的用戶數應該在 200 ～ 300 之間，用戶數目到了 500 基本就無法實現很好的溝通和服務了。所以在選擇行業之前，你應該清楚地考慮，在只有 200 ～ 300 個客戶的情況下，店鋪該採用怎樣的盈利模式才能取得最大程度的盈利。

當然，雖然存在天花板，廠家一樣可以讓自己的多個業務員用這種方式來溝通管理自己的客戶，形成一個朋友圈行銷矩陣。需要注意的是，該微信帳號應由企業提供，屬於企業財產。至於企業版的公眾帳號，對比之下，這種 PC 端產品的價值就顯得微乎其微了。

微信朋友圈的運營也要講究一定的技法。

儘管朋友圈的資訊不會直接推送對用戶形成打擾，但我們同樣不建議用刷屏的形式進行推廣，商家每天發佈的條數可以控制在 5～8 條。同時，可以在一天當中的不同時段發佈，讓買家在流覽微信朋友圈的時候，時不時看到你店鋪的資訊。發佈的內容應當包括新品資訊、優惠資訊、針對客戶的知識普及、針對經銷商的新品促銷等，還要包括兩三條個人的生活狀態，比如拜訪客戶的動態，這樣就可以增強買家和經銷商對店鋪以及產品的信心。

一點個人的小建議則是，放一些自己小資生活的照片，以及用戶使用後的照片，以達到建立個人形象和影響用戶的目的，因為大家一般會相信生活方式比較優雅的人。

如果非要發佈很多產品資訊，那就一定要選擇半夜這個時間段。這樣不會影響到你的客戶，同時也會將資訊留存在你的主頁上。即使當你發佈的資訊被別的資訊淹沒時，你的客戶依舊能在你的主頁看到完整的產品訊息。

雖然朋友圈資訊無法被轉發，但是依舊可以被複製分享。引導用戶分享產品並給予用戶一定優惠，便是很好的傳播方法，比如你轉發了我的優惠資訊，我就可以給你一個八折。因為分享資訊是不出現在主頁裡面的，不會影響用戶主頁的整潔程度，所以很多用戶都樂意分享。在這裡，很多微博行銷的方式也都可以用得上。

比如，你可以 @ 你的強目標客戶。這雖然算是強推的一種，但卻不會讓人討厭，因為大家都喜歡看看誰又圈我了。

同時，還可以發動粉絲為自己介紹客戶，並給予粉絲一定比例的提成。也可以複製淘寶客的模式，這種複製非常簡單，而且是強關係的淘客推薦，效果依舊非常好，而且不會引起用戶的反感。

　　至於客戶維護就不必多說了，建立情感關係，也是行銷成功的基礎。沒事給客戶問好，進行純個人性質的交流溝通，都有利於維繫客戶。每天溝通 10 個人，一個月也可以問候 300 個用戶。

　　同樣的方式可不可以用來打造微信圈聯盟呢？比如註冊一批微信帳號，找一些學生運營，1 個帳號覆蓋 200 ～ 300 人，100 個也可以覆蓋幾萬人，幾萬人的分享又可以影響幾十萬人……這其實為品牌、店鋪和產品的行銷推廣創造了極大的價值。同時，運營成本也並不高。因此，微信朋友圈是一個被忽視的、還沒有形成規模的金礦，值得每個人去挖掘。

（文｜萬能的大熊）

SNS行銷賣出300萬的背後

常聽到有賣家抱怨，微博、微信這些SNS行銷雖然會帶來些流量和人氣，但其中真正下單的買家少之又少。然而，九陽麵條機N6聚訂製活動之所以取得巨大成功，卻正是有賴於SNS行銷的幫助。SNS行銷為九陽麵條機帶來了大量銷售，這些銷售直接構成了這次聚訂製活動50%以上的訂單。

在該次活動中，微博推廣直接覆蓋了1085萬用戶，微博轉發量超過10萬次，共賣出九陽麵條機8727台，銷售額超過610萬，這次活動遂成為迄今為止廚房電器聚划算歷史上最成功的一次活動。

主戰場：整合行銷SNS發力

成功的活動需要聚集超高的人氣，而直通車和鑽展是聚集人氣較為直接和見效較快的手段。因此，九陽卓嘉專賣店也不例外地在直通車和鑽展上進行了大量投放。然而，投放效果卻不盡如人意：某競爭品牌在麵條機相關詞上提高了價格，導致直通車點擊成本直在線升；而鑽展雖然為店鋪帶來大量流量，但其中的優質流量卻並不多，轉化率偏低。因此，九陽卓嘉專賣店雖然在鑽展和直通車上砸了不少時間和精力，但從數據來看，最終成交的訂單數不超過300。

引入流量數排在前三位的方式分別是聚划算、鑽展和直接訪問。因此，在嘗試鑽展和直通車的同時，任何店鋪都不會放過直接訪問這塊肥肉。直接訪問流量的主要來源是微博行銷和網頁收藏，其中微博行銷帶來的流量預計占直接訪問流量的90%以上。SNS行銷能夠帶來巨大流量，而站外定向優惠的方式又促進了SNS推廣的成功，激發了微博用戶的搶購

欲，提升了轉化率。

具體而言，九陽卓嘉專賣店是通過以下幾種 SNS 方式撒開傳播網，撈重點買家的。

首先是直接傳播。在微博上進行有獎關注轉發活動，微博推廣直接覆蓋 1085 萬用戶，直接轉發 12590 次，評論 1895 條。其中，九陽新浪微博發起 #4.23 ～ 25 九陽麵條機全球首發 # 活動，活動說明只要在 2013 年 4 月 17 日至 4 月 22 日九陽麵條機首發預熱期間關注、@ 九陽微博，並轉發評論「我家鄉的面是 ××」，即有機會獲得最熱銷的智能料理機 JYL － D022，還鏈接上了首發地址。這條微博被轉發 4331 次，獲得評論 4098 條。

其次，展開帶動傳播。在微博開展「寶貝吃起來」的麵條機試用活動。該活動後，試用微博超過 30 條，用戶曬單微博超過 100 條，新浪微博關於「九陽麵條機」微博超過 1000 條，轉發總量超過 10 萬次，覆蓋用戶超過 3000 萬。

最後是微博團購。店鋪通過微博團購方式直接發出優惠券 3949 張，最終被使用的有 1838 張，轉化率 46.54%。

微博廣撒網，但重點是要多撈魚，站外定向優惠的方式保證了 SNS 轉化率。另外，九陽卓嘉專賣店抓住老客戶的購買力，推動 EDM（電子郵件行銷）及短信行銷。本次活動發送老用戶 36 萬條短信，成交超過 300 單（不完全統計），轉化率為 0.08%。向享受優惠的會員發送短信 3147 條，希望他們能推薦其他用戶來購買，這些推薦來的用戶也享受同等優惠。最終，此項行銷帶來 147 份訂單，轉化率為 4.67%。

前方：全球首發關聯設計

好的頁面設計能吸引買家眼球，聚攏人氣。為成功舉辦本次活動，九陽卓嘉專賣店準備了十幾套設計素材，並最終選擇了凸顯科技感和全球首

發概念的星球、外星生物的店鋪首頁設計方案。該方案融合了視頻、GIF
動畫等多種形式，強化了頁面的互動性和買家的視覺感受，凸顯了產品五
彩麵條、千次揉和、古法壓麵、三分鐘出麵四大特點。

　　九陽卓嘉專賣店將九陽麵條機的買家群體定位為熱愛廚房的主婦媽
媽和追求新鮮生活的白領，因此詳情頁的設計主要突出媽媽的味道，體現
媽媽唯美的做麵過程。卓嘉專賣店以此為突破口，拉動全店產品的流量和
轉化率，具體包括：教授買家各地麵條的做法；緊接著推出原汁機活動，
關聯相關產品；為活動蓄勢，同步關聯全店主推產品。

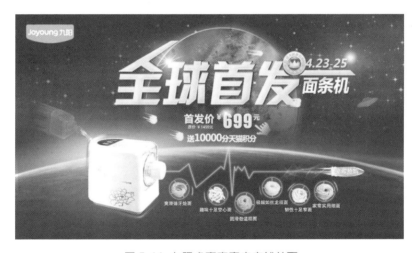

圖 5-11 九陽卓嘉專賣店店鋪首頁

後方：客服售後拉動店鋪動態評分

　　重賞之下必有勇夫。針對活動，九陽專賣店給客服設立了三個等級的
激勵獎金，客服平均諮詢轉化率大大超過平時。雖然諮詢量提升，客服人
均接待 859 人（是客服日常接待量的 3 倍），但客服的平均回應時間卻只

有 52.25 秒，回覆率也達到高於平時正常水準的 99.7%。客服這樣的工作效率充分體現出客服團隊的成熟和專業。

客服設置了自動回覆文案，全面介紹了麵條機：1. 我智慧──全自動 3 分鐘出麵；2. 我筋道──1000 次揉麵配上古法壓麵才能如此爽滑 Q 彈；3. 我百變──我有 6 種模式，可以做各地特色麵條；4. 我健康──搭配不同的果蔬雞蛋液，可以打造不同的營養麵條。如此不僅加快了旺旺回覆速度，而且也讓客戶更瞭解產品。另外，客服還在活動開始的前半個小時設置了 30 元返現連結的自動回覆，使買家買得實惠。正是這批買家，奠定了九陽麵條機最初的銷量基礎。

聚划算活動高強度的發貨壓力，容易拉低店鋪動態評分。而九陽卓嘉專賣店 60% 貨物可以做到次日到達，這不僅大大提升了發貨評分，還提高了用戶回頭率，增強了客戶黏度。此外，還在發貨途中同時發送了 5 條提醒收發貨及傳授產品使用方式的短信，包括麵條機的製作過程、使用注意事項、訂單物流情況等。這些關懷短信不僅提升了服務品質，而且降低了退換貨損耗，這使得該寶貝在收到 2000 條評價之後，依然有高達 4.9 的描述評分。

日期	4.23 活動前	5.2 活動後	變化
寶貝描述	4.8186	4.8208	↑0.0022
服務	4.8351	4.8391	↑0.0040
發貨	4.8296	4.8339	↑0.0043
總計	14.4832	14.4937	↑0.0105

表 5-2　九陽卓嘉專賣店活動前後店鋪動態評分對照表

（文｜陳晨）

第二部
玩轉淘寶七大引流利器

第六章
缺乏客戶管理的店鋪遲早死

第六章
缺乏客戶管理的店鋪遲早死

小心觸雷！——細數CRM六大誤區

在如今的電商圈裡，CRM 可謂相當火熱。但遺憾的是，很多人在關注 CRM 的同時，不小心進入了 CRM 誤區。這些誤區，或是由商家的主觀認知所造成，或為那些管道商、軟體商感染所致。本文總結了電商在 CRM 過程中常犯的一些錯誤，希望能幫助更多賣家。

> **TIPS** 什麼是 CRM ？
>
> CRM 是一個前臺系統，是一種以客戶為中心的經營策略，它包括市場、銷售和服務三大領域。具體來說，通過同客戶的聯繫來瞭解
>
> 客戶的不同需求，並在此基礎上進行「一對一」的個性化服務，以達到留住老客戶、吸引新客戶、提高客戶利潤貢獻度的目的。

誤區一：CRM就是客戶管理

　　無論在電商會場、培訓班，還是網商聚會中，只要大家一談起 CRM，就會有 70% 甚至更多的人不約而同地想到客戶的分類、維護及行銷。但是，你確定這真的是 CRM 嗎？

　　幾乎每個人都知道，CRM 是英語 Customer Relationship Management 首字母的縮寫。但是，電商領域的客戶關係管理究竟體現在哪些環節呢？具體有哪些接觸點？看看下面這張圖，我想賣家們就應該明白了。

　　圖 6-1 展示了電商與客戶間的各個接觸點，這些接觸點也就是商家和客戶之間有聯繫的地方，也就是所謂的客戶關係。從客戶流覽網頁時，你的頁面設計、圖片美化給客戶的感覺，到客服的接待、商品的包裝、物流發貨、客戶的開箱體驗，乃至之後的維護，都是賣家與買家的接觸點。而把在這些接觸點發生的所有關係通過科學的手段管理起來，才能稱之為 CRM，CRM 其實是指接觸點所有關係的管理。CRM 做得好與壞，就看賣

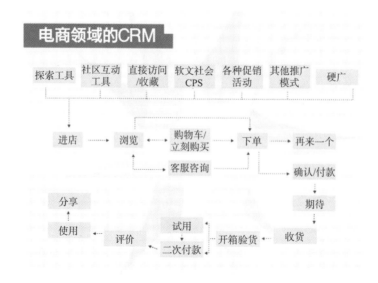

圖 6-1 電商領域的 CRM

家能把握幾個點，能做好幾個點。這樣的CRM才是一個體系，是賣家和買家共存的生態環境，而現今賣家理解的CRM僅僅是其中的一部分而已。

當然，賣家進入這個誤區不僅僅是由其自身造成的，太多的TP軟體商和管道商迷惑了賣家，使賣家對CRM產生了誤解。甚至還有人大肆宣傳，商家可以通過對客戶的管理來讓客戶的回購率飆升。商家都是逐利的，所以他們只能看到客戶分類和行銷，只能聽到二次購買率。他們看不透的是，這些都僅僅只是CRM的一個方面。

試問，一個不懂頁面，不注重產品品質，不顧客戶體驗，對客服缺乏管理和培訓的店鋪，該如何管理自己的客戶？如何提升客戶的複購率？

誤區二：過度迷信CRM

有一位店主曾花費上萬元購買CRM軟體，並且自認為只要有這麼一款軟體，就能讓店內的老客戶活躍起來。有的時候一個很小的活動，也要發短信提醒老客戶。顯然，這位店主過度迷信CRM了，CRM是科學維護客戶關係的手段，而不是宗教信仰。CRM的行銷有沒有效得看我們何時去做，對哪批人群去做，而不是簡簡單單的「做肯定比不做強」。只有在合適的時間給需要的人做匹配的行銷，才能使行銷變得有效，反之就是白搭。上海最貴的房子售價高達每平方米16萬，即便房產公司天天給你打5折，按每平方米8萬元成交價算，你會發現絕大部分人依然是買不起這樣的房子的，大部分人也依然是不想買這套房子的。原因何在？行銷對象與目標人群不匹配。

還有更誇張的。有個服裝賣家，早先靠產品低價、品種多樣化的方式活得很滋潤，上海七浦路進一點貨，加一點錢，上網隨便賣賣。可這幾年，這種做法就完全不行了，因為越來越多的人開始專注到品牌，專注到細分市場，專注到人群風格的細分定位。這批人一下子就衝上來了，而她

的店鋪就只能走下坡路，只能看著別人越做越好。但她沒有潛心研究是否該給自己的店鋪做更精準的定位，而把問題歸結為老客的流失，客戶黏性變差了，只想著啟動老客戶，想著靠 CRM 來補救。這其實是非常難的，雖然 CRM 能幫你分析你目前店鋪的客戶品質，乃至客戶喜好、興趣，但終究解決不了你的店鋪定位的問題，解決不了決策層方向的問題。所以，請不要那麼迷信 CRM。

誤區三：CRM以企業為中心

很多企業做 CRM 都是以企業為中心的，比如很多人會直接比較 CRM 行銷的 ROI。CRM 的投入產出比雖然和直通車、鑽展類似，也是由投入除以產出所得，但在意義層面，CRM 的 ROI 和其他推廣方式的 ROI 有著很大的不同。CRM 的投入受制於管道，而產出則基於客單價和銷售額。因此在同樣場景下，如果郵件的 ROI 是 1：100，那麼短信的 ROI 只能是 1：20（因為短信的成本是 EDM 的 5 倍），完全沒可比性。同樣，我們很難保證兩批人數相同的客戶的銷售額也完全一樣。因此，直接比較 CRM 的 ROI 實際上毫無意義。

CRM 的本質應該是以客戶為中心的，我們做 CRM 行銷就更應該關注回應率和啟動率。如果我給 1000 個人發了郵件或短信，那麼我關心的應該是有多少人回應，而不是關心這些人給我帶來多少錢，因為 CRM 是以客戶為本的。

誤區四：CRM工作是封閉式獨立運作

不少 CRM 專員都僅僅專注於分析數據和行銷，他們幾乎不做任何跨

部門的溝通交流，而這正是店鋪 CRM 的致命傷之一。CRM 專員是一座架在客戶和公司之間的橋樑，因為他們不僅瞭解客戶的需求，同時也知道公司和店鋪能提供什麼。所以一個合格的 CRM 專員必須做運營回饋的工作，否則這些數據就只能堆積在那裡，而這些數據所反映的問題則依舊會一次一次地為店鋪帶來困擾。在這種情況下，CRM 根本沒有起回饋客戶資訊和提升客戶體驗的作用。因此，筆者認為，缺乏溝通的 CRM 團隊一定存活不了。

誤區五：缺乏統一規則

所謂缺乏統一規則，就是店鋪沒有制定 CRM 工作如何展開的完整計畫。今天店鋪生意不好，就想到要給老客戶做一下行銷；明天店鋪做活動了，就想到要給老客戶發一批優惠券。店鋪的 CRM 運營完全沒有計畫性可言，雜亂無章。

想要做好客戶管理，店鋪就必須整理一張 CRM 日程表，記錄好要做的事情，例如在什麼時候做，以什麼形式做，一個月做幾次等事項。一旦設定好了日程表，就應該嚴格按照日程表執行。無論哪個團隊，執行力永遠是成功的關鍵要素，否則計畫製訂得再漂亮，到頭來也只是一張空頭支票。

誤區六：照搬客戶群

這個誤區可能不是 CRM 運營中特有的，但在 CRM 中犯這個錯誤的人會「死得很難看」。

很多賣家出去聽課和交流，都喜歡聽理貨，喜歡瞭解別人做得好的地方。這本身並沒有錯，但有不少賣家看到別人的成功案例，都會不假思索

地直接照搬，完全不管這些經驗是否適合自己的店鋪。

　　然而，每家店鋪的客戶群體本身就不盡相同，如何能讓張三家的人去適合李四家的口味呢？好的東西，大家可以模仿和借鑒，但切忌不假思索地照搬照抄。還是那句話，CRM 的核心是人，是客戶。

　　　　　　　　　　　　　　　　　　　　　　（文｜朵朵雲卡卡）

CRM玩法，你會了嗎

所謂 CRM，從字面上看，是指企業管理與客戶之間的關係。CRM 能幫助企業縮減銷售周期、銷售成本，增加收入，尋找擴展業務所需的新的市場和管道，提升客戶的滿意度和忠實度。可以說，CRM 是一種商業策略。

你的CRM成功嗎

想要做好店鋪 CRM，就必須瞭解 CRM 能為企業帶來些什麼以及衡量 CRM 成功與否的標準。現如今，許多企業的 CRM 都僅僅專注於內部的成本節約和工作效率。這些企業大多使用單一的方案來解決 CRM 的問題，CRM 與其他各項企業活動並沒有任何聯繫。例如，某店鋪購買了一套自動設備，通過這套設備，該店鋪縮短了與客戶在電話中交流的時間，使人與人之間的互動更為方便。然而，缺乏情感的溝通與交流勢必會減少客戶對店鋪的信任，這反而會影響最終的成交。由此可見，這種降低成本的方法會減少銷售機會並降低客戶滿意度。而大多數成功的 CRM 專案的前提卻恰恰是將客戶視為企業發展中最重要的資產，將客戶關係視為所有業務的推動力。

實施 CRM 的驅動力，是企業需要對客戶數據有著最新、最準確和最全面的瞭解。借助一個單一的集中管理的客戶數據庫，企業能夠挖掘更多與每個客戶進行溝通的機會，形成對每一個人的個性化管理。而另一方面，集中管理的視圖也可簡化客戶資訊的管理。總之，創建單一的集中管理的客戶數據庫，將使企業各部門都獲益。

那麼，如何才能低成本並有效地開展 CRM 呢？

CRM工具，你選對了嗎

在行銷活動的早期，建立客戶資訊管理系統，及時準確地掌握客戶訊息是科學行銷的前提。賣家需要對客戶資訊進行適時的記載和調用，具體包括歷史數據獲取、當前數據存儲、資訊訪問與管理等。賣家由此可以對顧客的各種資訊保持高度敏感，全面捕捉客戶對企業的感受、需求和心理預期。

目前的淘寶賣家中心，有很多種類的 CRM 管理工具，怎樣選擇一款適用的軟體是一個令大多數賣家頭痛的問題。對於中小賣家來說，不需要一款功能太多且操作複雜的管理工具，只要能滿足目前的需求，就是一款適合的軟體。請一定多試用、多比較，不要盲目聽信別人的建議，也不要只追求最便宜的價格，關鍵是要滿足店鋪的行銷需求和管理需求。當然，無論選擇何種 CRM 工具，都要保證操作的簡便性。

TIPS 不同類型的 CRM

1. 操作型 CRM

操作型 CRM 能讓企業員工說在銷售、行銷和服務支援的時候得以用最佳方法提高效率。簡單來說，操作型 CRM 可以使你「快速並正確地做事」，也就是按照規章制度的要求和流程標準展開高效率的工作。

2. 分析型 CRM

分析型 CRM 從 ERP（集物流、人力、財務、資訊管理於一體的企業資源管理系統）、SCM（供應鏈管理系統）等系統，以及操作型 CRM、協同型 CRM 等不同管道收集各種與客戶相關的數據，再通過報表系統地分析計算出宏觀規律，從而說明企業全面地瞭解客戶的分類、行為、滿意度、需求和購買趨勢等。分析型 CRM 就是「做正確的事、做該做的事」，即

利用上述數據擬定正確的經營管理策略。

3. 協同型 CRM

協同型 CRM 整合企業內部溝通、企業與客戶接觸和互動的管道,包括呼叫中心、網站、電子郵件、即時通信工具等,其目標是提升企業內部、企業與客戶之間的溝通效率,同時強化服務的時效與品質。

細分客戶,做好了嗎

在客戶生命周期內,客戶價值主要取決於客戶的平均消費周期和客戶每次消費的平均消費金額。對客戶按照消費周期的長短和消費金額的大小進行歸類,可以將客戶分為鉑金客戶、白銀客戶、發展客戶和調整客戶 4 類。賣家也可以進一步根據這些分類來採取有針對性的管理對策。

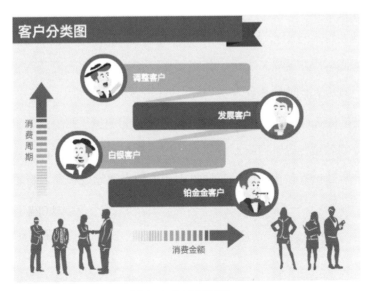

圖 6-2 客戶分類圖

　　鉑金客戶是必須重點鎖定的優先客戶，他們能為企業帶來最多的收益。

　　白銀客戶具有以下三個特徵：1. 企業提供的產品或服務較單一；2. 客戶在兩個消費周期內有在其他企業進行消費的記錄；3. 該類客戶消費休閒的時間較少，時間對他來說非常寶貴。

　　鑒於以上，企業應該對白銀客戶加強資訊溝通，結合數據庫中該類型客戶的年齡、職業（暗示消費實力）特徵，找出其消費行為的確切原因，展開有針對性的行銷（如促銷短信、郵件行銷等）。同時，企業應主動提供產品或服務諮詢等，縮短其消費周期。

　　小金額短周期和小金額中等周期的客戶都是企業應促使其轉變的發展型客戶，可使其向白銀客戶轉化。小金額客戶對價格是非常敏感的。因此針對這部分客戶，可利用數位盲點進行促銷，比如採用折上折、滿多少金額就可以包郵等活動，也可以送一些小贈品。

　　小金額長周期的客戶是賣家必須進行調整的客戶。這類客戶喜歡在購物時進行各方比較。因此，是否有好的客戶體驗就成為關鍵。提高客戶轉化率可以從以下方面入手：1. 提高打字速度，快速作出反應；2. 豐富專業知識，降低客戶懷疑；3. 美化店鋪與寶貝詳情，或者提出更具誘惑性的銷售資訊，減少客戶的焦慮。

　　客戶的離去，或許並非因為受到競爭對手的邀請，而是因為自己沒有拿出應有的誠意。提升自身服務水準，提供更有競爭力的產品，採用更科學的客戶數據採擷技術，做好客戶管理，才是小賣家成長為大賣家的必經之路。

TIPS ▷ CRM 的重要性

1. 淘寶賣家發展一個新客戶的成本是挽留一個老客戶成本的 5 倍。

2. 老客戶的忠誠度下降 5%，店鋪的利潤率將下降 25%。

3. 當我們向新買家推銷商品時，使新買家購買該商品的成功率只有 15%，而向老客戶推銷的成功率為 50%。

4. 如果將每年的買家保持率增加 5%，利潤將獲得 25%～85% 的增長率。

5. 在我們的店鋪裡，60% 的新客戶來自老客戶的介紹或影響。

6. 企業 80% 的利潤來自於 20% 的價值客戶，這已是眾所周知的實踐真理。

（文｜任俐）

做一次客戶品質體檢

如果要問淘寶賣家最大的盲點是什麼，那便是對客戶的不理解。從2009年到現在，在這批經歷了多年經營和變革的賣家中，手握20萬以上客戶的並不在少數。然而洗牌過程仍在繼續，線下品牌的「觸網」和新品牌的「擾動」，讓原本就不夠用的推廣資源變得更為珍貴。如何才能把手上的客戶轉化為自身的優勢呢？如果還沒有頭緒，不妨先來做個客戶品質診斷。

在店鋪流量的分析中經常會用到轉化率和跳失率兩個概念，同樣，在客戶分析中也會用到兩個相似的指標，即複購率和流失率。

圖 6-3 店鋪客戶分類

在診斷客戶的過程中，需要對複購率進行分層分析。我們把已有 N 次購買行為的客戶進行第 N ＋ 1 次購買的比例稱為購買 N 次客戶的複購率。例如，某店鋪擁有 20 萬會員，意味著購買過至少一次的客戶有 20 萬，其

中有 3 萬客戶在店鋪購買過至少兩次，那麼在該店鋪購買過一次的客戶的複購率就為 15%。

1－複購率＝流失率。也就是說，在該店鋪購買過一次的客戶的流失率為 85%。

大賣家數據	某女裝	某化妝品	某男鞋	某男裝	某生活電器	某母嬰
購買 1 次複購率	26%	26%	19%	8%	5%	17%
購買 2 次複購率	45%	44%	34%	19%	15%	34%
購買 3 次複購率	57%	54%	43%	30%	25%	45%
購買 4 次複購率	64%	60%	49%	42%	34%	48%
購買 5 次複購率	68%	64%	53%	49%	49%	55%

表 6-1 不同類目大賣家的複購率

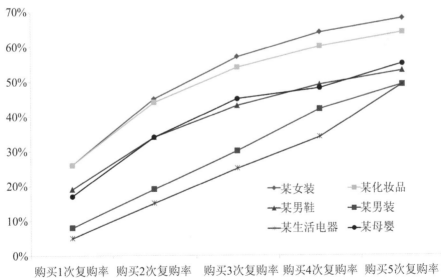

圖 6-4 客戶黏性隨購買次數的增加呈對數式增長

在眾多不同類目的案例中，女裝和化妝品類目做得好的賣家，購買一次的客戶的複購率可以達到 30%，男鞋達到了 20%，男裝達到了 15%，母嬰類目客戶購買一次客戶的複購率為 25%，3C 和生活電器則為 8%。

在這些案例的研究當中，我們發現了若干有價值的規律：1. 不同類目的複購率存在天然差異，並且受品類和產品線寬度的影響；2. 隨著購買頻次的增加，客戶複購率逐漸提升，呈現對數式增長；3. 第二次購買對客戶複購率的提升最顯著，購買 4 次後複購率基本穩定。

客戶活躍不超 30 天

通過對客戶黏性進行分析，我們已經清楚地知道，有多少新客戶會通過二次購買變成店鋪的老客戶，但這些客戶到底在進行第一次購買活動後多久再回來進行第二次購買呢？對此，我們篩選出在店鋪購買過兩次的客戶，計算他們進行兩次購買活動的時間間隔（在數據清理的時候，當天多筆付款需合併為一筆付款），並將計算出來的時間間隔按照時間維度排列，就可以得到「新客戶二次購買時間間隔分佈圖」。

通過對某女裝店鋪客戶前兩次購買的時間間隔進行分析，我們發現在所有產生二次購買的客戶中，有 20% 的客戶在首次購買後的 10 天內就進行了二次購買，在首次購買後的 10～20 天內複購的客戶占 10%。而隨著時間的推移，複購客戶的比例越來越少。在首次購買 200 天後，複購的客戶已經是鳳毛麟角，僅占總體複購客戶的 17%。

在物理學中經常用「半衰期」去衡量放射性同位素的放射性原子衰變為原來一半所需要的時間。同樣，在客戶關係管理中也存在著客戶的「半衰期」。在本案例中，客戶在初次購買後 34 天內複購的客戶占了複購客戶總數的一半。這也就意味著，在首次購買後，客戶複購的可能性不斷衰

減，直至第 34 天，客戶複購的可能性衰減至最初的一半。

在對客戶複購周期進行分析後，還可以根據複購客戶的比例對客戶的

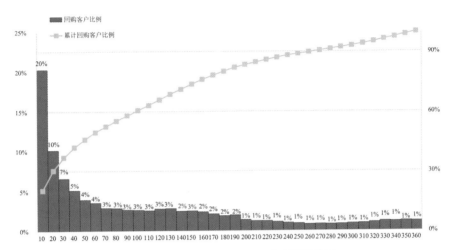

圖 6-5 某女裝新客戶複購時間隔分析

生命周期進行畫分：30%的客戶會在首次購買後的 19 天內進行二次購買，

因此可以把購後的 0 ～ 19 天定義為客戶的活躍期；還有 30%的客戶會在

首次購買後的 20 ～ 98 天內進行二次購買，可以把購後的 20 ～ 98 天定義

為客戶的沉默期；之後 30%的客戶會在首次購買後的 99 ～ 265 天內進行

二次購買，可以把購後的 99 ～ 265 天定義為客戶的睡眠期；購買 266 天以

後僅產生 10%的二次購買客戶，這段時間可以被定義為客戶的流失期。

	活躍期	沉默期	睡眠期	流失期
某女裝	0～19 天	20～98 天	99～265 天	266 天以後
某男裝	0～13 天	14～82 天	83～302 天	302 天以後
某化妝品	0～24 天	25～77 天	78～245 天	245 天以後

表 6-2 不同類目的生命周期畫分表

　　在所接觸到的案例中，幾乎所有賣家的活躍期都不超過 30 天。這就意味著客戶首次購買後的 30 天是進行二次行銷的黃金時機，是提升品牌客戶黏性的關鍵時刻。在這 30 天內如何提升客戶滿意度、培養進店習慣、刺激二次購買，絕對是對賣家客戶關係管理內功的考驗。另一方面，幾乎所有賣家的客戶流失期均在一年以內。淘寶網作為購物平臺，品牌對客戶的黏性在密集的促銷活動面前顯得不堪一擊。由於沒有地域的壁壘，客戶可以頻繁嘗試新品牌，所以客戶的生命周期其實沒有我們想像中那麼長。

客單價洞悉客戶價值

　　通過對在某男鞋店鋪進行首次購買的客戶進行客單價的細分（從 50 元到 500 元按照每 50 元一個梯度進行分層），並研究不同客單價客戶的二次購買情況，我們發現：1. 首次購買的客單價在 50 ～ 100 元的客戶的複

首次客單價	有 2 次購買客戶數	有 1 次購買客戶數	複購率
總體用戶	130573	690169	19%
50～100 元	2526	21181	12%
100～150 元	17296	138157	13%
150～200 元	49958	262886	19%
200～250 元	22128	104150	21%
250～300 元	10270	46909	22%
300～350 元	10260	41408	25%
350～400 元	7999	34788	23%
400～450 元	6849	27912	25%
450～500 元	3287	12778	26%

表 6-3 某男鞋賣家進行首次購買客單價分層後的複率分析

購率為 12%；2. 首次購買客單價越高的客戶，複購的可能性越大，客單價在 100～150 元和 150～200 元的客戶複購率相差 6%，客單價在 450～500 元的客戶複購率高達 26%。

通過對首次購買客戶的客單價進行分析，可以將客戶縱向畫分為 3 個組：首次購買客單價在 300 元以上的客戶可以作為高價值客戶，是店鋪重點優先維繫的對象；首次購買客單價在 150～100 元的客戶為中價值客戶，店鋪可對其採用普通的維繫策略；對首次購買客單價在 150 元以下的低價值客戶，應進行有限的投入。

培養「癮性購買」

隨著客戶購買頻次的增加，客戶黏性亦逐漸提升，即從新客戶變成老客戶，最後成為忠誠客戶。然而隨著一次又一次的重複購買，客戶特徵到底發生著怎樣的變化呢？

通過對女裝、化妝品、男鞋的客戶進行層次分析，我們發現隨著購買次數的增加，除了客戶黏性有所提升外，平均複購間隔會逐漸縮短，而客單價逐漸提升，客戶逐漸成熟。

	某女裝		某化妝品		某男鞋	
	平均複購間隔	客單價	平均複購間隔	客單價	平均複購間隔	客單價
第 1 次購買	104 天	194 元	127 天	201 元	155 天	230 元
第 2 次購買	86 天	210 元	104 天	250 元	135 天	240 元
第 3 次購買	74 天	222 元	91 天	283 元	119 天	253 元
第 4 次購買	66 天	228 元	82 天	306 元	105 天	260 元
第 5 次購買	59 天	231 元	74 天	321 元	96 天	264 元

表 6-4 不同類目客戶的成熟表現

　　針對以上規律，店鋪可逐步培養起消費者的購買「癮」，而這種「癮」又分為「毒癮」和「賭癮」兩種：培養「毒癮」，即縮短平均複購間隔；培養「賭癮」，即提升客單價，客戶會像買彩票那樣越買越大。在我們研究過的案例當中，女裝類目的客戶容易犯「毒癮」，客戶成熟主要體現為客單價小幅提升而複購間隔大幅縮短；化妝品類目客戶容易犯「賭癮」，即隨著客戶的成熟，複購周期小幅縮短而客單價大幅提升；男鞋類目則介於二者之間。

　　當我們按照這四個步驟進行客戶診斷時，我們便會發現，原本捉摸不清的客戶頓時變得「赤裸」了。許多經營中出現的問題，也會從客戶這個側面得到反映。

（文 ｜ 雪梨）

RFM，客戶管理的升級玩法

在眾多的 CRM 分析模式中，RFM 模型是被廣泛提到的一種衡量客戶價值和客戶創利能力的重要工具和手段。該模型通過一個客戶近期的購買行為、購買的總體頻率以及花了多少錢三項指標來描述該客戶的價值狀況，從而較為動態地展示了一個客戶的整體輪廓。這為店鋪進行個性化的溝通和服務提供了依據，為更多行銷決策提供了支援。

在 RFM 模式中，R（Recency）表示客戶最近一次購買距今有多少時間，F（Frequency）表示客戶在最近一段時間內的購買次數，M（Monetary）表示客戶在最近一段時間內購買的金額。一般的分析型 CRM 著重對客戶貢獻度進行分析，而 RFM 則強調以客戶行為為標準區分客戶。

女裝賣家 RFM 實例

例如，我們對某女裝商家的客戶進行 RFM 分析後，得到如下數據：

活躍期（50%）	沉默期（70%）	沉睡期（90%）	流失期
33 天	75 天	180 天	大於 180 天

表 6-5 某女裝商家客戶生命周期畫分表

我們從表 6－5 中可以看出，有 50% 的老客戶在購買後的 33 天內再次購買，有 70% 的客人在購買後的 75 天內再次購買，有 90% 的客人在購買後的 180 天內再次購買。因此，我們可以基本判斷出，該商家客戶的生命周期基本在 180 天以內（客人非流失狀態）。

	購買 1 次	購買 2 次	購買 3 次及以上
人群占比	75%	17%	8%
銷售貢獻	49%	51%	

表 6-6 某女裝商家客戶貢獻值

從表 6－6 的數據中，我們又可以看出，該商家的客戶群中雖然僅有 25% 的老客戶，但這群老客戶為商家帶來了超過一半的銷售收入。因此，該女裝賣家可以圍繞客戶的生命周期開展新老客差異化行銷，在客戶較活躍的階段（活躍期、沉默期）開展客戶情感行銷，在客戶處於即將流失狀態時（沉睡期、流失期）開展折扣行銷刺激。

茶葉賣家生命周期分析

總體來說，RFM 模型能較好地說明我們分析客戶的購買行為，但具體到不同行業，RFM 就呈現出局限性來了。特別是對經營食品、日常消耗品等商品的店鋪進行分析時，RFM 的局限性就更為明顯。舉例來說，每位食品消費者有自己特定的飲食習慣，日常食用量亦因人而異，比如輕度飲酒者、中度飲酒者、重度飲酒者的飲酒習慣和日常飲酒量都有很大差異。因此，這批已形成固定消費習慣的客戶，顯然會擁有不同的消費周期。而我們使用統一的 RFM 模型對這批客戶進行分析，就一定會出現問題。例如，購買間隔超過 90 天的客人未必是 1 個即將流失的客戶，其更可能是 1 位輕度飲酒者。接下來，我們進一步舉例來看購買西湖龍井的消費者的購物行為。

我們對重複購買西湖龍井的老客戶的消費記錄進行了統計分析。首先，我們按照客戶購買周期畫分了 3 類消費者，分別是購買間隔小於 80

	f=2，p≤80	f=3，p≤80	f=3，80<p≤160	f=3，160<p≤240	f=3，p>240
人數	4390	2204	1047	483	656
占比		50.21%	23.85%	11.00%	14.94%
	f=2，80<p≤200	f=3，p≤80	f=3，80<p≤200	f=3，200<p≤400	f=3，p>400
人數	2942	1016	1213	623	90
占比		34.53%	41.23%	21.18%	3.06%
	f=2，200<p≤400	f=3，p≤80	f=3，80<p≤200	f=3，200<p≤400	f=3，p>400
人數	1252	475	515	251	11
占比		37.94%	41.13%	20.05%	0.88%
	f=3，p≤80	f=4，p≤80	f=4，80<p≤160	f=4，160<p≤240	f=4，p>240
人數	2624	1460	660	258	246
占比		55.64%	25.15%	9.83%	9.38%
	f=3，80<p≤200	f=4，p≤80	f=4，80<p≤200	f=4，200<p≤400	f=4，p>400
人數	1669	676	727	248	18
占比		40.50%	43.56%	14.86%	1.08%

表 6-7 西湖龍井購買情況

天的高頻次消費者、購買間隔為 80 ～ 200 天的中頻次消費者和購買間隔為 200 ～ 400 天的低頻次消費者（以 p 表示，單位：天）。另外，我們也計算了第二、三、四次購買的時間間隔：二次購買的時間間隔在 80 天內的客戶，有一半以上選擇在 80 天內再次購買，有 85% 選擇在 240（80x3）天內複購；令人驚奇的是，二次購買間隔在 80 ～ 200 天的客人，卻有 41% 選擇在購買後的 80 ～ 200 天之內再次購買；二次購買間隔在 200 ～ 400 天的客人顯著縮短了購買間隔。選擇在 400 天內再次購買的客人達到 99.12%。

而在購買 3～4 次的客人中，我們也發現了相似的規律。

由此我們得到兩個結論：第一，客戶有特定的消費規律，購買周期一般比較固定；第二，客戶的生命周期因人而異，不同人群的生命周期可長可短。

制定差異化行銷

那麼，怎樣優化 RFM 模型，才能使其匹配客戶差異化的生命周期呢？其實，我們可以按照行業特點分出幾類不同消費頻次的客戶群體，然後統計分析各群體消費周期的特徵，再進行生命周期重組。由於單次訂單的購買數量翻倍會導致下次購買時間延長，但並不影響客人的生命周期，只是影響了下次自然回購的時間。

在應用過程中，我們可以採用以下策略來規畫 CRM。首先，針對新客戶依然按照 80 天、200 天、400 天這 3 個時間節點來判斷客戶的活躍及流失狀態，在前期多開展品牌宣傳及情感溝通，在後期則大打折扣刺激消費者。其次，我們也可以將那些有兩次或兩次以上購買經驗的客戶畫分為三類群體，分別開展行銷：對於高頻次及中頻次的消費者，更多傾向於將其培養成忠誠會員；對於處於流失狀態的客戶群，可根據淘寶網的大型活動來安排客戶行銷進行刺激。

區分了動態的客戶生命周期的畫分方法與一般的客戶生命周期的畫分方法之後，商家在做行銷活動時就能更準確地定位客戶群，這不僅避免了對某些客戶造成不必要的騷擾，同時也降低了行銷成本。在爭取客戶資源的時代，就需要商家更關注新老客戶的特點，如此才能在高效利用客戶資源方面更勝一籌。

（文｜葉堅峰）

客戶劃分		活動策略	溝通管道及頻次
新客戶	按80天/200天/400天3個階段劃分客戶群	80天內主要進行品牌宣傳、情感溝通，80～200天開始展開常規活動刺激，200～400天開始打折扣刺激買家。	EDM、SMS（SMS是一種存儲和轉發服務，也就是說，短消息並不是從發送人發送到接收人，而始終通過SMS中心進行轉發。）、SNS，一月一次。
高頻次消費客戶群	綠色、黃色狀態	對二次購買客戶主要進行品牌宣傳、情感溝通，加深客戶印象；對購買過兩次以上的客戶則需進行會員溝通，提升客戶尊享感。	EDM、SMS、SNS，一月一次。
	橙色、紅色狀態	特定商品折扣，大促活動。	優惠券、SMS，在客戶橙色、紅色狀態期間至多進行兩次。
	灰色狀態	大促活動刺激客戶；適當進行客戶調研，瞭解老客戶流失原因。	淘寶站內活動，SMS管道。
中頻次消費客戶群	綠色、黃色狀態	對二次購買客戶主要以進行品牌宣傳和情感溝通為主，加深客戶印象；對購買過兩次以上客戶進行關聯行銷，培養客戶習慣。	EDM、SMS、SNS，一月一次。
	橙色、紅色狀態	特定商品折扣，關聯行銷，會員活動，大促活動。	優惠券、SMS，在客戶橙色、紅色狀態期間至多進行兩次。
	灰色狀態	大促活動刺激客戶。	淘寶站內活動，SMS管道。
低頻次消費客戶群	綠色、黃色狀態	以情感溝通為主，意在加深客戶印象。	EDM、SMS、SNS，一月一次。
	橙色、紅色狀態	大促活動刺激客戶。	優惠券、SMS，在客戶橙色、紅色狀態期間至多進行兩次。
	灰色狀態	大促活動刺激客戶。	淘寶站內活動，SMS管道。

表 6-8 不同客戶的差異化營銷策略

為店鋪 CRM 找方法

賣家缺乏系統的理論知識，在做 CRM 時就容易一味模仿他人或只做表面工作。本文將從兩個真實的具體案例出發，為你的店鋪找方法，幫你做好 CRM。

把 CRM 做精細

「80 後」媽媽小艾在網上經營一家兒童玩具店。店鋪等級已經達到 4 鑽，而且每天都有幾十個訂單。可是，小艾卻很發愁，雖然店鋪流量很大，但成交量卻不見漲，店鋪發展越來越緩慢。關於 CRM，小艾的做法是：在客戶的購買行為發生後，給客戶發旺旺消息，告知具體的發貨時間；發貨後，又給買家發送一條短信，提示已經發貨。她認為，這樣就是做好了 CRM。

傳統的 CRM 一般借助短信和電話為客戶提供服務，但這種服務是以商品和盈利為中心展開的，對客戶缺少關懷。而小艾正是在走傳統 CRM 的老路，只能算是接觸了 CRM 的皮毛。到底怎樣才能增強買家的黏度？或許可以通過以下三種方法進行。

第一種，進行客戶分類。對客戶進行分類有利於對不同類型的客戶進行分析，並針對不同客戶制定不同的服務策略。例如，可以按客戶對企業的價值來區分客戶，對高價值的用戶提供高價值的服務，對低價值客戶提供廉價的服務。也可以將客戶分為長期客戶和臨時客戶，對長期客戶採用優惠政策，對臨時客戶時時宣傳。

實操點對點

　　活動：小艾的店鋪新推出了一款適合兩歲小姑娘玩的對話芭比娃娃。在成千上萬的客戶裡，該如何找到對該玩具有購買意向的客戶群體呢？

　　方案：首先，要找到家中有兩歲兒童的客戶群；其次，這款玩具更適合女孩子玩；最後，我們要分析的是會員的喜好，要找到喜歡芭比娃娃類玩具的家長。通過以上三方面的分析，我們自然可以找到意向客戶，之後針對意向客戶做專門的行銷。

　　第二種，賣家可設置定時提醒。例如，對化妝品、食品、奶粉等有明顯銷售周期的產品，賣家可在買家購買的產品餘量不足之時，發短信通知買家產品有活動促銷，如此便容易形成二次購買。節假日、會員生日的提醒也很重要，小艾的店鋪主營玩具，所以小艾將會員生日提醒的日期設定為寶寶的生日，並提前 10 天給寶寶即將過生日的家長發送短信。通過如此有針對性的二次行銷，大大提高了老客戶的黏度，小艾店鋪的發展速度相比之前已經有了質的飛躍。

　　第三種，採用會員卡制度，也能夠建立與新客戶的關係，加強老客戶的購買黏度。這裡把新客戶分為兩類：一類是未通過介紹進入的新客戶，可以免費為這類客戶辦理會員卡；另一類是通過介紹來店消費的新客戶，除了為其免費辦理會員卡外，還給老客戶的積分卡記分。會員卡的類型有累計折扣、積分兌換、儲值卡以及會員價卡等幾種不同形式，店鋪可以從中選擇適合自己的會員卡，與老客戶建立長期的關係。

會員卡類型

　　1. 累計折扣。當消費達到一定金額後，會員卡便自動升級，買家由此享受更多的折扣。累計折扣是促使老客戶重複消費的關鍵。

　　2. 執行積分兌換。買家消費後，賣家按買家的消費金額為買家累積積分，當積分達到一定數額，就可以直接兌換店鋪內的商品。另外，也可以將積分卡當儲值卡使用，每次消費後，用積分抵用一定金額。

　　3. 發行儲值卡。客戶先充值後消費，享受更多的折扣。

　　4. 設置會員價卡。會員將以相對比較低的價格購入商品。

管好你的客戶

　　李先生和林女士夫妻倆的淘寶店主攻創意家居。和大多數的店鋪相比，這對夫婦店鋪的獨特之處在於，店鋪裡所有的寶貝都是由夫妻倆自主設計的。現在，店鋪的寶貝總數已達 700 多款，小店的回頭客也越來越多。但是，夫妻倆卻變得很茫然。如何利用和管理客戶資源？如何在低成本甚至零成本的基礎上提高二次購買率並提升客單價格？這些成了夫妻倆需要花心思解決的難題。

　　在資金較少、人員不足的情況下，中小賣家要想做好 CRM，首先便在於選對合適的工具。其實，小賣家不需要一款功能太多、操作複雜的工具，只要能滿足目前的需求，就是一款適合的軟體。對小夫妻的創意家居店來說，免費的或者低費用的 CRM 工具更符合店鋪目前的實際狀況。

　　另外，還要掌握 CRM 的正確方法，只有先理清客戶資源，才能進行更有效的行銷。

首先，賣家不僅要收集客戶的聯繫電話和地址，還要記錄下客戶可能在溝通中提到的重要資訊，比如客戶的生日、家人資訊、喜好等，再根據這些資訊給客戶畫分類別並標記重要的客戶，為可能發生的二次購買打好基礎。

在建立了最基礎的客戶關係管理數據之後，接下來需要解決的問題就是如何利用這些資訊為小店帶來流量和實際收益。掌櫃是做設計的，對管理複雜的客戶關係有一種無從下手的窘迫。後來，經過大面積閱讀，掌櫃總結了一套適合自己的行銷方案，將「花小錢、辦大事」的風格貫徹到底。

店鋪上新預告是重點。因為小夫妻主營家居類產品，因此新品往往會非常吸引客戶，用短信方式給客戶發佈新品預售的資訊，同時發送預售鏈接到客戶旺旺或者郵箱，並根據不同等級的客戶發放優惠券，吸引客戶點擊甚至購買。老客戶影響老客戶，老客戶帶動新客戶，因此只要小小的投入，便能給店鋪贏得了良好的口碑。

注重與客戶的互動。掌櫃開展了關注減 5 元、曬單贏免單等活動，同時也開通了店鋪微博、微信，且每天分時段發不同內容的微博和微信，始終保持活躍。另外，節假日問候客戶，發貨前也會用短信通知客戶，店鋪在無形中建立了良好的服務形象。

實操點對點

活動：2012 年，店鋪的兩場聚划算活動為店鋪帶來了龐大的流量；2013 年，掌櫃準備加大聚划算投入力度。那麼，如何才能把聚划算拉來的顧客沉澱下來呢？

方案：1. 短信和郵件。用 CRM 工具在聚划算活動開始的前一周、前一天和當天，向系統中的客戶群發送短信。同時，製作一封營銷郵件，郵

件內容涉及參加活動的所有產品的相關資訊及活動鏈接。推送資訊要精簡直接，長話短說，最好能控制在 65 個字以內。當然，這類資訊也並不是發得越多越好，要注意把握節奏，發送頻率不宜過於密集，不要讓買家產生被淹沒的感覺。採用發短信和郵件的方式，可使買家在最大的程度上知曉聚划算資訊。

2. 淘幫派、微博、微信同步更新。在淘幫派預告本次聚划算活動，並且通過微博和微信及時發佈相關資訊，再承諾聚划算後將產生幸運客戶參與抽獎活動。於是，越來越多的客戶參與了進來，店鋪用最低的成本獲得了最佳的廣告效果。

經過近兩個月的準備和調整，掌櫃夫婦已經熟練掌握了 CRM 工具的操作和使用技巧，回頭客增加了 4%。建議該店鋪下一步深度挖掘老客戶，並為自己的小店註冊一個商標。有了自己的品牌，在客戶管理這方面也會更加得心應手。

（文｜彭娟 胡蘭）

第二部
玩轉淘寶七大引流利器

第七章
小而美，
最後一根救命稻草

第七章
小而美，最後一根救命稻草

數據發現小而美

　　細究淘寶網 2013 年的關鍵字，小而美無疑是站在風口浪尖的一個。什麼樣的賣家才是小而美賣家？這個問題的答案，就如同那 1000 個人眼中的哈姆雷特，根本沒有定論。而本文將基於對美指數指標的研究探討，得出小而美的真正概念。

　　在海量的數據中，我們首先對女裝類目中被認為是小而美的 9 萬多家賣家進行了樣本分析。通過建立模型來讓同一個簇中的對象彼此相似、與其他簇中的對象相異，從而借助一些變數來區分出小而美與大而美、小而醜、大而醜的區別。

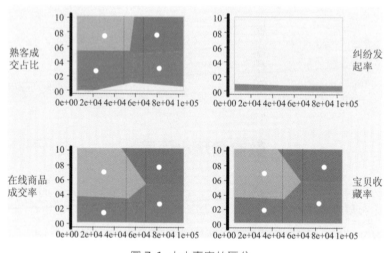

圖 7-1 大小賣家的區分

在大賣家與小賣家的區分上，我們通過對熟客成交占比、糾紛發起率、在線商品成交率和寶貝收藏率等多個相關變數進行分析得出：在大小的層級分類上，將月 GMV 大於 6 萬元的賣家畫定為大賣家，其餘則為小賣家。

變數	權重
好評率	10.6
熟客交易占比	1.9
寶貝線上成交率	1.8
寶貝收藏率	1.6
發貨 DSR 高於行業的百分比	1.4
品質 DSR 高於行業的百分比	1.2
服務 DSR 高於行業的百分比	1.1
物流 DSR 高於行業的百分比	0.4
IPV 轉化率	0.3
熟客客單價／普通客單價	0.2
站內搜索帶來 IPV 占比	−0.2
旺旺回應率	0.2
直通車和淘寶客引導 IPV 占比	−0.1
拍發時間差	−0.04

表 7-1 美指數打分卡

在美與醜的區分上，我們為賣家提煉出修煉小而美內功必須達到的 10 項指標，也就是美指數卡上的 10 項內容。美有很多角度，如果每個角度都美，那麼它一定美。同樣的道理，如果某賣家在美指數卡上取得了多項高分，那麼該賣家的店鋪便可以被稱為小而美的「十項全能」賣家了。

鑒於以上分析，我們用來定義小而美賣家的變數有：好評率、熟客交易占比、寶貝在線成交率、發貨 DSR 高於行業的百分比、品質 DSR 高於行業的百分比、服務 DSR 高於行業的百分比、IPV（商品詳情頁的流覽次數）轉化率、熟客客單價與普通客單價之比、站內搜索帶來 IPV 占比、旺旺響應率、直通車和淘寶客引導 IPV 占比、拍發時間差等。在以下的分析中，我們將根據以上美指數標準，對 116 個用戶投票為小而美賣家的樣本

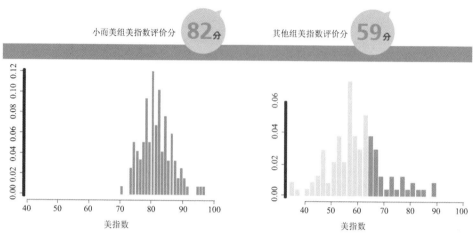

圖 7-2 小而美組、其他組美指數比較圖

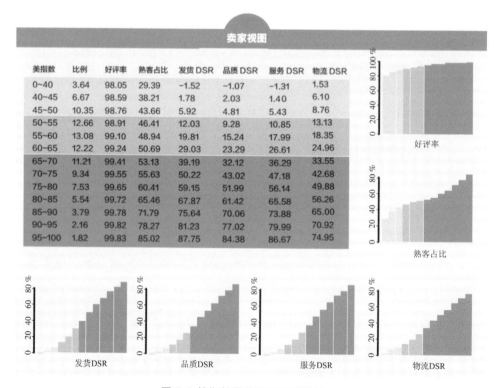

圖 7-3 美指數得分及其相關變量

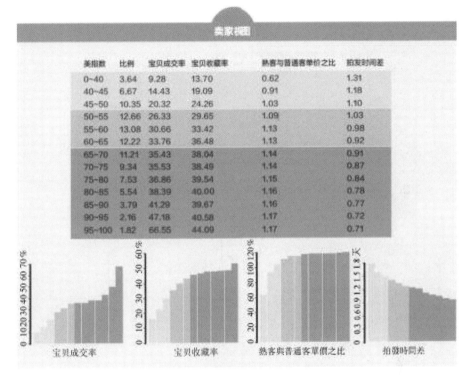

圖 7-4 美指數得分及其相關變量

與隨機抽取的其他 116 個樣本進行美指數對比，從而展示出小而美賣家的真正特徵。

圖 7-2 至圖 7-6 數張圖中，顏色越深，代表越美。我們通過美指數打分項及項目各自占比得出不同類店鋪的美指數分數：小而美組美指數平均分為 82 分，其他組美指數平均分為 59 分。我們可以明顯看到，小而美組美指數分數遠遠高於其他組美指數分數。

從美指數卡出發，我們進一步分析美指數得分與各種變數的關係。我們發現：在好評率方面，美的賣家與不美的賣家之間差異並不大；而在熟客占比方面，在美的賣家的客戶群中，熟客占比最大，美指數分數也最高。

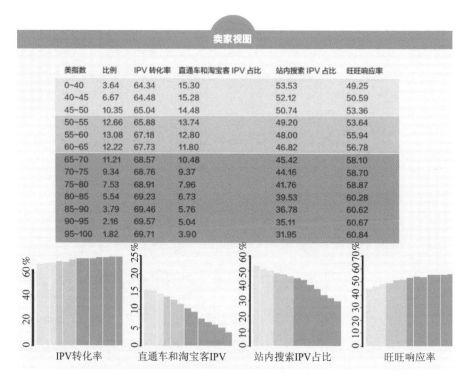

圖 7-5 美指數得分及其相關變數

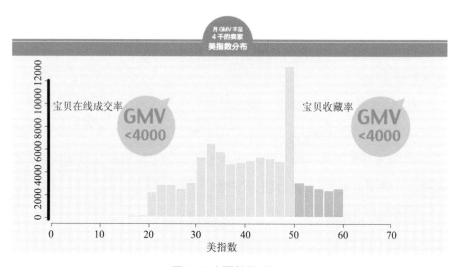

圖 7-6 小而美與 GMV

通過對寶貝成交率、寶貝收藏率、拍發時間、熟客客單價和普通客單價之比 4 個變數進行分析，我們發現：美指數高的賣家寶貝成交率和收藏率也高；在客單價的差異上，美的賣家的熟客客單價與普通客單價之間差異甚小；而在拍發時間上卻恰恰相反，美的賣家的拍發時間並不如想像中那麼迅速。也就是說，小而美賣家受拍發時間的影響並不大。但從熟客客單價和普通客單價之比上可以發現，回頭客是這些小而美賣家最為穩定的客戶群體。

此外，我們還發現美指數得分越高的小而美賣家，直通車和淘寶客引導的 IPV 占比越低：美指數得分在 95 分以上的賣家，淘寶客和直通車導入的 IPV 僅占店鋪總流量的 3.9%，而站內搜索的 IPV 則占比 31.95%，並且 90% 以上小而美賣家在直通車上的月支出少於 5000 元。因此，我們可以說，美指數高的賣家對推廣的依賴度要比美指數低的賣家對推廣的依賴度低很多。

從圖表中我們還能夠發現，月 GMV 不足 4000 元的賣家，美指數平均分為 40 分。GMV 不足 4000 元和 GMV 大於 4000 元的賣家最明顯的區別在於寶貝在線成交率和寶貝收藏率兩個變數的不同，GMV 不足 4000 元的賣家的寶貝在線成交和收藏指數都極低。由此可見，GMV 太小的賣家，一般都不美。

一般而言，人們會習慣性地認為小而美賣家的 DSR 分數會高於一般賣家，但通過美指數卡上的幾個變數得知，很多小而美賣家的 DSR 分數並不高。對此，我們可以依照以下兩個案例進行說明。

圖 7-6 中兩家店鋪的 DSR 分數都不高，甚至低於行業平均水準或者與行業平均水準勉強持平。但從其他幾個變數出發，這兩家店鋪卻完全符合小而美店鋪的美指數特徵，它們的美指數分數都在 80 分以上，月 GMV 也

遠遠超過 4000 元。因此，DSR 低的賣家並不一定就不美，於是我們也就可以理解，為什麼一些客服不太熱情、發貨速度也沒那麼快的店鋪，卻始終被一群忠實的用戶所喜愛。

綜合以上數據，我們就可以得出結論了。事實上，美並不依賴搜索。DSR 低的店鋪也可以美，個別的中差評雖然可以影響 DSR，但小而美只側重特定用戶群。對小而美賣家而言，選品才是關鍵：寶貝量和品類量可以少，但寶貝命中率要高。而對寶貝拍發和旺旺回應速度而言，快更多意味著錦上添花，並非雪中送炭。

（文｜法決 貝殼）

抱團有理

在大談特談小而美之前，我們首先通過買家和賣家的雙邊關係，來重新定義小而美賣家。在經過大量的調研後，我們發現小而美賣家基本具備以下幾個特點：有粉絲追隨，口碑良好，選品精準，行銷適當，資源獨特和品味個性。綜合下來，我們把那些專注細分領域、經營能力強和能滿足買家個性化需求的賣家歸入小而美賣家群。

賣家最關心的人是買家，因為只有買家埋單，賣家的努力才有意義。而在買家當中，又有一類特殊的人群，那就是淘寶達人。所謂淘寶達人，指的是一群深入瞭解電商行業的買家。他們與淘寶有著密切的關係，善於識別淘寶賣家和採集各類店鋪的資訊，擅長比較、挑選、識別貨物並最終交易，他們無疑是買家群體中的精華。

從達人角度出發，我們有了幾個有趣的發現，比如達人可以驅動小而美賣家浮現，此外達人還決定著小而美賣家的未來。

讓小而美賣家浮現

為了能從數據角度發現達人和小而美賣家的關係，我們特別篩選了一部分數據樣本，以探究其中的聯繫。

> **TIPS** **數據樣本**
> ・平臺：淘寶集市
> ・類目：女裝／女士精品
> ・時間：2012 年 5 月 1 日～ 2012 年 10 月 31 日（半年）
> ・買家數：49505301

- 賣家數：923948

- 數據類型：買家屬性、賣家屬性、流覽和購買數據

- 剔除炒信數據：剔除炒信行為大於 30% 的買家和賣家，分別剔除炒信買家 17260 和炒信賣家 114689

買家達人（10 萬人）

	少女	輕熟女	熟女	其他
平均半年購買筆數	105.46	105.26	104.8	114.49
平均客單價（元）	89.85	139.25	159.77	132.87
平均流覽 IPV	968.34	937.56	989.23	834.41
人數占比	22.28%	38.91%	20.21%	18.60%

批發商達人（3.4 萬人）

	批發商買家（半年購買筆數≥180）
平均半年購買筆數	455.64
平均客單價（元）	126.62
平均流覽 IPV	672.41

圖 7-7 淘寶女裝達人分類

在這個數據樣本中，我們通過區分達人和普通買家、普通賣家和小而美賣家，發現了一個有趣的現象：達人最終的選擇大部分為小而美賣家。也就是說，在收藏店鋪、收藏寶貝、加入購物車次數和流覽 IPV 會員數等幾個指標中，達人買家和那些有自己獨特風格的小而美賣家達成了基本一致。

而在對淘寶女裝達人樣本進行分析的過程中，我們發現達人群體可以

分為兩種類型：一種是批發商達人，一種是買家達人。我們從半年購買筆數、平均客單價和平均流覽 IPV3 個指標來區分批發商達人、買家達人和普通買家，得出如下結論：批發商達人半年的平均購買數超過了 180 筆，但平均流覽 IPV 則為 672.41；買家達人半年的購買筆數不超過 120 筆，但平均流覽 IPV 遠高於批發商達人。可見，批發商達人具有快速識別和快速下決斷的能力，因此我們通過批發商達人的購買行為，可以快速預測市場潮流趨勢。

從市場局勢來看，大賣家占據了大量流量，小賣家很難險中求勝；而從達人樣本中，我們發現之前一直提倡的小而美賣家抱團發展並不是一句空談。我們發現，可以通過達人指數，建立買家之間的購物同好網絡來滿足買家的個性化需求，並識別有共同達人的抱團賣家，讓優質的賣家浮出水面。

下面，我們來分別談談達人對潮流的預測功能和驅動小而美賣家抱團行銷功能。

達人撬出小而美

在數據中，我們發現達人買家能取得一定的明星效應。這些達人有自己活動的圈子，也有自己的喜好，從達人出發，不僅可以為賣家提供對未來潮流的準確預測，也可以為開發方便賣家抱團的應用盡一些力量。

正如上文所言，批發商買家的購買行為能對未來市場的流行趨勢作出準確預示。他們會在幾個月前就搜索相關熱詞，而在幾個月後，這些熱詞很可能會成為搜索關鍵字。這也就是說，批發商達人更有預測潮流的能力。

我們將根據一些數據樣本來對達人搜索的關鍵字進行分析。

數據樣本

數據來源：淘寶主搜數據、用淘寶全網品牌屬性過濾、沒有過濾常用詞

買家群體：全部買家 5000 萬、達人買家 5 萬、批發商買家 3.4 萬

	8 月搜索量增長平均值	9 月搜索量增長平均值	11 月搜索量增長平均值
普通買家	14.7%	23.1%	62.4%
買家達人	13.2%	41.9%	76.7%
批發商達人	21.9%	79.9%	107.6%

表 7-2 不同買家群體關鍵詞搜索數據

圖 7-8 批發商達人 9 月熱搜雷鋒帽

下面舉例來說。

從淘寶指數和百度指數可以看出：2012年9月，批發商達人熱搜雷鋒帽；2012年10月初，雷鋒帽的淘寶搜索量和百度搜索量開始增長；2012年「雙十一」，雷鋒帽搜索量暴增。而購買雷鋒帽的淘寶買家多分佈在東北地區，這批買家的消費層級和等級均處在中等水準。

或許我們可以這樣說，如果要預測裂帛是否會一直火下去，看批發商達人的搜索即可知道；如果要看2012年最火爆的「江南style」在2013年的流行趨勢如何，也可以根據批發商達人的搜索來判斷。對於賣家而言，這顯然是一個緊跟潮流的好機會。賣家們可以找出店鋪中可能存在的批發商達人，根據批發商達人的搜索關鍵字，提早做好選品、備貨和行銷準備。

小而美抱團預測

基於大賣家占據資源，普通賣家跟風喝水，那麼小而美賣家的未來又在哪兒呢？從對達人數據和小而美賣家數據進行匹配度分析的過程中，我們不難發現，基於買家的個性化需求越來越強烈的現實，賣家生態圈開始發生裂變。

裂變之一體現為：大賣家拚流量，小而美賣家玩個性。

通過買家達人的標準，在大賣家猛拚流量的淘寶市場中，個性化的小而美賣家將固守自己的城池。比如從之前圍繞小而美賣家所進行的樣本分析中，我們發現達人並不關心賣家的 DSR 評分，達人只相信自己的眼光和品味。而每一個達人背後，都有大量同類型的買家。因此，通過對達人發生影響，小而美賣家可能會獲取一批眼光和品味類似的買家，並依靠自己的獨特風格守住這批買家。因此，小而美賣家的客戶群可能不大，但是

卻一定很固定。

裂變之二體現為：達人驅動社會化導購。

SNS和O2O（將線下商務的機會與互聯網結合在一起，讓互聯網成為線下交易的前臺，使線下服務就可以在線上攬客，消費者可以在線上篩選服務和成交）是長期以來被推崇的兩個新模式。而從達人數據上看來，這兩種模式同樣是最適合被小而美賣家用於精準行銷選擇的。達人的個性化需求使得社會化導購成為獲取流量的高性價比途徑，這也就是為什麼美麗說和蘑菇街會在兩年之內成為許多中小賣家選擇的原因。與此同時，O2O也會成為小而美賣家未來趨向於運用的新模式。而且，達人旺盛的購買力和獨特的個性選擇，就決定了O2O不會只是一張白紙。

裂變之三體現為：小而美賣家將更多地採用抱團的形式取暖。

在流量分配較少和資源相當有限的情況下，小而美賣家如何浮出水面，並活得有滋有味？個性化匹配使得賣家和買家之間的互動性更強，因此，借助達人的圈子效應，小而美賣家抱團上線將更容易匯聚資源，進行整合行銷。比如騷店、創意集市店鋪等，都是針對同一類達人做共同的店鋪推薦。至此，買家可以完成個性化搜索，賣家則可以做個性化的集體匹配。

綜上所述，小而美賣家的未來並不是守株待兔式地等待同類買家的共鳴，而是通過匹配的達人買家和與達人買家具有同類喜好的用戶，來進行資源整合，以此發展個性化小而美店鋪。

（文｜貝殼 法決 采瓊）

老店的小而美之路

有這麼一家淘寶店鋪,在其 10 年的經營路途中,它的店鋪等級已經達到了一個金冠,也有了 20 多人的團隊,它的名字便叫做芝蔓。在小而美概念還沒盛行的時候,芝蔓已經在做著小而美的生意。說芝蔓小,是因為它只專注護髮,走中高端產品線,規模也不大;說芝曼美,是因為芝蔓已經連續幾年居於護髮類目的 Top1 位置。

圖 7-9 老店的突圍邏輯

走不通的「一店式」購物

當年那個推動掌櫃橙子進入淘寶網的機緣在今日看來頗有些戲劇性。

橙子那時常常泡論壇，與一眾粉絲分享護髮、美髮心得。有一天，橙子在網頁下方不起眼的地方看到了淘寶網招募賣家的小廣告，隨手一點便註冊了。

因為超高人氣的支持和頗為巧合的機遇，芝蔓就這樣開始了在淘寶網上的旅途。跟很多草根賣家一樣，掌櫃橙子也經歷過貨堆滿房間、每天蓬頭垢面守在電腦前單獨作戰的悲慘階段，而且「那時候的網路不像現在這麼發達，店鋪剛開始的時候，一天就幾單，發展了一兩年之後，一天也只有十幾單」。雖然發展速度不快，但橙子的店鋪始終走在平穩發展的路上。橙子發現，這或許是自己店鋪的買家忠誠度高的原因。

買家忠誠度高與3個原因有關：其一，2005年前的美髮、護髮市場沒有現在這麼大，賣家屈指可數（如今美髮、護髮類目下的賣家已經超過了6萬家）；其二，橙子對產品品質要求很高，芝蔓「只從生產廠商和經過正規授權的產品代理商處拿貨」；其三，橙子能夠給買家提供很多專業的護髮意見，「當年其實沒有太多客戶關係管理的概念，但我會為每個買家傳授專業知識，這也是能把老顧客留下來的原因」。也正因為如此，即便當時不走低價路線，芝蔓的銷量也還不錯。目前，金冠店芝蔓的老顧客占比達到了30%以上。

然而，定位中高端，堅持只做美髮、護髮的芝蔓不是沒走過彎路。

在2007年淘寶網盛行百貨風的時候，稍微有點資金實力的賣家都有這麼一種憧憬：買家進了我的店鋪就別走了，因為我的店鋪裡什麼都能買到。於是很多賣家開始嘗試「一店式」購物，但最後，幾乎所有賣家都夢斷大而全。

芝蔓在2007～2008年間也受到過很多誘惑。從定位中高端出發，橙子先是談了一個外國飾品品牌的代理權，結果發現該品牌的飾品很貴很難

賣。再到後來，橙子發現不少買家反應秋冬季節脖子會冷，於是就又進
了四五萬元的圍巾，結果發現圍巾依然賣不動。「事實證明這樣是不行
的。走不通的原因是，人的精力是有限的，不可能事事爭先。另一方面，
做大而全的『一站式』店鋪，也會對本業造成不良衝擊。起初，買家覺
得我們在護髮領域做得很專業，可如果我們家還賣拖鞋，買家便失去了
對我們的信任。」因此，大概一年之後，橙子便喊停了其他產品。她的
想法也從「多做一點是一點，多掙點錢何樂而不為」慢慢轉變為「做得
精才能做得好」。

做好產品

在流行低價搏殺的淘寶網早期，是否堅持走中高端路線也是需要賣家
耐心確認的。

2009 年年初，網上有一款十幾塊錢的洗髮水賣得特別好，橙子於是也
進了 9000 多塊錢的貨。事實證明，這是芝蔓另一次失敗的嘗試，此後橙
子終於「死心」。「我的買家們就只能接受中高端的產品，我不能因為哪
個產品賣得便宜、賣得好就去插一腳。」敢於嘗試，勇於退出，這在瞬息
萬變且充滿誘惑的淘寶網上並不容易做到。

經歷了「嘗試—失敗—嘗試—失敗—堅定」的糾結與矛盾之後，芝蔓
迎來了發展最快的兩年。2010 年 2 月，芝蔓躋身 4 皇冠店鋪之列。

2011 年之後的兩年，品牌化、授權化、分銷的概念被頻繁提及。授
權，一直是梗在化妝品賣家心中的一根刺。曾經有人直白地說：「如果你
們沒有得到授權，是沒辦法長久發展的。因為不久之後的將來，品牌公司
也一定會進入電子商務領域做自己的產品。」為了解決授權未果而可能造

455

成的侵權問題，橙子找到了杭州的一位律師，對方答曰：「只要這貨你買進來，而且是真貨，這銷售權就歸你了。至於怎麼賣和賣多少，都是你說了算。」然而，橙子發現，事實卻並不是這樣的。

國際知名品牌的授權之路艱苦而漫長，那麼嘗試國產品牌又是不是另一條可以行得通的路子呢？橙子坦言，「國產品牌找我們的也很多，但芝曼這個平臺已經有了自身的定位」，不過，「只要適合芝曼，我們願意嘗試」。

2012 年年底，芝曼開始進行開發自主品牌的嘗試。自主品牌的產品全部委託歐洲工廠 OEM（代工），產品的安全度有很大的保障。產品銷售至今，客戶都認為非常不錯。

不求規模

同許多草根賣家一樣，芝蔓也是經由橙子一個人奮鬥，發展到三五個人作戰，再到現在的公司化運作。這麼多年，芝曼一直奉行家庭式的管理及文化，主張員工應該快樂地工作。團隊成員間沒有上下級的關係，有話直說，有事一起做。

芝曼團隊成員穩定，大部分員工的工齡都在 3 年以上，資歷最老的員工已經在芝曼工作了近 9 個年頭。

很多人說，作為一家金冠店，芝曼的員工人數沒有想像中那麼多。實際上，2013 年 30、2014 年 300 式的規模曲線在很多淘寶網店都存在過，但一家能穩定發展多年的店鋪如果一味追求規模，也許早就完蛋了。

「芝曼的員工都是全能型選手，我希望他們在學習前景、發展空間、薪資待遇上都能超越市場平均水準。這比一大堆人拿著低工資、每天做著

固定的事，更能讓每個人產生成就感和體現自我價值。」好玩的是，芝曼運營總監這一職位，直到 2012 年才正式設立。

在距離芝曼辦公區域不超過 20 分鐘步行行程的地方，是芝曼的員工宿舍——社區房，兩人間，由公司承擔房租、水、電、天然氣、寬頻等所有生活雜費，而管理宿舍的大任則交給一位性格開朗的女孩。「用心對待員工，員工也會用心對待公司，對待客人。」橙子說。

（文｜米兔）

大踏步步入小而美

這家店鋪的主人是一位「80後」的研究生菲兒，讓我們一起來看看她在亦商亦讀的情況下，是如何做好三鑽店，玩轉小而美的。

無論什麼寶貝，如果想銷量不錯，那款式就一定要有吸引力。菲兒是「80後」，「80後」屬於淘寶網消費群體裡占絕大比例的族群。再加上她自己就是淘寶控，從衣服鞋帽到家用電器，她基本都在淘寶網上解決。因此，對淘寶買家喜歡什麼和不喜歡什麼，菲兒可謂相當瞭解。因此，菲兒選擇森女系和英倫復古系作為自己店鋪的主打風格，很多買家在菲兒店裡進了貨再拿去實體店賣，銷量也都很好。

圖 7-10　大踏步步入小而美

關於引流，也有一些要說的。

其一，裝修問題是一件很重要的事情。當買家到店裡購物時，首先映入眼簾的就是店鋪整體的裝修情況。但菲兒覺得，過於繁雜的裝飾未必好，有背景音樂也未必好，所以她找了一個比較小清新的範本，並取消了原有的背景音樂。很多買家都不喜歡店鋪首頁有背景音樂。一方面，不一定每個買家都會喜歡賣家設定的背景音樂；另一方面，如果買家正在上班或者買家家裡有人休息，他一定會毫不猶豫地關掉有背景音樂的店。

其二，要注重產品陳列。對此，菲兒專門去分銷平臺找了供應商，豐富了店鋪產品，重新上傳了寶貝圖片。不得不說的是，圖片是引流的關鍵，網上千篇一律的圖片毫無特色可言，拍出自己的 Style（風格）才是王道。另外，自己拍攝的圖也會讓買家覺得更真實可信，也會因而更願意進你的店。

其三，淘寶客也要重視起來。跟朋友交流了心得以後，菲兒果斷開了淘寶客。她之前就對淘寶客有所瞭解，但是一直沒有下決心開。事實證明，開了淘客以後，店鋪流量真的增加了不少。雖然要付一定的傭金，但菲兒還是堅定地認為：用於推廣的費用不要大於賺的就可以。就算入不敷出，最起碼還增加了銷量，有了銷量和評價，才會有更多的人敢買，店鋪的總流量和總銷量才會被帶動起來。況且，很多人會為了省郵費而在你家一口氣買幾件衣服，這樣周而復始，店鋪想不火也難。

關於引流不得不說的最後一點，也是重中之重的，就是寶貝上下架時間的問題。一個寶貝的上架周期是一周，越臨近下架的寶貝在搜尋網頁的排名就會越靠前，所以選擇什麼時候上下架也是有學問的。店鋪要儘量選擇客流量密集的時段上下架，與此同時，還要把店裡寶貝的上下架時間平均分散到每天的各個重點時間段。不要一口氣把寶貝全上架完，要學會

分散，只有分散才能保證店鋪流量的穩定。菲兒店鋪平均每天的流量都在 2000 左右，密集時期會達到 3700。如此看來，菲兒的合理寶貝上下架時間還是做得不錯的。依靠這些流量，隨著一聲聲悅耳的叮咚聲，她的店在 9 ～ 11 個月間便成功從兩鑽升到了夢寐以求的 3 鑽。

店裡有了客戶，就涉及到服務。從 2009 年開店到現在，菲兒店鋪的賣家服務態度一欄始終保持著 4.9 ～ 5.0 的高分狀態。菲兒有過為一個急用東西卻不方便出門的客戶送貨上門的經歷，也有過為追蹤一個買家的快遞情況打了近百元長途電話的經歷。很多人覺得她傻，覺得這樣為客戶不值，但菲兒卻不這麼想。一直以來，她都真心把每一個來光顧小店的客戶當成自己的「親」，用最好的服務盡可能地讓每位「親」滿意而歸。每當有買家對她說「在你家買東西真開心」的時候，她都會感受到自己存在的價值。正所謂「客戶虐我千百遍，我待客戶如初戀」，這是每一個想走上成功之路的賣家必不可少的經驗。

在賣自己衣服的同時，菲兒也在做分銷。在分銷方面，菲兒覺得最重要的一點就是選擇一個好的供應商。供應商一定要少而精。

所謂少，是指不要大範圍、天南海北地找分銷。如果你找了三家分銷商，那就有可能做出三件風格不同的衣服；如果三家分銷商分佈在三個不同的地區，你就有可能要從三個地方給買家發貨。一來很難對買家解釋清楚，二來也無法合理解決那些多出來的快遞費——如果讓買家承擔這些費用，買家很可能會放棄購買；如果自己承擔，也許會把所有賺的錢都賠進去。

至於精，是指選供應商之前一定要對供應商的貨品有所瞭解。對此，可以去市場上調查一下這家店的口碑，也可以親自買一件看一看，千萬不要盲目地開始分銷。如果碰上不負責任的供應商，或者他家的貨品品質特

別差，那你就真的白忙了，得到了差評之後只能有苦說不出。所以，確定跟分銷商合作之前，一定要費一番力氣仔細調查，以後的分銷道路才會一帆風順。

　　一家店想要做好，產品品質好才是王道。現在的買家已經不是一味追求低價就夠了，更多的人願意花高一點的價錢買到品質好的衣服。與此同時，賣家也要給予買家更多的保障，比如加入消費者保障聯盟和 7 天無理由退換等，讓買家買得舒心、穿得放心。

（文｜紅酒）

學會黏住顧客

　　大部分小而美店鋪的自然流量都很高，一般情況下，這部分店鋪並不依賴付費推廣。大部分中小賣家認為流量為王、資源為王、推廣就是生命線，而在小而美賣家看來，根本就不是這麼回事。

　　從細分類目做起且後來成長迅速，從賣家群體中脫穎而出，這便是本文所要重點敘述的小而美賣家。從行銷和服務上來說，中小賣家有必要向這些商家學習一番，學學這些將培養口碑、數據化運營、優質服務貫穿整個運營過程的小而美店鋪是如何生存並穩定壯大的。

粉絲是淘來的

　　小而美商家大都走細分類目的路子，然而細分類目卻有著明顯的局限性。一來細分類目會使店鋪的市場定位較為單薄，如此便容易觸及銷量的天花板；二來對經營特殊類目商品的賣家而言，一定要將推廣資訊直接傳達到精確的買家群當中，因此賣家的推廣成本就相對較高。鑒於以上兩點，小而美商家的推廣一定是能黏住顧客和保持彈性的行銷。以下將為各位展示兩個小而美賣家的案例，其中一家以逐步推進的行銷活動取勝，而另一家以比安全局更懂客戶的 CRM 吸引眼球。

　　當親親我品牌剛進入市場的時候，親親我的推廣進行得並不順利。由於咬咬樂嬰兒輔食是從 2009 年才出現在市場上的，消費者並不熟悉咬咬樂這一產品的特點。而且，像嬰兒輔食這樣的商品，大多數消費者不敢輕易讓寶寶嘗試。因此，即使親親我砸再多的廣告費，推廣也不可能產生好的效果。儘管掌櫃對寶貝詳情頁進行優化，又不斷地宣傳賣點，親親我的

銷售情況仍然見不到一點起色。

在消費者不願意相信商家的情況下，進行口碑行銷、讓用戶幫助宣傳就成為了商家最好的選擇。

一般來說，願意去試用新商品的新潮人群大約占買家總數的 16%，賣家進行口碑行銷所需的意見領袖就在其中。開始的時候，掌櫃拿出 30 份商品在太平洋親子網做試用活動。而之所以選擇太平洋親子網這個平臺，是因為考慮到，在母嬰網站中，新潮人群最為集中，試用效果也最明顯。最後，賣家獲得了 27 份試用報告，其中 17 份非常優秀。這些用戶的試用體驗，就成為了宣傳產品和說服下一批顧客最好的武器。

在進行了第一波宣傳之後，店鋪又進一步開展了第二波活動「寶寶麻豆總動員」，即以選拔寶寶當模特作噱頭吸引媽媽們的參與。最後選出的「小麻豆」小予才 9 個月大，店鋪將她打造成了品牌代言人，讓她伴隨店鋪一起成長。這項充滿人性和趣味性的活動吸引了大批親親我的消費者。這批消費者見證了小模特的成長，也見證了店鋪的成長，由此和品牌產生了共鳴。這之後，即使寶寶長大，這批消費者也將成為店鋪的鐵杆粉絲，樂於幫助品牌進行口碑宣傳。

在培養了品牌的鐵杆粉絲之後，店鋪又舉辦了第三次活動，即「潮媽馬爾地夫之旅」活動。這是因為考慮到親親我的用戶雖是寶寶，但進行口碑行銷所需的意見領袖卻還是寶寶的媽媽們。親親我明白媽媽們都是有自己的小圈子的，一個媽媽的輻射面少則涉及幾位潛在顧客，多則涉及到微博、微信上成千上萬的粉絲。最後，店鋪選擇了一位明星媽媽作為獲獎者前往馬爾地夫旅行，同時對該活動做了一系列直播，將這位潮媽的精彩之旅再次熱炒了一下。這次活動成功吸引了許多擁有數萬粉絲的媽媽參加，通過這次活動，親親我進行了成功有效的品牌展示，也

為以後的行銷活動積累了精準的經驗。擁有一批意見領袖，有了口碑的支撐，咬咬樂就能成為母嬰市場認可的商品，親親我品牌也便不會再受到其他品牌的衝擊。

而另一方面，如果你能比安全局還瞭解你的顧客，那麼你就能降低二次行銷的成本，將他們牢牢抓在手裡。以紫色尼龍包為主營業務的紫魅品牌的行銷之路，就證明了這一點。他們給每一位老顧客建立了情報檔案，用數據化手段對這些數據進行管理，確立行銷計畫。

每個人的旺旺名都不是胡亂起的，有人甚至會為了一個用戶名想上好幾天。因此，紫魅根據客戶的旺旺名，做了一套頗具特色的行銷方案。掌櫃進行了一番調查：首先，旺旺名中帶有「紫」這個字的，肯定是店鋪的精準用戶；其次，名字中帶有「小」的用戶最多，經過回訪，掌櫃發現這些人中的 80% 都有小孩，這個數據說明了當初將店鋪的顧客群定位為 25 歲以上的預測是正確的；再次，客服對每一位顧客習慣性的聊天方式進行了統計，對顧客的常用語進行了總結。店鋪的數據積累，就是從買家的旺旺名入手的。

店鋪從 2013 年 1 月 7 日才開始關注快遞單。當天，店鋪共接 282 單：50 單的地址是機構名稱，掌櫃判斷買家或為公務員；22 單是學校，掌櫃認為買家是學生；65 單是公司名稱，掌櫃初步認為這批買家是白領；145 單是社區，這顯然是買家的家庭收貨地址。接著，店主對這些買家進行了回訪，發現了很多有用的數據：能在周一到周五的白天在家收貨的，大都是 SOHO 一族（居家辦公者，大多指那些自由職業者）；收貨地址為學校的買家並不完全是學生，大多是老師；282 單之中有 52 單填寫了男性收貨人，這是女性要求代付的結果。

小而美賣家，在行銷上的最大特點就是不依賴付費推廣。當然，這不

意味著小而美店鋪完全不需要推廣，因為只有獲得更多的展示，不斷地得到新流量，才有可能從中獲取老顧客。對這些店鋪來說，獲取新流量不是最重要的，如何從新流量裡淘出精準流量並有效地維護才是重中之重。

貼身玩服務

小而美商家能讓顧客都黏住它，不僅因為自身產品分類夠細，產品夠美、夠特色，更大的原因在於，小而美品牌能夠讓顧客和自身產生共鳴，讓顧客不僅從產品上，也從發現商品、購買商品的過程中以及和品牌的互動中為顧客打造一張看不見的網，讓顧客時刻感受全方位的服務。

瑞貝拉是一家賣原創手錶的店鋪，手錶本身並不是一個複購率很高的類目，會員行銷在這裡似乎是行不通的。然而，這並不代表手錶店鋪就不應該關注產品的口碑。相反，如果在商品評價裡出現一條扎眼的評價，就可能會影響到相關產品和整個店鋪的銷量。2012 年，店鋪設計了一款旗艦手錶。一拿到樣品，掌櫃就發現錶帶的介面處沒有鍍金。溝通之後才知道，原來是生產廠家無法在陶瓷材質的介面處電鍍。而這時候，雖然店鋪上新要求非常迫切，但是掌櫃依然放棄了原先的設計。從選取替代材料，到重新設計圖紙，再到交付製作，店鋪多花了整整三個月時間。瑞貝拉的掌櫃說，要想讓顧客給你好評，得先讓自己試試能不能給好評。

原始燒烤是一家立足於上海本地的 O2O 店鋪。2012 年 10 月，這家燒烤店仿照沃爾瑪「啤酒＋尿片」的行銷組合，在店鋪裡推出了一款燒烤必備的面膜。燒烤店賣面膜是因為，掌櫃發現光顧燒烤攤的客人大都年輕時尚，對皮膚護理有一定需求；而這些人常常聚在一起搞燒烤派對，推出面膜能吸引大批顧客的注意。

上架了另類的商品之後，店鋪並沒有為這款產品做任何的行銷推廣活動，只是在每次顧客詢單、下單、購買之後，才由客服稍帶提出這款面膜：「在您參加過燒烤派對之後，這款面膜可以修護您被損傷的皮膚哦！」

當聽到這樣的推薦，大部分顧客都會選擇下單。店鋪裡的大客戶，甚至會一下子買下 50 張。這樣的跨界賣貨，並沒有給人生搬硬套的感覺，反而讓顧客多了一份店鋪為他們著想的印象。

MsSHE 是一家大碼女裝店，店鋪主營的商品是 OL（白領女性）風大碼女裝。大碼女裝不比一般的服裝，由於每個女性胖的部位不同，大碼女裝究竟如何才能迎合每個消費者的需求，便是 MsSHE 首先需要解決的難題。

在接受詢單的時候，顧客一般不喜歡透露自己身材上的缺陷；而詢問顧客體重，則對介紹碼數毫無作用。因此，出售大碼女裝，需要用更專業的方式：向顧客詢問腰圍、胸圍、大腿圍等精確數據，然後通過這些數據來確定買家身材上的特點，從而設計出更好賣的款式。在樣品出來的時候，店鋪不定期地從會員中挑選老顧客前來試穿，又將老顧客提出的意見匯總起來，讓顧客有享受訂製化服務的樂趣。

香約是經營香膏的一家天貓店。在確立品牌調性時，店鋪避免了「中國製造」這一低價的代名詞，而選擇以上海製造賦予顧客品牌具有老上海風情的印象。從顧客的角度出發，他們不希望自己鍾愛的品牌是隨波逐流的，因此品牌對於傍熱點、上聚划算均不熱衷。

另一方面，在微博等 SNS 管道上，店鋪費盡心思地將用戶和自己綁定，還將顧客生成的內容編輯成微刊，在微博和掌櫃說上發佈，與顧客進行互動。店鋪官網也儘量和每一個顧客對話，不僅僅將 SNS 作為品牌傳播的渠道，更要做出與顧客互動交流的姿態。重視顧客，將顧客視為品牌的

一部分，才能贏得顧客的尊重。

　　小品牌因為體量小、靈活度大，因此反而比大品牌更有機會協調自己的顧客群需求，也更有可能成為顧客的朋友。對店鋪來說，不一定能兼顧每一個顧客，但是培養出一批願意發聲的顧客，必然會讓更多的顧客感受到品牌對服務的重視。

（文｜趙軍）

出版後記

　　阿里巴巴集團的使命是讓天下沒有難做的生意。

　　阿里巴巴集團由以本為英語教師的馬雲為首的 18 人,於 1999 年在中國杭州創立,他們相信互聯網能夠創造公平的競爭環境,讓小企業通過創新與科技擴展業務,並在參與國內或全球市場競爭時處於更有利的位置。

　　阿里巴巴集團創立於 1999 年,持續發展最少 102 年就意味著其橫跨三個世紀,能夠與少數取得如此成就的企業匹敵。其強調的文化、商業模式和系統都經得起時間的考驗,讓阿里巴巴得以持續發展。

　　阿里巴巴集團經營多個領先的網上及移動平臺,業務覆蓋零售和批發貿易及雲計算等。向消費者、商家及其他參與者提供技術和服務,讓他們可在阿里巴巴的生態系統裏進行商貿活動。

　　阿里巴巴的願景:旨在構建未來的商務生態系統。讓客戶相會、工作和生活在阿里巴巴,並持續發展最少 102 年。

相會在阿里巴巴：每天促進數以百萬計的商業和社交互動，包括用戶和用戶之間、消費者和商家之間以及企業和企業之間的互動。

　　工作在阿里巴巴：向客戶提供商業基礎設施和數據技術，讓他們建立業務、創造價值，並與阿里巴巴的其他生態系統參與者共用成果。

　　生活在阿里巴巴：整個集團致力拓展產品和服務範疇，讓阿里巴巴成為客戶日常生活的重要部份。

　　在阿里巴巴集團精神的帶領下，淘寶網也從單一的 C2C 網絡集市變成了包括 C2C、團購、分銷、拍賣等多種電子商務模式在內的綜合性零售商圈。目前已經成為世界範圍的電子商務交易平臺之一。

　　淘寶網卓越的優勢與成績大家有目共睹，經由本書提供的方略，希望每一位有夢的創業家，可以在數位雲端世界找到自己的位置，且夢想成真！

　　　　　　　　　　　　　　　　　　　　編輯部

國家圖書館出版品預行編目 (CIP) 資料

淘寶成功大解密 /《賣家》編著 ;─
初版─臺北市： 華品文創, 2014.09
冊：17×23公分
ISBN：978-986-89112-9-1 (平裝)

498.96   103014634

淘寶成功大解密

編　　著：《賣家》

總 經 理：王承惠

總 編 輯：陳秋玲

財 務 長：江美慧

印務統籌：張傳財

美術設計：張蕙而

出 版 者：華品文創出版股份有限公司

地址：100 台北市中正區重慶南路一段 57 號 13 樓之 1

讀者服務專線：(02)2331-7103 或 (02)2331-8030

讀者服務傳真：(02)2331-6735

E-mail：service.ccpc@msa.hinet.net

部落格：http://blog.udn.com/CCPC

總經銷：大和書報圖書股份有限公司

地址：242 新北市新莊區五工五路 2 號

電話：(02)8990-2588

傳真：(02)2299-7900

網址：http://www.dai-ho.com.tw/

印　　刷：卡樂彩色製版印刷有限公司

初版一刷：2014 年 9 月

定　　價：新台幣 480 元

ISBN：978-986-89112-9-1